国際水路の非航行的利用に関する基本原則

― 重大損害防止規則と衡平利用規則の関係再考 ―

鳥谷部 壌 著

大阪大学出版会

はしがき

　今日、世界人口の増加とそれに伴う水需要の急増、さらには気候変動の影響により、世界各地の水資源を取り巻く環境は厳しさを増している。21世紀、淡水資源の利用をめぐる国際紛争の増加が懸念されている。このため、淡水資源の利用を規律する従来の法理の再構築が急務となっている。

　そこで、本書は、国際水路の非航行的利用の法分野に横たわる2つの代表的な実体的規則、すなわち、重大損害防止規則と衡平利用規則とに焦点を当て、長年、激しい議論が交わされ今なお解決が図られているとは言えない両規則の関係に関する議論を再検討し、新たな理論枠組を提示するべく執筆された。両規則の関係は、重大損害防止規則の適用に当たり、衡平利用規則を考慮すべきであるとする見解（考慮説）と、それを考慮すべきではないとする見解（不考慮説）の対立として把握できる。つまり、本書の目的は、考慮説と不考慮説のいずれが、いかなる場面で、いかにして妥当性をもつかを明らかにすることにある。

　もっとも、わが国は、水資源が豊富であり、さらには国際水路が存在しないため、これまでわが国の国際法学者が国際水路を主たる研究対象に据える機会は限られていた。けれども、世界に目を転じれば、国際水路の水不足は年を追うごとに深刻なものとなりつつある。こうしたことから、地球規模の視点に立てば、本書の問題意識は看過されるべきではなかろう。

　本書は、これまでわが国において先行研究が少ないから、その研究の空白の埋め合わせを行うことにあるのではない。むしろ、本書の執筆動機は、重大損害防止規則と衡平利用規則との関係をいかに把握すべきかという、国際水路の非航行的利用の法分野最大の難問の解明に取り組むことにより、世界各地に迫りくる水紛争の危機に有効に対処するための法的視座を得ようとするところにある、というほうがより正確な表現かもしれない。

　けれども、国際水路が存在しないわが国は、国際水路に関するグローバル・

レベルの条約の締約国でもなければ、ローカル・レベルの条約の締約国でもない。しかしながら、わが国が国際援助協力を実施する際や、（わが国が出資者となる）世界銀行をはじめとする国際的資金供与機関が援助を行う際、わが国及び同機関は、慣習国際法の履行を免れない。本書が考察の対象とする重大損害防止規則と衡平利用規則は、そうした慣習国際法の最たる例である。その意味で、本書の検討は、わが国とも無縁ではないように思われる。

2018年9月

筆　者

目　次

はしがき　i
略語表　vii

序　章　重大損害防止規則と衡平利用規則との関係の実相 …… 1

第 1 節　問題の所在 …………………………………………………………… 1
1　国際水路の非航行的利用に関する法体系　1
2　国際水路法における二大原則——重大損害防止規則と衡平利用規則　16
3　国連水路条約 7 条における重大損害防止規則と衡平利用規則との関係の表れ方　18
4　先行研究の整理——考慮説と不考慮説の対立としての把握　21
5　先行研究の問題点と本書の検討課題　32

第 2 節　本書の基本的視座及び本書の構成 ………………………………… 41
1　本書の基本的視座　41
2　本書の構成　46

第Ⅰ部　国連水路条約の全体像及び同条約起草過程における考慮説と不考慮説の対立

第 1 章　国連水路条約の全体像 ……………………………………………… 51

第 1 節　国連水路条約発効までの経緯 ……………………………………… 51
1　国連総会決議 2669 まで　51
2　ILC による起草作業　52
3　国連総会第 6 委員会による全体作業以降　54

第 2 節　国連水路条約の特徴 ………………………………………………… 55
1　国連水路条約の性格　55
2　個別条約締結交渉過程における指針提供機能　57

第 3 節　国連水路条約の主要規定 …………………………………………… 58

第 4 節　紛争解決手続 ………………………………………………………… 59
1　国連水路条約における紛争解決手続の特徴　59

2　事実調査委員会に期待される役割　61

第2章　国連水路条約起草過程における考慮説と不考慮説の対立 …………………………………… 63

第1節　国連水路条約起草作業開始前後の議論状況 …………………… 63
　　1　IDI ザルツブルク決議　63
　　2　ILA ヘルシンキ規則　64
　　3　ILA モントリオール規則　67
　　4　ILA ソウル補完規則　68
第2節　第一読条文草案採択までの議論 ……………………………… 69
　　1　特別報告者シュウェーベルの第3報告書　69
　　2　特別報告者エヴェンセンの第1及び第2報告書　71
　　3　特別報告者マッカフリーの第2及び第4報告書　73
第3節　第一読条文草案採択とそれ以後の議論 ………………………… 76
　　1　第一読条文草案と各国政府の見解　76
　　2　特別報告者ローゼンストックの第1報告書　79
　　3　第二読条文草案と各国政府の見解　81
第4節　国連総会第6委員会における全体作業 ………………………… 87
　　1　96年全体作業部会　88
　　2　97年全体作業部会　90
第5節　起草過程の評価──国連水路条約7条の解釈 ………………… 93
　　1　7条2項の解釈　94
　　2　7条1項の解釈　95

第Ⅱ部　考慮説と不考慮説の対立解消のための前提的考察
　　　　──衡平利用規則及び重大損害防止規則の体系化

第3章　衡平利用規則 …………………………………………………… 101

第1節　衡平利用規則の特徴 …………………………………………… 101
　　1　衡平利用規則の性質　101
　　2　ガブチコヴォ・ナジマロシュ計画事件判決　106

3　衡平利用規則の目標——最適かつ持続可能な利用　111
    第2節　衡平かつ合理的な利用の決定に当たり考慮すべき要素 ……………113
       1　人間の死活的ニーズの優先的考慮　113
       2　国連水路条約6条1項に列挙される諸要素　115
       3　「現在の利用」という要素の重要性　117
       4　水への権利の生成及び発展——人間の死活的ニーズの優先的考慮促進要因　131

第4章　重大損害防止規則 …………………………………………………143
   第1節　事後救済の法（国家責任法）と重大損害防止規則との区別 ………143
   第2節　重大損害防止規則の法的基盤 ………………………………………146
       1　「事前の」重大損害防止規則　146
       2　「事後の」重大損害防止規則　157
   第3節　重大損害防止規則の違反の認定に当たり検討されるべき要素 ……161
       1　重大な損害発生（の重大な危険）　163
       2　「相当の注意」基準の充足　175
       3　因果関係の証明　237

第Ⅲ部　考慮説と不考慮説の対立解消に向けた検討

第5章　取水損害における考慮説の妥当性 ……………………………247
   第1節　考慮説と不考慮説の対立が生じる場面の特定及び
          考慮説の支持基盤 ……………………………………………………247
       1　重大な損害発生の重大な危険を生じさせ、かつ「相当の注意」基準を充足しな
          かった場合【第一類型】——「事前の」重大損害防止規則が適用される場面　248
       2　重大な損害発生の重大な危険を生じさせ、「相当の注意」基準を充足した場合
          【第二類型】——衡平利用規則が適用される場面　251
       3　重大な損害を実際に発生させ、かつ「相当の注意」基準を充足しなかった場合
          【第三類型】——事後救済の法たる国家責任法が適用される場面　252
       4　重大な損害を実際に発生させたが、「相当の注意」基準を充足した場合
          【第四類型】——「事後の」重大損害防止規則が適用される場面　255

第 2 節　第一類型における考慮説の機能——違法性 ……………………… 257
　　1　考慮説の違法性概念　257
　　2　考慮説の下での「相当の注意」義務の違法性判断　258

終　章　重大損害防止規則と衡平利用規則との関係の新展開 … 273

第 1 節　結　論 ……………………………………………………………… 273
　　1　本書の問い　273
　　2　本書の問いに対する答え　273
第 2 節　今後の課題——越境地下水の法分野への示唆 ………………… 277

資　料　283
　1．国連水路条約正文（英語）　283
　2．国連水路条約翻訳　301
引用文献一覧　312
あとがき　347
索　引　353

略語表

ASEAN	Association of South-East Asian Nations（東南アジア諸国連合）	
AF	acre feet（エーカー・フィート）	
BAT	best available techniques / technologies（利用可能な最善の手法／技術）	
BEP	best environmental practices（環境のための最善の慣行）	
CARU	Comisión Administradora del Río Uruguay（ウルグアイ川管理委員会）	
CEE	Comprehensive Environmental Evaluation（包括的環境評価〔南極条約環境保護議定書〕）	
CEP	Committee for Environmental Protection（環境保護委員会〔南極条約環境保護議定書〕）	
CESCR	Committee on Economic, Social and Cultural Rights（経済的、社会的及び文化的権利委員会；社会権規約委員会）	
CESR	Centre for Economic and Social Rights（経済的及び社会的権利センター）	
CRAMRA	Convention on the Regulation of Antarctic Mineral Resource Activities（南極鉱物資源活動の規制に関する条約）	
EIA	Environmental Impact Assessment（環境影響評価）	
ECOSOC	Economic and Social Council（国際連合経済社会理事会）	
ECOWAS	The Economic Community of West African States（西アフリカ諸国経済共同体）	
FAO	Food and Agriculture Organization（国際連合食糧農業機関）	
GWP	Global Water Partnership（地球水パートナーシップ）	
HRC	Human Rights Council（国際連合人権理事会）	
IBWC	International Boundary and Water Commission（米墨国際国境及び水委員会）	
ICJ	International Court of Justice（国際司法裁判所）	
ICMA	Intentionally Created Mexican Allocation（意図的に創出されたメキシコへの配分）	
ICPR	International Commission for the Protection of the Rhine（ライン川保護国際委員会）	
IJC	International Joint Commission（米加国際合同委員会）	
IDI	Institut de Droit international（国際法学会）	
IEE	Initial Environmental Evaluation（初期の環境評価〔南極条約環境保護議定書〕）	
ILA	International Law Association（国際法協会）	
ILC	International Law Commission, United Nations（国際連合国際法委員会）	
ILM	International Legal Materials	
ILR	International Law Reports	
ITLOS	International Tribunal for the Law of the Sea（国際海洋法裁判所）	
IWRM	Integrated Water Resources Management（統合的水資源管理）	
KHEP	Kishenganga Hydro-Electric Project（キシェンガンガ水力発電計画）	
LNTS	League of Nations Treaty Series	
MRC	Mekong River Commission（メコン川委員会）	
NGO	Non-Governmental Organization（非政府組織）	
NJHEP	Neelum-Jhelum Hydro-Electric Project（ニーラム・ジェラム水力発電計画）	

OECD	Organization for Economic Co-operation and Development（経済協力開発機構）
RIAA	Reports of International Arbitration Awards
PCA	Permanent Court of Arbitration（常設仲裁裁判所）
PCIJ	Permanent Court of International Justice（常設国際司法裁判所）
PIC	Permanent Indus Commission（印パ常設インダス川委員会）
SADC	Southern African Development Community（南部アフリカ開発共同体）
SERAC	Social and Economic Action Rights Centre（社会的経済の権利活動センター）
SERAP	Socio-Economic Rights and Accountability Project（社会経済的権利と説明責任を求めるプロジェクト）
UNCLOS	United Nations Convention on the Law of the Sea（海洋法に関する国際連合条約；国連海洋法条約）
UNECE	United Nations Economic Commission for Europe（国際連合欧州経済委員会）
UNEP	United Nations Environment Programme（国際連合環境計画）
UNESCO	United Nations Educational, Scientific and Cultural Organization（国際連合教育科学文化機関）
UNGA	United Nations General Assembly（国際連合総会）
UNTC	United Nations Treaty Collection
UNTS	United Nations Treaty Series
WCED	World Commission on Environment and Development（環境と開発に関する世界委員会）
YbILC	Yearbook of International Law Commission

序　章　重大損害防止規則と衡平利用規則との関係の実相

第 1 節　問題の所在

1　国際水路の非航行的利用に関する法体系

(1) 淡水資源を取り巻く世界情勢

　「水の惑星」と呼ばれる地球には、いったいどのくらいの水があるのか。その量は、およそ 13 億 8,600 万立法トンと推定されている[1]。このうち海水が全体の 96.5％を占め、淡水[2]は 2.53％にとどまる[3]。さらに、この淡水の内訳は、河川、湖沼及び湿地等の地表水が 0.4％、永久凍土が 0.86％、氷河や極地の氷が 68.7％、地下水が 30.1％となっている[4]。このうち、人類が最も容易に利用できる淡水は、地表水であるが、それは地球上に存在する淡水の僅か 1％にも満たない[5]。

　21 世紀に入り、淡水資源を取り巻く世界情勢は厳しさを増している。20 世紀には、世界の人口増加率が倍以上となり、その影響で国際河川、湖及び地下

---

[1] World Water Assessment Programme, 2003, p. 68.
[2] 淡水とは、1ℓあたりの塩分濃度が 3 g 未満の水のことを指す。
[3] World Water Assessment Programme, 2003, p. 68.
[4] *Ibid.*
[5] ECOSOC, 1997, p. 10, para. 33.

水からの取水量は 6 倍を超えた[6]。世界各地の国際河川、湖沼及び地下水は、深刻な水位低下や汚染に見舞われた。21 世紀、気候変動の影響が重なり、国際社会は、以前にも増して、淡水資源へのアクセスが困難となることが懸念される[7]。現在、世界で約 19 億人（世界人口の 27％）が水不足の深刻な地域に居住しているが、2050 年にはその数は 27～32 億人にのぼると予想されている[8]。こうした淡水資源へのアクセス困難は、淡水資源をめぐる国際紛争[9]の増加を引き起こすことが容易に想像できる[10]。このため、「石油の世紀」といわれた 20 世紀とは対照的に、21 世紀は「水の世紀」と呼ばれるのである。

　水資源が比較的豊富なわが国では、国際水路にあまり目が向けられてこなかった。けれども、すでに指摘したように、海外では、水資源の国際的な保全と管理の問題は、喫緊の課題とすら言い得る様相を呈している。本書は、淡水資源のなかでも、特に議論の蓄積がある表流水に着眼する。国境をまたいで存在する代表的な表流水としては、国際河川、湖沼及び湿地が挙げられる。このうち、国際法が伝統的に議論してきたのは、国際河川である。今日、世界 145 の国々に、263 の国際河川が存在している[11]。大陸別の内訳は、ヨーロッパ 69 本、アフリカ 59 本、アジア 57 本、北米 40 本、南米 38 本である[12]。これら国際河川流域（湖沼を含む）は、地球全体の陸地表面のおよそ半分を占め、地球全体の淡水資源の約 60％を生み出している[13]。

---

6) *Ibid.,* p. 15, para. 42.

7) McCaffrey, S. C., 1997(b), pp. 805-810; McCaffrey, S. C., 2007, pp. 17-18; Tarlock, A. D., 2010, pp. 380-385; Weiss, E. B., 2013, pp. 3-6; Boisson de Chazournes, L., 2013, pp. 3-4; Leb, C., 2013, pp. 221-224.

8) World Water Assessment Programme, 2018, p. 13.

9) 本書で「紛争」とは、国際法における紛争の定義として頻繁に引用される次のような判示に依拠する。「二当事者間の法又は事実に関する不一致、法的見解又は理解の対立」をいう（Mavrommatis Palestine Case, 1924, p. 11）。この定義は、これまで国際水路の法分野でも用いられてきたところである（*e.g.,* McCaffrey, S. C., 2003, p. 51）。

10) Weiss, E. B., D. B. Magraw, S. C. McCaffrey, S. Tai & A. D. Tarlock, 2015, pp. 676-677.

11) UNEP Atlas, 2002, pp. 1-2; UN Water≫Water Facts≫Transboundary Waters, at http://www.unwater.org/water-facts/transboundary-waters/（Last access 27 July 2018）.

12) *Ibid.,* p. 1.

(2) 国際河川の航行的利用の史的展開

　国際河川の利用に関する法的規律の端緒は、18世紀後半から19世紀のヨーロッパでの船舶航行に遡る[14]。国際河川の航行の自由化が初めて正式に承認されたのは、ナポレオン戦争後の1815年のウィーン会議一般議定書[15]であった。同議定書は、ライン川、マース川、シェルト川、モーゼル川等の国際河川の可航部分における航行の自由化を宣言した[16]。同議定書は、国際河川の国際化を実現した最初の条約として歴史的価値を有する。ただし、同議定書109条の「航行の自由」の解釈には争いがあった。「航行の自由」を広義に解する見解は、航行の自由が沿河国だけでなく、非沿河国の船舶にも認められるとするのに対し、厳格に解する立場は、沿河国の船舶にのみ航行の自由を認める[17]。

　その後、クリミア戦争を終結させるべくパリで1856年に締結された平和条約[18]では、上記ウィーン会議一般議定書の原則が非ヨーロッパのトルコ領域にも及ぶこととなった。同条約は、次のように規定して、ダニューブ川の航行の自由化を承認した。「ウィーン会議一般議定書は、数国を分け又は貫流する河川の航行を規律する諸規則を定めているが、締約国は相互に、将来、それらの原則が同様にダニューブ川とその河口に適用されることを定める。締約国は、それらの規定が、今後、ヨーロッパ公法の一部を成すことを宣言し、それを保証する。」[19]。1885年のベルリン会議一般議定書[20]は、アフリカの植民地化を推進するべく、ヨーロッパ諸国にロシア、トルコ、米国を加えた15ヵ国に、コンゴ川及びニジェール川の航行の自由化を認めた。さらに、第一次世界大戦後の1919年に締結されたヴェルサイユ条約[21]は、ライン川、ミューズ川、オー

---

13) *Ibid.,* p. 2.
14) Weiss, E. B., 2013, p. 84 ; Boisson de Chazournes, L., 2013, p. 13.
15) Acte final du Congrès de Vienne, 1815.
16) *Ibid.,* Article. 109.
17) 鈴木めぐみ1997、152頁。
18) Traité de Paris, 1856.
19) *Ibid.,* Article. 15.
20) Berlin Conference General Act, 1885.
21) Traité de paix de Versailles, 1919.

デル川、エルベ川、モーゼル川、ダニューブ川など東西ヨーロッパの重要な国際河川について、非沿河国をも含む航行の自由化を承認することにより、航行の自由と管理の国際化を進展させた[22]。

航行の自由化は、「利益共同」(community of interests) という法概念を生み出した。その先例が、1929年のオーデル川国際委員会事件[23]である。本件では、ヴェルサイユ平和条約によって設立されたオーデル川国際委員会の管轄権がポーランド領域内の同川支流にまで及ぶかが問題とされた。常設国際司法裁判所 (PCIJ) は、上流国たるポーランド領域の可航部分を含む全水路における航行の自由を認めるに当たり、「利益共同」の概念に即し、次のような著名な判示を行った。すなわち、「単一の通路が二以上の国の領土を貫流し、又は分けることから生じる具体的事態を国々がどのように顧慮してきたか、そしてこの事実が浮き彫りにする正義の要請と効用の考慮を達成する可能性を検討するときには、すぐにも、上流国のための通行権という観念ではなく、沿河国の利益共同という観念の中に、問題の解決が求められてきたことが知られるのである。航行可能な河川についての利益共同は、共通の法的権利の基礎となり、その本質的な特徴は、当該河川全行程の利用におけるすべての沿河国の完全な平等性と、いかなる沿河国も他の沿河国との関係において特恵的な特権をもち得ないということである。」[24]。すなわち、「利益共同」とは、奥脇直也が指摘するように、「もっぱら上流国（無海岸国）の利益保護のために下流国内の通行権を確保して海へ通じる航路を保証する（一種の相隣関係）という趣旨においてではなく、河川流域全体を、沿河諸国の『利益の共同』という考え方のもとに、上流国・下流国の区別なく全ての沿河国に開放し、さらには同じく国際社会全体の利益共同という前提のもとで非沿河国にも開放するものであった」[25]と言える。

---

22) *Ibid.*, Articles. 331, 356.
23) Order River Case, 1929.
24) *Ibid.*, pp. 26-27.
25) 奥脇直也 1991、199 頁、208 頁。

(3) 国際河川の航行的利用の比重低下と非航行的利用の需要増大

その後、産業化に伴い、船舶に代わる新たな輸送手段が発達した。このことは、とりわけ第一次世界大戦後、航行的利用への関心の低下として表れる[26]。1921年、国際連盟の主催により、交通及び通過に関する総会がバルセロナで開催され、同年、「国際関係を有する可航水路の制度に関する条約及び規程」(バルセロナ条約)[27]が、国際河川の航行的利用に関する一般条約として締結された。本条約は、すべての条約当事国の船舶（商船）の自由航行を認める[28]。しかし、1923年には、「複数の国に影響を及ぼす水力発電事業に関する条約」(ジュネーブ条約)[29]が締結されるなど、国際河川における法的規律は、航行的利用以外の利用（非航行的利用）にも及んだ[30]。本条約は、非航行的利用の典型例である水力発電目的の利用を規制するものであることから、国際河川の利用に対する国際社会の関心が航行的利用のみならず、非航行的利用へも向けられるようになったことを示している。

ヨーロッパにおいて発達してきた国際河川の船舶の航行自由化は、ドイツによるヴェルサイユ条約破棄と、その後の第二次世界大戦の勃発により崩壊した[31]。第二次世界大戦後は、世界各地での産業化の進展に伴い、非航行的利用の比重が増大していった[32]。

---

26) Weiss, E. B., 2013, p. 86.
27) Barcelona Convention, 1921.
28) *Ibid.*, Article. 3 of the Statute.
29) Geneva Convention, 1923.
30) なお、非航行的利用に関する規定は、漁業の保護を目的として1890年頃に締結された複数の条約に見られる。Holstein, T. O., 1975, p. 539.
31) 鈴木めぐみ 1997、157頁；Boisson de Chazournes, L., 2013, p. 14；Leb, C., 2013, p. 58.
32) こうした航行的利用の歴史的発展と非航行的利用の比重増大の様子については、以下も参照。Teclaff, L. A., 1967, pp. 26-74, 105-112；Godana, B. A., 1985, pp. 25-28；Caflisch, L., 1989, pp. 26-30；McCaffrey, S. C., 1993, pp. 100-102；Caflisch, L., 1998, pp. 6-8；Kaya, I., 2003, pp. 13-17；Salman, S. M. A., 2005, pp. 55-57；McCaffrey, S. C., 2007, pp. 173-181；Salman, S. M. A., 2007(a), pp. 626-631；Dupuy, P. M. & J. E. Viñuales, 2018, pp. 127-128. 20世紀前半における国際河川の非航行的利用に関する法分野の展開については、さしあたり、以下を参照。土屋生 1980、48-65頁；Elver, H., 2002, pp. 115-121.

こうした航行的利用の比重低下と非航行的利用の増加は、スミス（H. A. Smith）の次のような記述にも表れている。「すべての河川において、航行的利用がいかなる利害よりも優先されるべきであるという一般原則を導くことはもはや不可能である。これまで多くの河川では、明らかに航行的利用に優先権が与えられてきたが、それが一般原則化しているとまではいえない。航行的利用の利益が優先権をもつとしても、当該河川全体の経済発展に照らせば、他の利益よりも重要性が低いと見なされることがあるかもしれない。」[33]。

(4) 国際河川の非航行的利用に関する初期の理論

それでは、国際河川の非航行的利用は、どのような理論的根拠に基づいて正当化されてきたのであろうか。その初期の理論は、19世紀から20世紀初頭にかけて展開された絶対的領土主権論と絶対的領土保全論である。

(ⅰ) 絶対的領土主権論

絶対的領土主権論とは、国家は自国領域内を流れる国際水路の利用に対して絶対的な権利を有しており、他の沿岸国（特に下流国）の利用を考慮することなく自由に当該水路を利用することができるとする考え方をいう[34]。この理論は、上流国が自らの立場をより有利なものとするための手段として用いられる[35]。本理論の妥当性を認める学者には、クリューバー（J. L. Klüber）[36]、ヘフター（A. W. Heffter）[37]、シャーデ（W. Schade）[38]等がある[39]。

---

33) Smith, H. A., 1931, p. 143.
34) Berber, F. J., 1959, pp. 14-19; Lipper, J., 1967, pp. 18-23; 月川倉夫 1973、107-109 頁; Colliard, C. A., 1977, pp. 264-267; Bruhács, J., 1993, pp. 43-47; Elver, H., 2002, p. 131; Kaya, I., 2003, p. 34; McCaffrey, S. C., 2007, pp. 112-113; McIntyre, O., 2007, pp. 13-17; Islam, N., 2010, p. 102; 山本良 2011、301-302 頁。
35) *E.g.,* Dellapenna, J. W., 2001, p. 226; Elver, H., 2002, p. 131; Kaya, I., 2003, p. 34; Loures, F. R., 2015, pp. 215-216.
36) Klüber, J. L., 1821, p. 128.
37) Heffter, A. W., 1888, p. 150.
38) Schade, W., 1934, p. 86.

代表的な国家実行として、リオ・グランデ川の利用をめぐる米墨間の紛争に関し 1895 年に米国司法長官ハーモンが示した、いわゆるハーモン・ドクトリンに言及しないわけにはいかない。ハーモン・ドクトリンは、米国のコロラド州とニュー・メキシコ州の農民及び牧場主がリオ・グランデ川の水を大量に引水したことに対するメキシコからの抗議を受けて、米国の司法長官ハーモンが示した次のような見解を基礎とする。すなわち、「……この問題は、政策的に判断されなければならない。なぜなら、国際法の諸規則、原則、先例は、米国にいかなる責任も義務も課していないからである。……国際法の基本原則は、あらゆる国家も、自国領域内において、あらゆる国家に対して絶対主権を有する」。さらに、スクーナー船エクスチェンジ号事件のマーシャル判事（Mr. Justice Marshall）の意見を引用して、「国家の領域内における管轄権は、必然的に排他的かつ絶対的である。それは、自己が課した制約のみに服する。ある外的淵源から妥当性が導き出される制約を課すことは、その制約の程度において主権が縮減したこと、及びそのような制約を課し得る権力にその限度で主権が与えられたことを意味しよう。それゆえ、自国領域内での国家の十分かつ完全な権力に対するあらゆる例外は、当該国家自身の同意にまで遡らなければならない。それは、その他の正当な淵源からも生じることはなかろう」[40]と述べた[41]。

しかし今日、絶対的領土主権論は、すべての国に対し平等な主権を認める国際法の基本原理に反する[42]。もし一の水路国にその領域の無制限の利用が許されるとすれば、究極的には、他の水路国の水利用が著しく制限されるか、ある

---

39) これ以外にも絶対的領土主権論の正当性を主張する論者として、次のようなものがある。Bousek, E., 1913, p. 42 ; Fenwick, C. G., 1948, p. 391.
40) *The Schooner Exchange v. McFaddon & Others*, 11 U.S. 116（Mar. 2, 1812）, p. 136.
41) United States Department of Justice, 1985, pp. 281-283.
 なお、ハーモン・ドクトリンとそれを支持する以後の実行の詳細については、McCaffrey, S. C., 2007, pp. 76-110, 113-121 を参照。
42) *See, e.g.,* Lester, A. P., 1963, p. 847 ; McCaffrey, S. C., 2007, pp. 122, 133 ; 一之瀬高博 2008, 54-55 頁 ; Weiss, E. B., 2013, p. 15.

いは完全に不可能となる。それゆえ、この理論は紛争を解決するどころかむしろ紛争を助長する。また、この理論に従えば、下流国は国際水路の利用に際し、上流国の同意をとりつけなければ、安定的な水利用を確保することが難しくなる。上流国の主権行使によって下流国の主権の侵害を容認するこの理論は、明白に主権平等の原則に反する[43]。したがって、この理論は、今日では、法的正当性を欠くと言わざるを得ない。

（ⅱ）絶対的領土保全論

　絶対的領土保全論は、絶対的領土主権論の対極に位置する[44]。絶対的領土保全論は、国家は国際水路の自然状態の水量を維持しなければならず、他の沿岸国（特に上流国）を害するような方法で国際水路の水を利用してはならないという考え方である[45]。この理論へは下流国が依拠する[46]。つまり、この理論の下では、上流国が利用を開始する際には、事前に下流国の同意を得なければならず、下流国に一種の「拒否権」を付与する[47]。この理論の提唱者としては、シェンケル（K. Schenkel）[48]やフーバー（M. Huber）[49]が挙げられる。この理論に依拠する実行としては、ラヌー湖事件における下流国スペインの主張が挙げられる[50]。

　しかし、上流国が当該河川の自然の流れを変更してはならないとするこの理論は、事実上、上流国による新たな利用の禁止を意味する[51]。上流国の新規の

43） McCaffrey, S. C., 2007, p. 133.
44） *E.g.,* Elver, H., 2002, p. 132 ; McCaffrey, S. C., 2007, p. 126.
45） Berber, F. J., 1959, pp. 19-22 ; Lipper, J., 1967, pp. 18-23 ; 月川倉夫 1973、107-109 頁 ; Colliard, C. A., 1977, pp. 264-267 ; Bruhács, J., 1993, pp. 43-47 ; Elver, H., 2002, p. 132 ; Kaya, I., 2003, p. 59 ; McCaffrey, S. C., 2007, pp. 126-127 ; McIntyre, O., 2007, pp. 17-23 ; Islam, N., 2010, p. 106 ; 山本良 2011、302-303 頁 ; Loures, F. R., 2015, p. 216.
46） *E.g.,* Dellapena, J. W., 2001, p. 226 ; Elver, H., 2002, p. 132 ; Kaya, I., 2003, pp. 59-60.
47） Elver, H., 2002, p. 132 ; Kaya, I., 2003, p. 60 ; McIntyre, O., 2007, p. 17 ; Leb, C., 2013, p. 49.
48） Schenkel, K., 1902, p. 237.
49） Huber, M., 1907, p. 160.
50） *See,* McCaffrey, S. C., 2007, p. 99 ; Tarlock, A. D., 2010, p. 373.
51） 一之瀬高博 2008、55 頁。

利用が同理論の下で許容されるのは、唯一、下流国の同意がある場合に限られる。このように、上流国の主権を著しく制限する同理論は、他国の主権を尊重する義務を課す現代国際法においては、もはや妥当し得ない[52]。それゆえ、この理論も、今日、法的正当性を失っていると言わなければならない[53]。

(5) 非航行的利用の分野において広く支持を得ている理論
(ⅰ) 制限主権論

絶対的領土主権論及び絶対的領土保全論に代わり、今日、国際河川の非航行的利用の法分野で広範な支持を得ている理論として、まず言及すべきは、制限主権論である。これは、絶対的領土主権論と絶対的領土保全論の対立の妥協の産物である。この理論は、国家は、自国領域内の国際水路を利用し又はその利用を許可する際に、他の沿岸国に重大な損害を及ぼしてはならないという考え方に依拠する[54]。本理論は、上流国の活動の自由を一定程度制約するはたらきをもつ。この理論の初期の提唱者には、ブリッグス（H. W. Briggs）[55]、バー（von L. Bars）[56]、ブライアリー（J. L. Brierly）[57]、スミス[58]等がある[59]。

主要な国家実行として、1856年、マース川の転流に関し、オランダが、上流国ドイツに対して行った次のような主張が確認される。「ミューズ川は、オランダとベルギーの共有物であり、言うまでもなく、当該河川の利用権は両国に存する。しかし同時に、法の一般原則に従い、各国は他国に対して損害を与

---

52) Leb, C., 2013, p. 49.
53) *E.g.,* McCaffrey, S. C., 2007, p. 133.
54) Berber, F. J., 1959, pp. 25-40; Lipper, J., 1967, pp. 23-38; 月川倉夫 1973、111-113頁; Colliard, C. A., 1977, pp. 267-269; Bruhács, J., 1993, pp. 47-48; McCaffrey, S. C., 2007, pp. 135-136; McIntyre, O., 2007, pp. 23-28; Birnie, P. A. Boyle & C. Redgwell, 2009, pp. 540-541; 山本良 2011、303-304頁；Leb, C., 2013, p. 50.
55) Briggs, H. W., 1952, p. 274.
56) Bars, von L., 1910, p. 281.
57) Brierly, J. L., 1949, p. 190.
58) Smith, H. A., 1931, pp. 145-151.
59) これ以外にも制限主権論の妥当性を主張する論者として、以下を参照。Lederle, A., 1920, pp. 51 *et seq.*; Kaufmann, E., 1936, p. 82; Thalmann, H., 1951, p. 159.

えるようないかなる行動も慎まなければならない。換言すれば、その目的が舟航であれ灌漑であれ、自国のニーズを充足するために転流を行うことにより、水の支配者となることは許されてはならないのである。」[60]。

　非航行的利用の法分野においては、今日、この制限主権論が圧倒的な支持を得ている[61]。この理論の下では、国際水路の利用国の主権は、重大損害防止規則や衡平利用規則による制約を受けることを意味する。本書が検討の対象とする重大損害防止規則と衡平利用規則の理論的基礎は、第一次的にはこの制限主権論にある[62]。

(ⅱ) 利益共同論

　今日、広範な支持を得ているもう１つの理論は、利益共同論である。これは、航行的利用に関する著名な判例であるオーデル川国際委員会事件の「利益共同」概念を、非航行的利用の分野へも拡張する理論である。こうした手法は、ガブチコヴォ・ナジマロシュ計画事件判決で採用された[63]。また、この理論は、多くの学説及び実行に裏打ちされている[64]。なお、本書が取り上げる衡平利用規則は、上述の制限主権論に加え、この利益共同論に基礎づけられるところでもある[65]。

　また最近は、利益共同論を基礎としつつ、それをさらに発展させた理論とし

---

60) Smith, H. A., 1931, p. 217 ; McCaffrey, S. C., 2007, p. 137.
61) *See, e.g.,* Smith, H. A., 1931, p. 151 ; Berber, F. J., 1959, pp. 12-14 ; Rest, A., 1987, p. 166 ; Dellapenna, J. W., 1994, pp. 36-37 ; Tanzi, A. & M. Arcari, 2001, pp. 13-15 ; McCaffrey, S. C., 2007, pp. 135, 147 ; Loures, F. R., 2015, p. 217 ; Dupuy, P. M. & J. E. Viñuales, 2018, p. 130. なお、本理論の根拠となる実行については、以下を参照。Kaya, I., 2003, pp. 74-81 ; McCaffrey, S. C., 2007, pp. 136-145.
62) *See,* Tanzi, A. & M. Arcari, 2001, p. 15 ; McIntyre, O., 2015(a), p. 148.
63) Gabčíkovo-Nagymaros Project Case, 1997, para. 85.
64) 詳細については、McCaffrey, S. C., 2007, pp. 151-160 を参照。
65) McIntyre, O., 2007, pp. 59, 77 ; Gabčíkovo-Nagymaros Project Case, 1997, Dissenting opinion of Judge Skubiszewski, para. 8.

て、共同管理理論が提唱されている。この理論は、国際水路の利用に当たり、沿岸国の個別的対処に委ねるのではなく、沿岸国の積極的な協力を通じて、国際水路の衡平利用レジームを達成することが望ましいとする考え方である[66]。つまり、この理論は、制限主権論のように上流国又は下流国の単独の対処に委ねるのではなく、すべての沿岸国の主権平等の観点から、国際水路を国境線に関係なく単一のものとして管理し、そこから得られる利益の共有を目的として、沿岸国が国際流域委員会（事実調査委員会を含む）など、共同の制度枠組の下で協力して対応するのが相応しいとする理論である[67]。このように見てくると、利益共同論とその発展型である共同管理理論は、沿岸国の共同の対処を必要とする「共同アプローチ」なのに対し、制限主権論は上流国又は下流国の個別の対処を要求するいう意味において「単独アプローチ」と言える。

(6)「国際水路」及び「非航行的利用」の用語の定義

以下、国際水路の非航行的利用の法分野の考察を進めるに当たり、ここで、「国際水路」及び「非航行的利用」の用語の定義を行う必要があろう。これら2つの用語の定義に当たっては、1997年に採択された国際水路の法分野の代表的な条約である「国際水路の非航行的利用の法に関する条約」[68]（以下、「国連水路条約」という。）に従う。

---

66) Islam, N., 2010, pp. 133-134. こうした考え方は、国連水路条約5条2項にも反映されている。UN Watercourses Convention, 1997, Article. 5(2).
67) Berber, F. J., 1959, p. 13 ; McCaffrey, S. C., 1993, p. 99-100 ; Dellapenna, J. W., 1994, pp. 40-42, 51-56 ; Benvenisti, E., 1996, pp. 400-402, 411-414 ; Tanzi, A. M. Arcari, 2001, pp. 18, 20-21, 23 ; Kaya, I., 2003, p. 189 ; McCaffrey, S. C., 2007, pp. 155-156, 165-168 ; McIntyre, O., 2007, pp. 28-40 ; Birnie, P., A. Boyle & C. Redgwell, 2009, p. 544 ; 山本良 2011、305-306頁 ; McIntyre, O., 2015 (a), p. 157 ; Loures, F. R., 2015, pp. 212, 217-218, 226-227, 229-231 ; Dupuy, P. M. & J. E. Viñuales, 2018, p. 130.
68) UN Watercourses Convention, 1997.

「国際水路」(International Watercourses)[69] とは、国連水路条約によれば、「地表水及び地下水であって、その物理的関連性により単一体をなし、通常は共通の流出点に到達する水系」[70]であって、「その一部が複数の国に所在するもの」[71]をいう。国際水路の中心に位置づけられてきたのは、国境を形成し又は貫流する河川・湖沼であった。けれども、河川・湖沼以外にも国際水路には、河川・湖沼のような表流水と物理的関連性をもつ限りで、地下水[72]、運河、貯水池、氷河等が包含される[73]。さらに国境を形成したり複数の国を貫流しなくとも、国際水路と物理的な関連性を有する場合には、一国内に所在する表流水、地下水、支流、湖も、国連水路条約にいうところの国際水路に含まれる[74]。

次に、「非航行的利用」とは、国連水路条約によれば、「国際水路とその水の

---

[69] Ecstein, G., 2017, p. 76. なお、「国際水路」よりも広い概念として、1966 年に国際法協会 (ILA) が採択したヘルシンキ規則は、「国際流域」(International Drainage Basin) を用いる。同規則によれば、国際流域とは、「共通の到達点に流入する表流水及び地下水を含む水系の集水域の限界によって決定される複数の国に広がる地理的区域」と定義される。ILA Helsinki Rule, 1966, Article. 2.

[70] UN Watercourses Convention, 1997, Article. 2(a).

[71] Ibid., Article. 2(b).

[72] 国連水路条約に定める地下水は、国際河川や国際湖沼のような表流水と、物理的に関連性を有していなければ、同条約の国際水路には該当しない。ゆえに、①新たな水の供給を受けない枯渇性の地下水、②新たな水の供給を受けるが表流水と物理的につながりを有していない地下水、③複数の流出口をもつ地下水、は国連水路条約の範囲の外に置かれる。逆に言えば、たとえ完全に一国内に所在する地下水であっても、それが国際河川や国際湖沼と物理的なつながりを有しており、かつ同一の流出口に到達するのであれば、国連水路条約にいうところの国際水路となることを意味するが、このようなケースはあまり多くない (see, A/49/10, commentary to Article. 2, para. (4); McCaffrey, S. C., 1999, pp. 155-156; Dellapenna, J. W., 2001, pp. 242, 244-245; Mechlem, K., 2003, pp. 54-57; Daibes-Murad, F., 2005, pp. 81-84; Eckstein, G., 2005, pp. 549-559; Mechlem, K., 2009, pp. 805-806; McIntyre, O., 2011, p. 243; Stephan, R. M., 2011, p. 224; 岩石順子 2011、333-337 頁; Fry, J. D. & A. Chong, 2016, pp. 231, 256-257; Eckstein, G., 2017, p. 77)。なお、表流水と物理的な関連性を有しない越境地下水の利用を規律するための法案は、2008 年、ILC により、越境帯水層条文草案として採択されている (Transboundary Aquifers Draft Articles, 2008)。

[73] A/49/10, commentary to Article. 2, para. (4).

[74] Fry, J. D. & A. Chong, 2016, p. 231.

航行以外の目的のための利用並びにこれと関連する保護、保存及び管理措置」[75]をいう。ただし、航行以外の利用（非航行的利用）が航行に影響を与え、又は航行によって影響を受ける場合はこの限りでない[76]。

では、非航行的利用には、具体的にどのような利用が包含されるのであろうか。非航行的利用に含まれる利用は、国連水路条約の起草作業で行われた以下3つの分類が注目される[77]。1つ目は、農業利用である。これには、灌漑、排水、廃棄物処理、水産食品の生産が含まれる。2つ目は、経済及び商業利用であり、これには、エネルギー生産（水力発電、原子力発電等）、製造、建設、航行以外の輸送手段、木材浮遊運搬、廃棄物処理、採取が含まれる。3つ目は、家庭及び社会的利用である。この利用に含まれるのは、消費（飲料水、食品調理、皿洗い、洗濯等）、廃棄物処理、レジャー（遊泳、スポーツ、釣り、ボート等）である。

(7) 国際水路の非航行的利用を規律する法分野の発達

　国際水路の非航行的利用を規律する法分野は、個別条約[78]、国際法学会（IDI）や国際法協会（ILA）による非拘束的な決議文書（ソフト・ロー）、国際水路の非航行的利用の分野の普遍的条約である国連水路条約[79]、ガブチコヴォ・ナジマ

---

75) UN Watercourses Convention, 1997, Article. 1(1).
76) *Ibid.,* Article. 1(2). 非航行的利用が航行的利用に影響を与える例として、水力発電用のダムの建設により、ダム下流の水位低下を引き起こし、船舶の航行が不能となる場合が挙げられる。反対に、航行的利用が非航行的利用に影響を与える例として、船舶の航行を可能とするために十分な水量を確保することにより、灌漑目的の取水を制限又は中止せざるを得ない場合が挙げられる。McCaffrey, S. C., 2007, p. 47.
77) A/CN.4/294 and Add.1, p. 150; A/CN.4/314, p. 254. こうした分類は、Kaya, I., 2003, p. 11; McIntyre, O., 2007, p. 51 によっても支持されている。
78) 西暦805年から1984年までに3,600以上の淡水資源関連の条約が作成され、その多くが航行的利用に関するものであるが、淡水資源の消費、灌漑、漁業、発電等の非航行的利用については、1820年以降、約400の条約が締結された（UNEP Atlas, 2002, p. 6）。これら条約の詳細は、UNEP Atlas, 2002, pp. 25-173 を参照。
79) UN Watercourses Convention, 1997.

ロシュ計画事件[80]（1997 年）、パルプ工場事件[81]（2010 年）、キシェンガンガ事件[82]（2013 年）、サンファン川事件[83]（2015 年）、国境地域におけるニカラグアの活動事件（賠償額の査定）[84]（2018 年）、シララ川の法的地位に関する事件[85]（係属中）等の国際裁判例、国家実行及び国際実践、並びに多数の学術論文及び学術書籍[86]に支えられている。

　そうした状況を反映して、近年、「国際水路法」（The Law of International Watercourses）と呼ばれる一群の法分野が国際法学において生成し発展を遂げてきている。「国際水路法」という名称は、ガブチコヴォ・ナジマロシュ計画事件でも用いられた[87]。また、この分野の世界的権威であるマッカフリー（S. C. McCaffrey）の著作も『国際水路法』というタイトルを使用している[88]。わが国でも、児矢野マリによれば、国際水路の非航行的利用の分野は、「全体として国際水路法と呼ばれる一定の基盤がある」とし、「膨大な数の個別条約や裁判例等を含む長年の国家実行の蓄積と、それに基づき確立してきた一般国際法上の規則」に支えられているとされる[89]。こうしたことから、今日、国際法学において国際水路法が 1 つの分野として存在する契機を見出すことができる。

(8)　国際水路法に占める国連水路条約の重要性

　国際水路は世界中に存在しているが、地理的性格上、それぞれの水路は独立

---

80) Gabčíkovo-Nagymaros Project Case, 1997.
81) Pulp Mills Case, 2010.
82) Kishenganga Case, Partial Award, 2013 ; Kishenganga Case, Final Award, 2013.
83) San Juan River Case, 2015.
84) Certain Activities Case, Compensation, 2018.
85) Silala Waters Case（Pending）.
86) 国際水路の非航行的利用に関する法分野は、これまであまり注目されて来なかったが、2000 年代以降、同分野を対象とする書籍が相次いで刊行されている。国際水路法関連の書籍はここ 10 年ほどで数十冊を数える。
87) Gabčíkovo-Nagymaros Project Case, 1997, para. 141.
88) McCaffrey, S. C., 2007.
89) 児矢野マリ 2011(a)、261-262 頁。

性が高く、水路を取り巻く環境は水路ごとに大きく異なっている[90]。それゆえ、各水路の法的規制は、個別条約の締結という形で実現されてきた。今日、数多くの個別条約が存在しているのはそのためである。しかし、国際水路の法分野では、こうした個別条約の規制と同時に、ソフト・ロー、国際裁判例、学説及び実行の蓄積により、そこから国際水路の利用と保全に関する一般的ルールの抽出作業が国連国際法委員会（ILC）を中心に行われてきた[91]。そうしたルールの一般化の作業の集大成が、上述の国連水路条約の採択であった。つまり、国連水路条約には、一般的・普遍的な性質及び価値を有する規則が含まれている。それゆえ、国連水路条約がそれ自体、慣習国際法を条文化したものであるかはおくとしても[92]、国際社会に対する影響力は決して過小評価されるべきではない。このように一般的・普遍的価値を有する国連水路条約は、国際水路法の基盤強化及び体系化にも貢献し得る[93]。

　国際水路法における国連水路条約の重要性は、判例でも認識されている。このことは、ガブチコヴォ・ナジマロシュ計画事件判決で、国連水路条約の採択

---

90) Tanzi, A. & M. Arcari, 2001, p. 25.
91) Tanzi, A., 1997(a), p. 110.
92) 条約条文全体が慣習国際法を反映していると言うことは、今日でも難しいであろう。Tanzi, A. & M. Arcari, 2001, pp. 29-30; Elver, H., 2002, p. 219.
93) 全世界に対して署名に開放されている水路関連条約には、国連水路条約のほかに、1992年に国連欧州経済委員会（UNECE）によって作成された越境水路及び国際湖水の保護及び利用に関する条約（以下、「ヘルシンキ条約」という。）がある（Helsinki Convention, 1992）。この条約は元々、ECE加盟国のみに開放されていたが、2013年2月16日の改正で、ECE域外のすべての国に開放された。こうしたことから、ヘルシンキ条約は、国連水路条約と同様、グローバル・レベルの条約である。けれども、上述のように、ヘルシンキ条約は、ヨーロッパの実行をもとにECE加盟国のために作成されたものである。本条約は、ヨーロッパの国際河川が過去に経験した深刻な汚染に対処すべく詳細な汚染防止条項を規定するなど（*ibid.*, Articles. 2-3）、地域的特性を色濃く反映したものとなっている。したがって、本条約の一般性・普遍的価値は地域限定的なものと解されるべきである。

が「国際法の現代的な展開」の証であると判示されたことに顕著である[94]。また、パルプ工場事件で解釈・適用の対象とされたのは、1975年にウルグアイとアルゼンチンの間の二国間条約であって、グローバル・レベルの性格を有する国連水路条約ではないにもかかわらず、本件ICJ判決は国連水路条約を反映するものであった[95]。

国連水路条約の採択は、その起草に当たったILCが残した貴重な成果として高い評価が与えられている。ILCは、1960年代に国際法の法典化の黄金時代を迎えたが、それ以降は成果が乏しく、法典化条約として採択されても、そのほとんどが必要な批准数を得られず、未発効のままの状況にあった[96]。そうしたなか、条約を通じた国際法の法典化を成し遂げて、ILCによる法典化作業の重要性を再認識させたのが、国連水路条約の採択であった[97]。同条約が国際水路法の中心に位置することは、学説上も共有されている[98]。

2　国際水路法における二大原則——重大損害防止規則と衡平利用規則

国際水路法は、その発展過程で様々な規範を生み出してきた。わけても、重大損害防止規則と衡平利用規則は、国際水路法の根幹を成すきわめて重要な規範である。つまり、この2つの規則は、国際水路法の二大原則[99]とでもいうべ

---

94) Gabčíkovo-Nagymaros Project Case, 1997, para. 85. また、カシキリ／セドゥドゥ島事件で、クーイマンス（Kooijmans）判事は、同島を取り囲む水の利用に関する将来の扱いについて、国連水路条約に体現される諸規則及び諸原則を指針とすべきことを両当事国に要請した。Kasikili/Sedudu Island Case, 1999, Separate opinion of Judge Kooijmans, para. 36.
95) McCaffrey, S. C., 2013, p. 15；坂本尚繁 2016、6頁。
96) 酒井啓亘 2011、25-26頁。
97) 同上。
98) 児矢野マリ 2011(a) 317頁；坂本尚繁 2016、6頁。
99) 本書では、「規則」（rule）と「原則」（principle）とを、次のように使い分ける。「規則」は、慣習国際法としての性質を有するハード・ローを意味するのに対し、「原則」は、慣習国際法にまで至らない法概念や法的拘束力を有しないソフト・ローを指す（see, Ong, D. M., 2006, pp. 6, 8；Dupuy, P. M. & J. E. Viñuales, 2018, pp. 58-59）。もっとも、本

き存在なのである[100]。

　まず，衡平利用規則とは，国際水路の利用に際してあらゆる関連する要素や事情を考慮して，衡平かつ合理的な方法で国際水路を利用することをその水路の利用国に要求する規則である。同規則は，上述の制限主権論と利益共同論に法的基盤を有する[101]。衡平利用規則の下で水路国は，衡平かつ合理的な方法で国際水路を利用する権利を有するとともに，他の水路国の衡平かつ合理的な利用の権利を害してはならない。衡平利用規則が慣習国際法化していることに，今日，異論はない[102]。

　国連水路条約は，5条で衡平利用規則について規定した。同条1項によれば，「水路国は，それぞれの領域において国際水路を衡平かつ合理的な方法で利用する。とくに水路国は，関係する水路国の利益を考慮しつつ，水路の適切な保護と両立する利用及びそこから生ずる便益を最適かつ持続可能なものとするように水路を利用し，その開発を行う。」と規定し，次いで，同条2項で，「水路国は，衡平かつ合理的な方法による国際水路の利用，開発及び保護に参加する。そのような参加には，この条約が規定する水路を利用する権利並びにその保護及び開発に協力する義務の双方を伴う。」との規定を置く[103]。

　次に，重大損害防止規則とは，国際水路の利用に際して他国に重大な損害を生じさせないようにすべての適当な措置をとることをその水路の利用国に要求

　　書では，例外的に，重大損害防止規則及び衡平利用規則を，「基本原則」や「二大原則」と表現することがある。しかしこれは，principle ではなく，rule の意として解されたい。

100) See, A/CN.4/348 and Corr.1, pp. 74-110; A/49/10, p. 125, para.（3）; McCaffrey, S. C., 1993, pp. 106-107; Tanzi, A. & M. Arcari, 2001, p. 15; Islam, N., 2010, p. 143; McIntyre, O., 2011, pp. 237-238.

101) E.g., Tarlock, A. D., 2010, p. 403.

102) A/CN.4/367 and Corr.1, commentary to Article. 6, para. 81; A/49/10, commentary to Article. 5, para.（10）; Boyle, A. E., 1990, p. 155; Burunnée, J. & S. J. Toope, 1994, pp. 53-54; Wouters, P., 1999, p. 294; McCaffrey, S. C., 1997(a), p. 56; McCaffrey, S. C., 1997(b), p. 818; Tanzi, A., 1998, p. 453; 兼原敦子 1998, 191 頁; Dellapenna, J. W., 2001, p. 232; Elver, H., 2002, pp. 134, 194; McIntyre, O., 2007, pp. 117-118; Castillo-Laborde, L., 2012, p. 629, para. 25; Weiss, E. B., 2013, p. 26; Loures, F. R., 2015, p. 217.

103) 衡平利用規則については，第3章を参照。

する規則である。同規則が規制する損害の程度は「重大な」のレベル以上の損害に限られ、「重大な」のレベル未満の損害については、条約等において規定される場合を除き、被影響国の側に受忍義務が生じる。同規則の法的基盤は、上述の制限主権論に求められる[104]。同規則は、今日、慣習国際法としての性格が異論なく認められている[105]。

国連水路条約は、7条で重大損害防止規則を次のように規定した。同条1項において、「<u>水路国は、その領域において国際水路を利用するにあたり、他の水路国に重大な損害を生じさせることを防止するためにすべての適当な措置をとる。</u>」（下線・鳥谷部加筆）と規定し、続いて2項は、「それにもかかわらず他の水路国に重大な損害が発生する場合には、水路の利用により、かかる損害を生じさせる国は、そのような利用に対する合意がない場合には、<u>5条及び6条の規定を適切に尊重しつつ</u>、影響を受ける国と協議のうえで、その損害を除去し又は軽減するために、及び適切な場合には補償の問題を検討するために、すべての適当な措置をとる。」（下線・鳥谷部加筆）との規定を置く[106]。

3 国連水路条約7条における重大損害防止規則と衡平利用規則との関係の表れ方

重大損害防止規則と衡平利用規則との関係は、国連水路条約7条の起草に当たって、激しい議論を巻き起こしてきた。ここではまず、同条がどういう場面を規制の対象としているのかを確認しておきたい。同条を素直に読むと、1項は、重大な損害を生じさせる国際水路の利用国が「相当の注意」を払わなかっ

---

104) *E.g.,* Elver, H., 2002, p. 139; Weiss, E. B., 2013, p. 21; Loures, F. R., 2015, p. 217.
105) Irone Rhine Case, 2005, paras. 59, 222; Pulp Mills Case, 2010, para. 101; Boyle, A. E., 1990, p. 156; Handl, G., 1991, pp. 75-76; Burunnée, J. & S. J. Toope, 1994, pp. 53-54; 繁田泰宏1994、20頁; McCaffrey, S. C., 1997 (a), p. 56; McCaffrey, S. C., 1997(b), p. 818; Tanzi, A., 1998, p. 453; Shigeta, Y., 2000, p. 147; Elver, H., 2002, pp. 139, 197; 井上秀典2005、47頁; Ong, D. M., 2006, p. 12; McCaffrey, S. C., 2007, p. 416; McIntyre, O., 2007, pp. 85-86; Weiss, E. B., 2013, p. 21; McIntyre, O., 2017, p. 240; Bremer, N., 2017(a), p. 86; 石橋可奈美2018、9頁。
106) 重大損害防止規則については、第4章を参照。

た（＝「すべての適当な措置」を講じなかった）という場面を規制しているのに対し、2項は、国際水路の利用国が「相当の注意」を払った（＝「すべての適当な措置」を講じた）ものの、重大な損害を生じさせてしまったという場面を規制の対象としている[107]。つまり、1項は、国際水路の利用国に対し、重大な損害を生じさせないよう「相当の注意」を払って防止する義務を課す一方で、2項は、「相当の注意」を払ったが重大な損害を生じさせた原因国に、「影響を受けた国と協議のうえで、その損害を除去し又は緩和するために、及び適切な場合には補償の問題を検討するために、すべての適当な措置をとる」という義務（以下、「損害の除去・緩和及び補償問題検討のための相当の注意」義務という。）を新たに課している[108]。

　それでは、重大損害防止規則と衡平利用規則との関係が問題となるのは、国連水路条約7条の何処なのであろうか。それは、用語の通常の意味に従って解釈すれば、「5条及び6条の規定を適切に尊重しつつ」という衡平利用規則への配慮を要求する7条2項であり、さらに言えば、衡平利用規則との関係が問題となるのは、同項中の「損害の除去・緩和及び補償問題検討のための相当の注意」義務であると解される。なぜなら、「5条及び6条の規定を適切に尊重しつつ」という修飾句は、文法的には、2項に規定される「すべての適当な措置をとる」に係るからである。

　このように、国連水路条約7条を、自然かつ用語の通常の意味に則して読むと、衡平利用規則と重大損害防止規則が関係性を有するのは、2項において、原因国が、「損害の除去・緩和及び補償問題検討のための相当の注意」義務の履行から免れようと試みる場面であると言える。すなわち、原因国は、衡平利用規則を「適切に尊重」すると、問題の利用が衡平かつ合理的であると見なされるから、「損害の除去・緩和及び補償問題検討のための相当の注意」義務の履行を免れることができると主張するのに対し、重大な損害を被った国（被影

---

107) Tanzi, A., 1998, p. 463.
108) この義務は、原因国に、一次的に損害の除去義務を課し、その履行が不可能であることが明白である場合に、二次的に損害の緩和義務を課すものである。*Ibid.*

響国)は、たとえ衡平利用規則を「適切に尊重」したとしても、問題の利用は、むろん非衡平かつ非合理的であるから、「損害の除去・緩和及び補償問題検討のための相当の注意」義務の履行を原因国が免れることはできないと反論することが想定できる。こうしたことから、7条2項を文言通り読むと、原因国が衡平利用規則を適切に尊重した結果、履行を免れるのは「損害の除去・緩和及び補償問題検討のための相当の注意」義務からということになる[109]。

以上、重大損害防止規則を規定する国連水路条約7条を用語の通常の意味に従って解釈する限り、衡平利用規則との関係は、同条2項の「損害の除去・緩和及び補償問題検討のための相当の注意」義務の解釈・適用の場面で登場することになると言える。

しかしながら、国連水路条約7条の起草過程を辿ると、「5条及び6条の規定を適切に尊重しつつ」という文言は、7条2項のみならず、7条全体、すなわち事前の対処を要求する同条1項へも係っていくと解すべきである。仮にそ

---

[109] これに関し、マッカフリーは、国際水路の利用国が重大な損害を生じさせたが「相当の注意」を払ったという場面(つまり、国連水路条約7条2項の解釈・適用が問題となる場面)では、衡平利用規則が適用されると解す。その結果、①当該利用が衡平かつ合理的であると見なされるときは原因国の衡平利用規則の違反に対する責任は発生しないが、反対に、②当該利用が非衡平かつ非合理的であると見なされるときは原因国の衡平利用規則の違反に対する責任が発生するという (McCaffrey, S. C., 2007, pp. 441-442)。続けて、マッカフリーは、上記①の場合には重大な損害に対する補償の支払を請求することができるが、上記②の場合には国家責任が発生しているから補償の支払の請求はできず、責任解除措置としての賠償請求のみが可能であるという (*ibid.*)。しかし、重大な損害を生じさせたが「相当の注意」を払ったという場面を規定する7条2項は、そうした状況を、衡平利用規則を適用することによって処理することを定めているわけではない。同条同項を用語の通常の意味に従って読むと、衡平利用規則は、「損害の除去・緩和及び補償問題検討のための相当の注意」義務の解釈・適用レベルで作用するにとどまる。また、繁田泰宏は、重大損害防止規則と衡平利用規則との関係を、防止すべき損害のレベルが衡平利用規則によって「重大な」から引き上げられることを意味すると解す (Shigeta, Y., 2000, p. 176)。けれども、7条2項を正確に読むと、「5条及び6条の規定を適切に尊重しつつ」という文言は、「その損害」ではなく「すべての適当な措置をとる」(すなわち、「相当の注意」義務)に係るから、用語の通常の意味に従って解釈すれば、両規則の関係が問題となるのは、防止すべき損害のレベルではなく、「相当の注意」義務の解釈・適用レベルとなろう。

うした理解が正しいとすれば、重大損害防止規則と衡平利用規則との関係は、7条1項でも（より強く言えば7条1項でこそ）問題となるのである。

　それでは、先行研究は両規則の関係をどのように把握してきたのであろうか。以下では、両規則の関係に関する代表的な先行研究を渉猟することとしたい。

4　先行研究の整理――考慮説と不考慮説の対立としての把握

(1) 学説
(i) マッカフリー

　マッカフリーは、2007年の大著『国際水路法』において、次のように述べている。「……国際水路の分野において禁止されるのは、重大な損害を生じさせることそれ自体ではなく、かかる損害を非合理的に生じさせることである。換言すれば、何らかの損害をもたらす国家の行為は、たとえ重大な損害であっても、状況に応じて合理的であるかもしれず、ゆえに、当該損害は影響を被った国によって受忍されなければならないかもしれない。分析するに、このことは、損害を、衡平利用を決定する際の1つの要素に過ぎないものとして扱うことに等しい。つまり、衡平かつ合理的な利用の全体のレジームを達成するために、重大な損害が受忍されなければならないかもしれないのである。当然ながら、損害の発生が非合理的である場合もあろう。そのような場合には、かかる損害を与えた国の責任が生じることになろう。」[110]。

　以上のマッカフリーの主張を要約すると、国際水路の利用国が他国に重大な損害を生じさせる場合であっても、その事実だけでは法の違反が生じることはなく、最終的に衡平利用規則に照らして当該利用が衡平かつ合理的であるかが判断されるべきと指摘している。このように、マッカフリーは、重大損害防止規則の違反の成否を衡平利用規則の衡平かつ合理的なテストによって判断すべきと解しているものと理解される。

---

110) McCaffrey, S. C., 2007, p. 436.

また、マッカフリーは、1996年の論文において、両規則の関係を次のように把握する。国連水路条約7条に規定される重大損害防止規則に優先権を与えると、下流国に後れて発展を遂げた上流国は、当該下流国に重大な損害を生じさせるようなダム建設を差し控えなければならなくなる[111]。これに対し、国連水路条約5条に規定される衡平利用規則に優先権を与えれば、重大な損害の発生は、当該ダムの建設が許容されるかどうかを決定する際に考慮されるべき要素の1つに過ぎないから、当該下流国に重大な損害を生じさせるようなダム建設が禁止されない場合が出て来る[112]。マッカフリーのこうした記述からも、重大な損害が発生するおそれがあったとしても、そのことが直ちに重大損害防止規則の違反を構成するのではなく、その違反の成否は最終的に衡平利用規則に従って判断されるべきとの考え方が窺える。

　このように、マッカフリーの主張によれば、両規則の関係を原因国の側から見れば、重大損害防止規則の違反を追及された場合に、衡平利用規則に合致した利用であることを根拠として、自身の利用を正当化できるかという問題として捉えられる[113]。

(ⅱ) ハンドル

　マッカフリーと同様の認識は、それ以前に、ハンドル (G. Handl) によって示されていた。ハンドルは、共有天然資源の利用に際して、当該利用国が他国に重大な損害を生じさせた場合、当該他国が、当該利用国の行為が国際的に容認されないことを示すには、かかる損害の発生という事実だけでは不十分であり、かかる損害が共有天然資源の衡平な利用と見なし得ないことまでもが必要であるかの問題として両規則の関係を理解している[114]。つまり、ハンドルは、両規則の関係を、越境汚染に起因する重大な環境の悪化を生じさせる場合で

---

111) McCaffrey, S. C., 1996, pp. 307-308.
112) *Ibid.*
113) A/43/10, commentary to Article. 8, para. (3); McCaffrey, S. C., 1989, p. 510.
114) Handl, G., 1986, pp. 415-416.

あっても、かかる汚染が衡平な利用である限り、被害国はその悪化を受忍しなければならないかの問題と認識するのである[115]。

(ⅲ) ノルケンパー

ノルケンパー（A. Nollkaemper）は、次のように述べて、両規則の関係の問題を、重大損害防止規則の違反認定プロセスにおいて、衡平利用規則が考慮されるべきか否かの視点に立って論じている。「国家は、原則として、相当な損害〔重大なと同義。以下同じ。〕を防止しなければならないが、かかる損害が違法であるかどうかは衡平利用規則を考慮して判断しなければならない。……一国の水路の利用が他国に相当な損害を生じさせるものの、衡平ではないとまでは言えない場合には、違法とはならない。相当な損害は、関係水路国による水路の衡平な利用と相容れない場合にのみ違法となる。」[116]（〔　〕内・鳥谷部加筆）。

また、ノルケンパーは、次のようにも述べている。「国際水路の利用が他の水路国に相当な損害を生じさせる場合には当該利用は衡平とは言えない。換言すれば、汚染の場合には、もはや諸利益の平等は妥当しない。重大な損害を生じさせる汚染の防止は、より上位の利益である。当然、下流国が一定レベルの損害を受忍することに合意する可能性は常に存在する。しかし、そうした合意が存在しない場合、『水路国は、当該利用が『衡平である』ことを理由に、他の水路国に相当な損害を生じさせる利用を正当化し得ない』。」[117]。このように、ノルケンパーは、国際水路の利用国が重大損害防止規則の違反が成立しないことを、衡平利用規則に合致した利用であることを理由に正当化できるかという問題として両規則の関係性を理解した。

---

115) *Ibid.,* p. 416.
116) Nollkaemper, A., 1993, p. 66.
117) *Ibid.,* pp. 68-69.

（iv）フエンテス

　上記論者たちと同様の認識は、フエンテス（X. Fuentes）によっても示されている。フエンテスは、まず、両規則の関係が問題となる状況として、次のような場面を挙げる[118]。すなわち、国際水路の上流に位置するA国が水力発電所の建設を計画したところ、当該計画は、下流に位置するB国の当該水路に生息する魚の個体数に深刻な損害を生じさせ、その結果、B国内の当該水路の魚の個体数の激減により、同水路での漁業が困難となることが懸念されるという場合である[119]。そして、フエンテスは、このような状況において、B国は、通常、A国による重大損害防止規則の違反を主張するのに対し、A国は、かかる損害は、衡平利用規則の下では、衡平かつ合理的な利用を決定するための要素の1つに過ぎないことを理由にB国の主張を退けようとするだろうと言う[120]。

　こうした記述からは、両規則の関係を、重大損害防止規則の違反の成否を最終的に衡平利用規則によって判断することが適当であるかどうかという問題として理解しようとする様子が窺える。

（v）繁田泰宏

　わが国では、繁田泰宏が重大損害防止規則と衡平利用規則との関係について深い考察を行っている。繁田は、両規則の関係の問題を、「衡平利用規則による重大損害防止規則の緩和」と捉える。ここで用いられる「緩和」（relaxation）という言葉は、重大損害防止規則から導かれる防止すべき損害のレベルが衡平利用規則によって引き上げられることを意味するものであるとされる[121]。つまり、繁田は両規則の関係を、越境汚染損害防止義務によって通常ならば違法とされるレベルの汚染損害が発生した場合であっても、「『共有天然資源』の衡

118）Fuentes, X., 1998, p. 170.
119）*Ibid.*
120）*Ibid.*
121）繁田泰宏1994、21頁；Shigeta, Y., 2000, p. 151.

平利用原則によって防止すべき損害のレベルが引き上げられ、汚染源国の国家責任が生じない場合がある」と言えるかどうかという問題として捉える[122]。そのうえで繁田は、汚染損害について、衡平利用規則の適用によって、防止すべき損害のレベルが少なくとも「深刻な」(serious) を超えて引き上げられることは認められないことの論証を試みている[123]。

本研究の特徴は、重大損害防止規則と衡平利用規則との関係の問題の考察を汚染損害に限定したうえで、両規則の関係性を、汚染に関する防止すべき損害のレベルが衡平利用規則によって「深刻な」という水準よりも引き上げられる(緩和される) ことと理解し、結論として、「深刻な」のレベルが衡平利用規則によって引き上げられることを明確に否定することにより、少なくとも「深刻な」損害の防止規則の違反認定に際し衡平利用規則が介入する余地が存しないことを明らかにしたところにある。

また、繁田は、国連水路条約7条の下で、衡平利用規則による「緩和」が問題となるとすれば、それは2項に限られるのであって、1項ではそもそも「緩和」が議論される余地がないとし[124]、そのうえで、「緩和」が問題となる2項では、少なくとも「回復不可能な」(irreparable) 又は「深刻な」のように、「重大な」(significant) よりも程度の重い汚染損害の場合には、衡平利用規則による「緩和」が明確に否定されなければならないと結論づける[125]。

以上、繁田もこれまでの論者と同様、両規則の関係性を、原因国が重大損害防止規則の違反成立において、衡平利用規則の介在を許容すべきか否かという問題として把握している。

(ⅵ) タンチとアルカリ

タンチとアルカリ (A. Tanzi & M. Arcari) は、これまでの論者と若干異なる捉

---

122) 繁田泰宏 1994、20-21 頁；Shigeta, Y., 2000, pp. 149-150.
123) 繁田泰宏 1994、21 頁；Shigeta, Y., 2000, p. 150.
124) Shigeta, Y., 2000, p. 174.
125) *Ibid.*, p. 176.

え方をしている。タンチとアルカリは、両規則の関係の問題について次のように言及している。国際水路紛争の解決に際して、衡平利用規則の適用を退け重大損害防止規則の適用のみを承認することは、上流国の計画に対して、さらには、上流国の既存の利用に対してまでも、それを拒否する権限が下流国には与えられているのだとする主張に裏づけを与えることになるかもしれない[126]。と同時に、重大損害防止規則の適用を排除するか、あるいは衡平利用規則との関係において重大損害防止規則を劣後させることは、下流国に対し深刻な害を及ぼす活動を正当化する理由づけを上流国に与えることになろう[127]。このように、タンチとアルカリは、いずれの規則に国際水路法の実体的規則としての存在価値・存在意義を認めるべきかという二者択一の問題として理解しているようにも読める。

けれども、必ずしもこうした認識が正鵠を射たものでないことは、タンチとアルカリ自身の次のような記述に表れている。「衡平利用原則をこの分野の唯一の支配的な規則と見なしたとしても、国際水法に関する紛争が上流国に有利に解決されるべきであるということを意味するわけでは必ずしもない。上流国の利用が下流国の水路の利用に深刻な毀損又は妨害を引き起こす場合であっても、被害国による当該水路の衡平な利用の権利が侵害されていないかが問題として生じることになろう。このように考えることは、われわれを、この2つの原則がどのようにして実質的に同時に発生し得るかという問題へと引き戻す。」[128]。

以上の論及は、衡平利用規則が上流国に有利な規則であり、重大損害防止規則が下流国に有利な規則であるという具合に固定化された存在ではなく、いずれの規則も、上流国と下流国双方に権利を与え、その裏返しとして義務を課すものであるから、両規則の抵触を完全に否定することは不可能であるとの認識に立つものと言える[129]。つまり、タンチとアルカリは、重大損害防止規則と

---

126) Tanzi, A. & M. Arcari, 2001, p. 176.
127) *Ibid.*
128) *Ibid.*

衡平利用規則を完全に別個独立した規範とは見なしていないのである。

(2) 考慮説と不考慮説の内容

　こうした先行研究の蓄積に鑑み、本書は、重大損害防止規則と衡平利用規則との関係を次のように理解する。すなわち、重大損害防止規則の違反を追及された国際水路の利用国は、衡平利用規則の考慮の結果として当該利用が衡平かつ合理的であることを根拠に、当該利用を正当化できるか。本書は、当該利用の正当化を容認する立場を「衡平利用規則考慮説」（以下、「考慮説」という。）と呼び、当該利用の正当化を容認しない立場を「衡平利用規則不考慮説」（以下、「不考慮説」という。）と呼ぶ。

　考慮説によれば、当該利用が衡平かつ合理的と見なされれば、当該利用国は、重大損害防止規則の履行義務又は違反成立を免れるのに対し、当該利用が非衡平かつ非合理的であると見なされれば、重大損害防止規則の履行義務又は違反成立から免れることはできないことを意味する[130]。つまり、考慮説は、原因国が衡平利用規則に依拠することで、重大損害防止規則を履行する義務から免れるとする主張又は重大損害防止規則の違反が成立しない（ゆえに、その違反に対する国家責任も当然生じない）とする主張を許容することになる。このように、重大損害防止規則の履行義務の有無や違反成立の有無を、最終的に衡平利用規則というテストによらしめる考慮説は、衡平利用規則の重大損害防止規則に対

---

129) *See also, ibid.*, p. 175.
130) 重大損害防止規則と衡平利用規則とをこのような関係として把握することは、法律学一般の概念である「衡平」（equity）の意味内容とも矛盾しない。すなわち、一般に法学において、「衡平は、実定法の一般的な準則をそのまま個別的事例に適用すると、実質的正義の観点からみて著しく不合理な結果が生じる場合に、その法的準則の適用を制限ないし抑制する働きをする」ものと理解される（田中成明 2011、323 頁）。衡平利用規則と重大損害防止規則との関係について見ても、考慮説は、重大損害防止規則が適用される場面において、それをそのまま適用すれば実質的正義（複数の国家の間の公平な関係性、さらにはそれを可能とする調和ある秩序の尊重）の観点から著しく不合理な結果を生じさせる場合に、衡平利用規則が重大損害防止規則の適用を制限・抑制する働きをするものとして把握できるのであり、本書が検討の対象とするのもこうした働きの当否である。

する優先(優越)を認めるものであるとも言える。

　他方、重大損害防止規則の適用に当たって衡平利用規則を考慮すべきではないとする不考慮説に立てば、重大損害防止規則に内在する所定の要素(重大な損害発生(の重大な危険)、「相当の注意」基準の充足及び因果関係の証明)[131]を満たせば、衡平利用規則の考慮テストを経ることなく、重大損害防止規則の履行義務又は同規則の違反成立を免れ得ないことを意味する。

　以上本書は、先行研究の状況に鑑み、重大損害防止規則と衡平利用規則との関係を、考慮説と不考慮説の対立として把握する。けれども、なかんずく考慮説に関し、先行研究及び実行から、「考慮」の相手先について、次の2つの異なる意味として認識されてきたことを指摘しておかなければならない。1つは、衡平利用規則の考慮は、重大損害防止規則の「重大な損害」に対して作用すると解する立場である。具体的には、防止すべき損害のレベルが「重大な」から引き上げられること(損害のレベルの緩和)を意味するという考え方である[132]。こうした認識は、「相当の注意」義務が国連水路条約起草案において明文化される以前、すなわち同条約の起草過程前半に見られる。つまり、特別報告者シュウェーベルの第3報告書やマッカフリーの第2報告書がそうである[133]。ここでは、衡平利用規則の考慮は、「相当な損害」(今日の「重大な損害」)を生じさせない義務に対して作用すると解される。

　もう1つの立場は、衡平利用規則の考慮は、重大損害防止規則の「相当の注意」に対して作用すると解する[134]。これによれば、衡平利用規則の「考慮」とは、衡平利用規則のテストを介在させることによって、問題の利用が衡平かつ合理的と見なされる場合には、原因国が「相当の注意」義務の履行を免れる

---

131) 詳細は、第4章第3節を参照。
132) こうした理解を示す論者として、繁田泰宏1994、21頁; Shigeta, Y., 2000, p. 151 が挙げられる。
133) A/CN.4/348 and Corr.1, Article. 8(1), p. 103, para. 156; A/CN.4/399 and Add.1 and 2, p. 134, para. 184. 詳細は、第2章第2節を参照。
134) こうした理解を示す論者として、Nollkaemper, A., 1993, p. 66 が挙げられる。ノルケンパーの見解については、本文4(1)(ⅲ)を参照。

こと、あるいは「相当の注意」義務の違反が成立しない（すなわち、違法性が否定される）こと、及びそれによって重大損害防止規則の違反が成立しないことを指し、他方、問題の利用が非衡平かつ非合理的と見なされる場合には、原因国が「相当の注意」義務の履行から免れられないこと、あるいは「相当の注意」義務の違反を生じる（すなわち、違法性が肯定される）こと、及びそれによって重大損害防止規則の違反が成立することを意味する。

　本書は、考慮説の内容を、上記②の意味に解する。その理由は、第1に、重大損害防止規則と衡平利用規則との関係が明文規定として表れている唯一の拘束的かつ普遍的文書である国連水路条約7条2項では、衡平利用規則「の規定を適切に尊重しつつ」という修飾句は、「すべての適当な措置をとる」に体現される「相当の注意」義務に係っていること、第2に、衡平利用規則が考慮される先が「重大な損害」ではなく「相当の注意」であると解することは、「相当の注意」義務が明文化された国連水路条約の起草過程後半の動向とも整合的であること、である。つまり、ローゼンストックの第1報告書や第二読条文草案がそれである[135]。こうしたことから、本書は、考慮説を、「重大な損害」ではなく「相当の注意」について、衡平利用規則を作用させるものと解する。

(3) 考慮説と不考慮説が対立を生じる具体的場面

　それでは、以上に見た考慮説と不考慮説は、具体的にどのような場面で対立を生じることになるのであろうか。次のような事例を想定してみよう。ある国際水路では、下流に位置するA国が従前より優先的に農業及び灌漑のための水利用を行ってきた。けれども、当該水路の上流に位置するB国の人口増加に伴い、B国政府は、農業のための灌漑利用や電力供給に深刻な影響が出始めていることを懸念し、問題の解決策として、大規模なダムの建設を計画した。これに対し、A国政府は、B国が当該計画を実行すれば、A国領域内の当該国際水路の水位が著しく低下し、A国に居住する住民の生活及び産業に重大な損害が生じるとして、当該計画に強く反対した。

---

135) A/CN.4/451, p. 185, para. 27 ; A/49/10, Article. 7. 詳細は、第2章第3節を参照。

こうした状況において、A国は次のように主張することが予想される。B国の利用は、A国に対し重大な損害のおそれを生じさせるものであり、また、B国はそれを防止するために「相当の注意」を適切に払わなかった。したがって、B国の計画は重大損害防止規則の違反を構成する。その結果、B国は自身の計画を縮小するべく見直しを行わなければならない。以上、A国の主張は、不考慮説に基づいて行われている。

これに対して、B国は、次のような反論を行うことが予想される。B国は、自身の計画が「相当の注意」を適切に払うことなく重大な損害発生のおそれを生じさせているとしても、B国の水利用は、衡平利用規則に照らして、衡平かつ合理的であると認められるから、重大損害防止規則の違反は成立しない。したがって、現状の計画を変更することなく実施できる。以上、B国の主張は、考慮説に基づいて行われている。

(4) 考慮説と不考慮説の主張の背景

それでは、考慮説と不考慮説の対立の背景にはどのような主張の対立が隠れているのであろうか。それは、基本的に、上流国と、下流国（及び途上国）の対立として把握される[136]。通常、下流国は不考慮説に依拠し、上流国は考慮説に依拠する。それはなぜか。下流国は、上流国の新規の開発により既得権益が侵されることを懸念する立場にあるからである[137]。つまり、下流国は、通常、上流国の自由奔放な水利用を警戒する。ゆえに、上流国が重大な損害のおそれを引き起した場合に、下流国は、衡平利用規則の考慮を介在させることなく、「相当の注意」義務の違反が認定され、その結果として、重大損害防止規則の違反が成立すると主張する。

これに対し、上流国は、下流国の有利な水利用に不満をもっている場合が多

---

136) 井上秀典 2005、47頁。
137) 下流国が、通常、不考慮説に依拠することを指摘する文献として、以下を参照。
McCaffrey, S. C., 1996, pp. 307-308 ; McCaffrey, S. C. & M. Sinjela, 1998, p. 101 ; Elver, H., 2002, p. 197 ; Louka, E., 2006, p. 173 ; McCaffrey, S. C., 2007, p. 365 ; Salman, S. M. A., 2007(b), p. 6 ; Salman, S. M. A., 2010, pp. 350-351 ; Martin-Nagle, R., 2011, p. 46.

く、考慮説に依拠する。つまり、国際水路の最下流国は、その違反が問われないのを奇貨として自由に当該水路の水を利用し発展を遂げることができるのに対し、新たに当該水路の水の利用を開始しようとする上流国は、当該下流国よりも上流に位置するという地理的宿命から、重大な損害を下流国に生じさせれば重大損害防止規則の違反成立を免れ得ないという意味において、領域主権の制約を受けることになる。こうしたことから、上流国は、国際水路の利用に関し下流国との関係においてしばしば不均衡を感じるのである[138]。それゆえ、上流国は一般的に次のような主張を行うことが予想される。通常ならば、重大な損害のおそれを生じさせる場合であっても、衡平利用規則の下では、当該水路における水資源の管理を統合的に判断すると、当該利用は衡平かつ合理的であるから、「相当の注意」義務の違反は生じず、ゆえに、重大損害防止規則の違反は成立しない[139]。

　もっとも、上流国が考慮説に依拠し、下流国が不考慮説に依拠する場合だけでなく、その逆、つまり、上流国が不考慮説に依拠し、下流国が考慮説に依拠することも想定される[140]。具体的には、下流国が新規にダムを建設したところ、当該ダムにより魚の遡上が妨害されるなどし、上流の河川の生態系を根本的に変化させ、あるいは水生生態系を著しく悪化させ、それにより、上流国の漁業利益や環境に深刻な打撃を与えるような場合である[141]。また、下流国が既存の利用を強固なものとして既成事実化すれば、それに後れる上流国の新規の利用は、重大損害防止規則の違反を引き起こす可能性が必然的に高まるか

---

138) 上流国（及び発展途上国）が、通常、考慮説に依拠することを指摘する文献として、以下を参照。McCaffrey, S. C., 1989, p. 509; McCaffrey, S. C., 1990, pp. 49-50; Bourne, C. B., 1992, p. 92; 繁田泰宏 1994、20 頁; McCaffrey, S. C., 1996, pp. 307-308; McCaffrey, S. C. & M. Sinjela, 1998, p. 101; Caflisch, L., 1998, p. 13; Shigeta, Y., 2000, p. 149; Elver, H., 2002, p. 197; Louka, E., 2006, p. 173; McCaffrey, S. C., 2007, p. 365; Salman, S. M. A., 2007(b), p. 6; Salman. S. M. A., 2010, p. 351; Martin-Nagle, R., 2011, p. 46; Dupuy, P. M. & J. G. Viñuales, 2018, p. 131.
139) *See e.g.,* McCaffrey, S. C., 1995, p. 399.
140) *See,* McCaffrey, S. C., 2007, p. 405; Salman, S. M. A., 2010, pp. 352-353.
141) McCaffrey, S. C., 2007, p. 410.

ら、制限されることになる[142]。このような状況において、上流国は下流国に対し重大損害防止規則の違反を主張するのに対し、下流国は、自身の利用を正当化すべく、衡平利用規則に依拠して、重大損害防止規則の違反の不成立を主張することが想定される。

　考慮説と不考慮説の対立は、特に国連水路条約の起草過程で激しい議論が交わされてきた。両規則の関係に対する各国政府の理解の隔たりは、起草作業終盤、二度に亘って開催された国連総会第6委員会全体作業部会でも埋まることがなかった。そのため、考慮説と不考慮説の対立は、条約採択後も収束していない[143]。また、こうした対立の未決着が、同条約の締結の伸び悩みの要因の1つとなっているとの指摘もある[144]。

5　先行研究の問題点と本書の検討課題

(1) 先行研究の問題点
(i) 汚染損害と汚染以外の損害との区別化

　先行研究の問題点の指摘に入る前に、確認しておくべきは、重大損害防止規則が規制する「損害」の種類にはどのようなものがあるかということである。これに関し、重大損害防止規則の下で規制される損害は、学説及び実務上、「水質」に影響を及ぼす損害である「汚染損害」と、「水量」に影響を及ぼす損害である「取水損害」とに分けられると考えられてきた[145]。

---

142) *Ibid.,* p. 405.
143) McCaffrey, S. C., 1996, p. 310; Elver, H., 2002, p. 218; Kiss, A. C. H. & D. Shelton, 2004, p. 460; Salman, S. M. A., 2007(a), p. 634; Salman, S. M. A., 2010, p. 350.
144) *E.g.,* Martin-Nagle, R., 2011, p. 46; Leb, C., 2013, p. 103.
145) 汚染損害と取水損害とを区別可能なものとして取り扱う論者として、たとえば以下を参照。月川倉夫1973、105頁; 月川倉夫1979、51頁; Lammers, J. G., 1984, p. 360; Lammers, J. G., 1985, pp. 162-163; Lammers, J. G., 1992, p. 108; Handl, G., 1992, pp. 131-132; Nollkaemper, A., 1993, pp. 68-69; 繁田泰宏1994、21頁; Lefeber, R., 1996, p. 9; Utton, A. E., 1996, pp. 636-641; Caflisch, L., 1998, pp. 12-13; Shigeta, Y., 2000, p. 150; Bremer, N., 2017(b), pp. 26-36, 98-113, 234-248, 258-306; Duvic-Paoli, L-A., 2018, p. 67.

それでは、ここにいう「汚染」はどのように定義されるか。国連水路条約は21条1項で、「『国際水路の汚染』とは、人間の活動から直接又は間接に生ずる国際水路の水の構成又は質を損なう変化をいう。」[146]と定義する。これによれば、汚染には、有害物質の排出だけでなく、温度変化や塩分濃度の上昇をもたらす活動も含まれることになる。以上の汚染の定義は、国際水路法において最も一般的な定義であるから、本書もこれに従うこととする。同条同項が、国連海洋法条約のように汚染を「人間による海洋環境への物質又はエネルギーの直接的又は間接的な導入」[147]として、「導入」（introduction）という言葉を外したのは、水量の減少が水質の悪化を引き起こすという国際水路特有の事情による[148]。

汚染を国連水路条約の上記定義に従って理解すると、汚染以外の損害とは、字義通り、上記汚染の定義に当てはまらない損害（取水損害）ということになるが、それは具体的にどのような損害なのであろうか。取水損害は、国際水路の「水量」と「流速」に関する損害を指す[149]。詳述すれば、取水損害とは、関係水路国（国境を流れる水路の場合にはその沿岸国、また、複数の国を貫流する水路の場合には上流国）が、国際水路から「転流」（diversion）を行う場合（たとえば灌漑利用）又は国際水路の水を「堰き止める」（damming）場合（たとえば水力発電用の貯水ダム）に、下流国に及ぼす影響のうち、次の4つのいずれかに当て

汚染損害と取水損害との区別化は、国連水路条約の起草過程でもしばしば行われた。その典型は、マッカフリーの第4報告書である。A/CN.4/412 and Add.1 & 2, p. 237, Article. 16(2). さらに、実行として、米国とカナダ間の国境水をめぐる紛争処理機関である国際合同委員会（IJC）は、1981年、ポプラー川火力発電所建設計画事件において、水量の減少と汚染の関係について、両者の関連性を認めつつ、水量の減少は国境水条約4条2文が定める汚染には当てはまらないとし、水量の減少を水の衡平な配分の問題として扱うべきとの見解を示した。Poplar River IJC Case, 1981, pp. 191, 194, 197.

146) UN Watercourses Convention, 1997, Article. 21(1). これと類似する定義は、1966年のILAヘルシンキ規則でも採用されていた。ILA Helsinki Rules, 1966, Article. 9.
147) UNCLOS, 1982, Article. 1(4).
148) *See*, Tanzi, A. & M. Arcari, 2001, pp. 249-250.
149) Lammers, J. G., 1984, p. 360.

はまるものをいう[150]。すなわち、①水量の増加に伴う洪水の発生、②水量の減少に伴う航行、灌漑、飲料水の供給、水力発電等の各種利用の阻害及び環境への悪影響、③流速の低下に伴う発電への悪影響、④流速の上昇に伴う洪水の発生[151]、である。

　取水損害の典型例は、上流国が灌漑事業を実施する際に転流を行うことにより、下流国の水量が大幅に減少する場合である。もっとも、本書は、かかる水量の減少が、塩度の上昇など「水質」に悪影響をもたらす場面や、下流国の「環境」又は「生態系」に悪影響を生じさせる場面については、取水損害ではなく、汚染損害に属すると解する[152]。

　なお、上記②で用いる「環境」とは、本書では、人の活動に直接的には影響を及ぼさないものであって、自然環境それ自体への影響を指す。つまり、取水損害に包含される「環境」への悪影響は、人の活動に直接的に有害な影響をもたらす「汚染」とは区別されることを強調しておかなければならない[153]。

　本書は、以上のように汚染損害と取水損害とを区別可能なものとして扱う。しかし、当然のごとく、水量の減少は水質の悪化を招くから、汚染損害と取水損害とを完全に区別することができるかについては議論の余地があろう[154]。

---

150) *Ibid.*
151) Lammers, J. G., 1984, p. 360.
152) *See*, ILA Montreal Rules, 1982, Article. 2 ; Utton, A. E., 1996, p. 641.
153) 汚染と環境をこのように区別するものとして、国連水路条約の起草作業におけるシュウェーベルの第3報告書（A/CN.4/348 and Corr.1, p. 123, para. 247. *See*, A/CN.4/412 and Add.1 & 2, p. 219, para. 36）及びマッカフリーの第4報告書（A/CN.4/412 and Add.1 & 2, p. 219, para. 36）がある。そのうち、シュウェーベルが行った定義を以下に掲げておく。「汚染は、人（又は人に飼育されている動物、農作物又は産業）による水の利用、及び人が責任を負うその他の活動の水に対する影響であって、結果的に悪影響を及ぼすものをいう。通常認識されるところでは、環境損害とは、広い意味において自然への損害であり、ことのほか、おそらく無数の種の生物学的複合体への損害である。人へのかかる損害の影響は、おそらくそれが長期に亘っても、非常に間接的で解明すらできないかもしれない。」（A/CN.4/348 and Corr.1, p. 123, para. 247. *See also*, A/CN.4/412 and Add.1 & 2, p. 219, para. 36）。
154) Utton, A. E. & J. Utton, 1999, p. 25.

もっとも、汚染損害と取水損害の区別化は、すでに指摘したように、国際水路法において、従来より、一定の支持を得てきたところである。そのため、本書も汚染損害と取水損害の区別が一応は可能であるとの認識に立ち、考察を進める。

（ⅱ）考慮説と不考慮説の対立の現状
　（ａ）重大な汚染損害における考慮説と不考慮説の対立解消
　過去には、重大な汚染損害であっても、衡平利用規則の下ですべての関連要素を考慮したときに、当該利用が衡平かつ合理的であると認められる場合には、重大損害防止規則の違反が成立しない可能性を示唆する見解があった[155]。
　しかし、次第に環境保護の重要性がグローバルに認識されるにつれ、少なくとも、汚染損害については、不考慮説が妥当性を有するとの立場が広く受け入れられるようになっていった。その結果、今日、汚染損害については、「重大な」のレベルに達する限りで、不考慮説が妥当することに異論はないように思われる。このことは、繁田泰宏の次のような記述にも表される。「……慣習国際法上確立しているような『甚大な』〔本書中の「深刻な」という言葉に相当〕越境汚染損害を防止する義務に関して言えば、衡平利用原則による『緩和』は原則として認められないこと、ならびに、暫定草案〔本書中の「第一読条文草案」に相当〕が規定するような『相当の』〔今日ではこれに代えて「重大な」という言葉が広く使用されてるようになっている〕越境汚染損害を防止する義務に関して言えば、特定の場合を除いて衡平利用原則による『緩和』が認められないと少なくとも推定される傾向にあること、が理解されるであろう。」（〔　〕内・鳥谷部加筆）[156]。
　そして、1997年に採択された国連水路条約は、重大な損害に関する特別規定として汚染損害について、21条2項で、「水路国は、他の水路国又はその環境に対して、……重大な損害を生じさせ得る国際水路の汚染を、単独で、また

---

155) Wouters, P. K., 1992, p. 84. *See also*, Boyle, A. E., 1990, pp. 155-156; Brunnée, J. & S. J. Toope, 1994, p. 62, n.106.
156) 繁田泰宏 1995、54-55 頁。

適切な場合には共同で、防止し、軽減し、かつ、制御する。……」[157]と規定するに至った。そこには、衡平利用規則への考慮を払うべき文言が入れられていないことから、当該規定は、汚染損害の場合に不考慮説が妥当することを裏づける根拠の1つとなる。

また、学界からの指摘として、堀口健夫は、「損害禁止規則等の優位を指摘するには至らないまでも、一定の規模・性質の損害を伴う利用は不衡平・不合理と推定される（反証の余地はある）といった見解が近年有力に主張されるなど、環境に対する損害（やその危険）の要素に実質的に大きな重要性を付与しようとする解釈論が展開されるようになっている。」[158]と述べて、他の水路国の環境に重大な損害を与える場合には、衡平利用規則が考慮されることなく、重大損害防止規則の違反が認定される可能性を示唆した。

海外では、重大な汚染損害について不考慮説の妥当性を支持する論者として、ラマース（J. G. Lammers）[159]、ハンドル[160]、ノルケンパー[161]、ブルネとトープ[162]、フエンテス[163]が挙げられる。このように、汚染損害の場合に不考慮説が妥当することを支持する先行研究の蓄積が見られる。その一方で、こうした先行研究に対する有力な反論は今のところ行われていない[164]。

---

157) UN Watercourses Convention, 1997, Article. 21(2).
158) 堀口健夫 2012、173 頁。
159) Lammers, J. G., 1984, pp. 364, 367-368, 371; Lammers, J. G., 1985, p. 163; Lammers, J. G., 1992, p. 108.
160) Handl, G., 1986, p. 419; Handl, G., 1992, pp. 131-132.
161) Nollkaemper, A., 1993, pp. 68-69.
162) Brunnée, J. & S. J. Toope, 1994, p. 64.
163) Fuentes, X., 1996, p. 409.
164) Shigeta, Y., 2000, p. 176. See also, Lammers, J. G., 1984, p. 354; Fuentes, X., 1996, p. 411. もっとも、汚染損害であっても、例外的に考慮説が妥当性をもつ場面が存在することには注意を要する。原因国が「相当の注意」を払ったにもかかわらず重大な損害を実際に発生させてしまったという国連水路条約7条2項が規定する場面においては、原因国には「損害の除去・緩和及び補償問題検討のための相当の注意」義務が課せられることになるが、「5条及び6条の規定を適切に尊重しつつ」との衡平利用規則への考慮を払う文言が明文化されていることに鑑み、「損害の除去・緩和及び補償問題検討のための相当の注意」義務の解釈・適用について考慮説が妥当すると解せる。

(b) 汚染以外の重大な損害における考慮説と不考慮説の対立継続

　以上に指摘したように、先行研究は、基本的に、重大な汚染損害について不考慮説が妥当することを明らかにした。それでは、汚染以外の損害、すなわち取水損害の場合はどうか。取水損害に関し、先行研究は、考慮説又は不考慮説のいずれが妥当性を有するか、十分に説得的な論証を行っているとは言い難い[165]。

　汚染以外の重大な損害における考慮説と不考慮説の対立の未決着は、国連水路条約7条1項の解釈にも混乱を生じさせている。国連水路条約の第二読条文草案では、7条1項で、「水路国は、他の水路国に重大な損害を生じさせないような方法で国際水路を利用するために相当の注意を払う。」として、現在の7条とほとんど同じ規定を置くが、フィッツモーリス（M. Fitzmaurice）はこれを不考慮説に依拠したものと解する一方[166]、ベンヴェニスティ（E. Benvenisti）は考慮説に依るものと解すなど[167]、解釈に統一性が見られない。

　また、国連水路条約の起草作業終盤、第6委員会全体作業部会において、7条（重大損害防止規則）をめぐって上流国と下流国が激しい議論の応酬を繰り広げたという事実は、考慮説と不考慮説の対立が未だに解決していないことを物語っている。下流国の多くは第二読条文草案の7条に賛成したが、最上流国はこれに強く反対した。最上流国は、スイス案を支持し、①7条を削除すること、②6条の衡平かつ合理的な利用を決定するための要素の1つとして、計画された利用から生じるおそれのある損害、を列挙すること、③草案のどこかに環境への重大な損害を生じさせる利用はいかなる場合であっても合理的とは見なさ

---

165) 汚染損害について不考慮説を支持するハンドル、ノルケンパー、繁田は、取水損害に関し、いずれの説が妥当性を有するかについて明言を避けている（*see*, Handl, G., 1986, pp. 415-416; Nollkaemper, A., 1993, p. 69; 繁田泰宏 1994、21頁; Shigeta, Y., 2000, p. 150）。他方、ラマースは、取水損害の場合には考慮説を支持する見解を示すが（Lammers, J. G., 1985, p. 163; Lammers, J. G., 1992, p. 108）、その理由は述べられていない。

166) Fitzmaurice, M., 1995, p. 370.

167) Benvenisti, E., 1996, pp. 403-404.

れない旨の規定を入れること、を包括案として提示した[168]。この提案は、汚染損害と取水損害を明確に区別し、汚染損害では不考慮説が妥当性をもつことを否定するものではないが、取水損害では考慮説が妥当する余地を排除すべきではないとする明確な意思表示であった[169]。

(ⅲ) 重大損害防止規則及び衡平利用規則の体系的理解の不十分さ

　重大損害防止規則と衡平利用規則との関係を解明するための前提として、両規則がどのような性質及び内容の規則であるかが明らかにされていなければならない。しかし、先行研究は、衡平利用規則と重大損害防止規則のいずれについても体系的理解に乏しい。具体的には、重大損害防止規則は、①損害が発生する前に適用される規則であるのか、それとも損害が発生した後でも適用される規則なのか[170]、②衡平利用規則の考慮／不考慮の問題はさておき、重大損害防止規則の違反が成立するためにどのような要素が満たされるべきか[171]など、依然として体系的整理・分析が行われているとは言い難い。また、衡平利用規則については、どのような特徴及び性質を有する規則であるのかや、利用が衡平かつ合理的であるかを決定するためにはどのような要素が考慮されるべきか、については共通の認識が一定程度醸成されつつあるが、優先的に考慮されなければならない要素の内容や[172]、複数の要素が競合する場合にいずれの要素に重みが与えられるべきか[173]について、掘り下げた分析・検討が行われているとは言えない。

　これらが明らかにされなければ、本書の検討課題である考慮説と不考慮説の対立を正確に理解することはできない。

---

168) Caflisch, L., 1998, p. 14.
169) *Ibid.*
170) 第4章第1節及び第2節を参照。
171) 第4章第3節を参照。
172) 第3章第2節1及び4を参照。
173) 第3章第2節3を参照。

(2) 本書の目的

　以上の問題状況に鑑み、本書は、重大損害防止規則と衡平利用規則との関係の考察について、重大な汚染損害の場合に妥当する不考慮説が、汚染以外の重大な損害、すなわち取水損害にも妥当し得るかを明らかにすることを目的とする。つまり、本書の目的は、両規則の関係について、取水損害が「重大な」レベルにある場合に、考慮説と不考慮説のいずれが、いかなる場面で、いかにして正当化されるかを明らかにすることにある。かかる検討を通じて、両規則の関係に関する従来の理論をさらに深化させ、発展させることを試みる。また、以上の考察は、国際水路法の最重要規範である重大損害防止規則の精緻化に資することは勿論、重大損害防止規則の適用場面の明確化により、実際の紛争解決が促進される効果をもつ。また、重大損害防止規則の適用場面の明確化の裏返しとして衡平利用規則の適用場面を確定させる効果も期待できる。

　本書におけるこうした検討は、両規則の関係をめぐる学説及び実務の理解の不一致が、水路関連諸条約の解釈・適用上の混乱の一因となっているという現状認識に基づくものである。それゆえ、本書の議論は、国際水路法における二大原則としての性格理解に資するという点で本質的であるのみならず、まさに昨今、国際社会が直面する水危機[174]への有効な対応策を、迂遠ながら提供する点で実務的な示唆を与えようとするものである。

---

174) 最近、国際水路法でも水危機という言葉が用いられるようになっている（*e.g.*, McCaffrey, S. C., 1997 (b), pp. 803-821; Weiss, E. B., 2013, pp. 1, 241)。しかし、何をもって水危機というか、明確な定義が存在するわけではない。本書では、水危機とは、水ストレスや水不足が原因で国際紛争が増加又は緊張が高まることを指す。なお、水ストレスとは、農業、工業、エネルギー及び環境に要する人口一人当たりの利用可能水資源量が年間 1,700 m^3 を下回る場合をいう（UN Water≫Water Facts≫Scarcity, at http://www.unwater.org/water-facts/scarcity/（Last access 27 July 2018））。水不足とは、それが年間 1,000 m^3 を下回る場合を指し、さらに 500 m^3 を下回る場合を絶対的水不足という（*ibid.*）。国連の予測では、絶対的水不足の下で生活を余儀なくされる人々は、2025 年までに 18 億人にのぼり、世界人口の約 3 分の 2 が水ストレスの状態に置かれるという（UN Water≫Water Facts≫Climate Change, at http://www.unwater.org/water-facts/climate-change/（Last access 27 July 2018））。

(3) 本書の広がり

　本書の考察結果は、まず、国際水路法の発展に貢献することが期待できる。重大損害防止規則と衡平利用規則との関係の解明は、国連水路条約7条と同一の文言の規定を置く地域的条約[175]の解釈・適用に少なからず影響を与える。また、両規則の関係性の解明は、国際水路法上の生態系保護保全義務（代表的なものとして国連水路条約20条）、外来種又は新種の導入防止義務（同22条）、海洋環境の保護保全義務（同23条）と、衡平利用規則との関係を考えるうえで有益な示唆を提供し得る。

　本書の考察は、国際水路法の実体的規則の発展に繋がるだけでなく、国際環境法の発展にも貢献することが期待できる。なぜなら、国際水路法の諸原則は、国際環境法の成立及び発展に多大な影響を及ぼしてきたからである。とりわけ重大損害防止規則は、国際環境法の分野でも慣習国際法としての地位を確固たるものにしている[176]。また、2001年にILCによって採択された「危険活動から生じる越境損害の防止に関する条文草案」[177]（以下、「越境損害防止条文草案」という。）では、重大損害防止規則を規定する5条と、利益衡量を規定する10条との関係が問題となり得ることから[178]、本書の検討は条文草案の明確化の観点からも有益であると考える。

　さらに、本書の考察結果は、国際水路と地質的に共通性の高い越境帯水層の法分野の発展にも寄与する。とりわけ、2008年にILCによって採択された「越境帯水層の法に関する条文草案」[179]（以下、「越境帯水層条文草案」という。）の解釈問題の明確化に資する。また、それだけでなく、本書の検討結果は、石油・

---

175) *E.g.,* SADC Revised Protocol, 2000, Article. 3(10); Nile Basin Cooperative Framework Agreement, 2010, Article. 5.
176) *E.g.,* Weiss, E. B., D. B. Magraw, S. C. McCaffrey, S. Tai & A. D. Tarlock, 2015, pp. 153-180; Duvic-Paoli, L-A., 2018, pp. 91-136.
177) Draft Articles on Prevention of Transboundary Harm, 2001. この草案とそこに付された注釈の全訳は、臼杵知史 2008、497-530頁を参照。
178) 加藤信行 2005、42頁。
179) Transboundary Aquifers Draft Articles, 2008.

ガス、閉鎖海・半閉鎖海、深海底鉱物資源や、さらには、大気、森林、移動性の種、景観のような、共有天然資源の保全・管理制度の構築にも一定の手掛かりを提供し得る[180]。

以上、本書は、国際水路法における二大原則である重大損害防止規則と衡平利用規則との関係に関し、学説及び実務上、長年に亘って激しい論争を巻き起こし現在も解決を見ていない取水損害における考慮説と不考慮説の対立を解消するための視点を提供することを目的とするものである。汚染損害については、不考慮説が妥当性をもつことがすでに明らかにされているが、取水損害では考慮説と不考慮説のいずれが妥当するか依然として不明瞭である。こうした重大損害防止規則と衡平利用規則との関係に関する従来の理論の不十分さを補完し、両規則の関係に関する理論を進展させることが本書の意図である。本書の検討を通して得られた結論は、広く共有天然資源の保全・管理の在り方にもインプリケーションを与えることが期待される。

第2節　本書の基本的視座及び本書の構成

1　本書の基本的視座

(1) 国際水路法と国際法・国際環境法との関係

今日、国際水路の非航行的利用を規律する一群の規則又は手続の蓄積が見られることから、本書はそこに国際水路法という学術分野の生成の契機を見出す。しかし、同分野の存在を真正面から肯定する趣旨ではなく、本書が設定した検討課題の解明に当たり、あくまで便宜的に認めるに過ぎない。国際水路法という分野の存在を一応肯定すると次に問題となるのは、国際水路法と国際法

---

[180] 共有天然資源に関する国際合意文書の一例として、さしあたり、以下を参照。A/CN.4/607.

との関係、及び国際水路法と国際環境法との関係をどう捉えるかである。本書はまず、国際水路法と国際法との関係について、後者が前者を包摂するもの、すなわち、国際水路法を国際法の一分野と見なす。

次に、国際水路法と国際環境法[181]との関係についてどのように考えるべきか。両法分野の区別化は、ガブチコヴォ・ナジマロシュ計画事件判決でも明確にされている[182]。それゆえ本書も、両法分野の関係に言及しないわけにはいかない。一般的に、水路の非航行的利用とその保全・管理は、環境という総体の一部を構成するものであるから[183]、国際水路法を、国際環境法の一分野と見なすことができよう。しかし、国際水路法の諸規則には、国際環境法と密接な関係を有しつつも、独自に発展を遂げてきているものもある。たとえば、衡平利用規則がそうである[184]。他方で、国際水路法は、国際環境法の発展に大きな影響を与えてきた[185]。本書が検討の対象とする重大損害防止規則は、その好例である。また、歴史的に見ても、国際水路法のなかでも河川に関する法分野（国際河川法）は、国際環境法が新たに国際法の一分野に加わる前から発展を遂げてきた。こうしたことから、国際水路法を完全に国際環境法の一分野に位置づけることが果たして可能であるか即断することは難しい。この問題の解明は、本書の検討範囲を超える。それゆえ、本書では、両法分野は、相互に緊密に連関しつつも、独立して存在するものと、一応の認識を示すにとどめておく。

---

181) 国際環境法という法分野の発展の経緯については、さしあたり、Kiss, A. C. H. & D. Shelton, 2004, pp. 39-67; Weiss, E. B., 2011, pp. 1-61 を参照。
182) Gabčíkovo-Nagymaros Project Case, 1997, para. 141. 国際環境法とは明白に区別化された国際水路法という法分野を国際司法裁判所（ICJ）が認めていることを指摘する見解として、以下を参照。A-Khavari, A. & D. R. Rothwell, 1998, p. 525.
183) *E.g.,* Birnie, P., A. Boyle & C. Redgwell, 2009, pp. 4-6; 松井芳郎 2010、5-7 頁; 酒井啓亘・寺谷広司・西村弓・濵本正太郎 2011、476-477 頁; Sands, P. & J. Peel, 2012, pp. 13-15.
184) Elver, H., 2002, p. 138. しかし、国際水路法上の衡平利用規則の衡平性及び合理性のテストの発展は、同様に、衡平原則の解釈・適用が問題となる海洋の境界画定方法にも示唆を与え得る。ゆえに、国際水路法の衡平利用規則は、完全に自己完結的と見なされるべきではない。*See,* Wouters, P., 1999, p. 331.
185) 児矢野マリ 2006、41-45 頁、73-80 頁、106-108 頁、112-114 頁、132-138 頁を参照。

(2) 国際水路法とウィーン条約法条約との関係――国連水路条約の解釈手法

　本書がその関係性の解明を試みる重大損害防止規則と衡平利用規則は、いずれも慣習国際法としての地位を確固たるものにしている。考慮説と不考慮説の対立として把握される両規則の関係について、上述のように、汚染損害の場合には不考慮説が広く支持を得ているものの、取水損害の場合に考慮説と不考慮説のいずれが妥当性を有するかについては、依然として明らかにされていない。国際社会が考慮説と不考慮説の妥当性について激しい議論を繰り広げたのは、国連水路条約の起草作業であった。それゆえ、考慮説と不考慮説の対立は、国連水路条約及びその起草作業の子細な分析・検討抜きに論じることはできない。

　国連水路条約の解釈に当たっては、条約の解釈規則である 1969 年のウィーン条約法条約[186]に依拠する。条約法条約は、用語の通常の意味に従った誠実な解釈を基本とする[187]。ここにいう「用語の通常の意味」とは、文脈によりかつその条約の趣旨及び目的に照らして解釈することを意味する[188]。さらに「文脈」には、前文や附属書を含む条約文全体のほか、当事国間の関連の合意を含む[189]。文脈とともに考慮されるものには、(a)条約の解釈・適用に関する当事国間の事後の合意、(b)条約の適用に関する事後の慣行であって解釈について当事国の合意を確立するもの、(c)当事国間に適用される国際法の関連規則が含まれる[190]。しかしながら、国連水路条約 7 条を、用語の通常の意味に従って読んでも考慮説と不考慮説のいずれが妥当性をもつかという本書の検討課題を明らかにすることはきわめて困難である。なぜなら、国連水路条約 7 条の「5 条及び 6 条の規定を適切に尊重しつつ」という文言は、考慮説を支持する国と不考慮説を支持する国の妥協の産物であるからである。

　そこで、本書の検討課題を解明するために次に必要となるのは、国連水路条

---

186) Vienna Convention on the Law of Treaties, 1969.
187) *Ibid.*, Article. 31.
188) *Ibid.*, Article. 31(1).
189) *Ibid.*, Article. 31(2).
190) *Ibid.*, Article. 31(3).

約7条の起草作業を遡ることにより、「5条及び6条の規定を適切に尊重しつつ」という言葉の意味を明らかにする作業である。現行の条文の意味内容が不明確である場合に、起草作業を参照するという手法は、条約法条約でも解釈の補足的手段として認められている[191]。すなわち、条約法条約は、31条による解釈を確認するため、あるいは、同条によっても意味が不明確であったり、不合理な結果がもたらされるような場合には、特に条約の準備作業（起草過程）や条約締結時の事情に依拠することができると定める。こうした条約法条約の解釈手法は判例からも支持されている[192]。

条約文がそれ自体十分に明白である場合には、条約の準備作業等の補足的手段に依拠すべき理由はない。けれども、国連水路条約7条は、ILCにおける起草作業で激しい議論を経て多くの修正が加えられながら形成されてきた規定であり、その変化の過程を追うことなしに、7条を正確に読むことはできない[193]。

それゆえ、取水損害について考慮説と不考慮説のいずれが妥当性をもつかという本書の検討課題の解明に当たり、①国連水路条約を分析・検討の対象とすること、②国連水路条約の解釈は、条約の文言を重視し言葉の意味や文法に則って内容を解明する立場（客観的解釈）を基本としつつ、これによる内容理解が困難である場合には、条約締結時の当事国の意思を確認すべく条約の起草作業の議論に依拠する立場（主観的解釈）をとることが適切な解釈手法であると考える。

(3) 国際水路法と国家責任法との関係

重大損害防止規則と衡平利用規則との関係の問題は、重大損害防止規則たる「相当の注意」義務の違反認定過程で表出するものであることは、すでに指摘した通りである。そうした理解を前提とすれば、重大損害防止規則と国家責任

---

191) *Ibid.,* Article. 32.
192) Territorial Dispute Case, 1994, para. 41; Kasikili/Sedudu Island Case, 1999, para. 20.
193) *See*, Salman, S. M. A., 2007(a), pp. 638-639; McCaffrey, S. C., 2007, pp. 364-365; 星野智 2017、302 頁。

法との関係について、本書の基本的な認識を示しておく必要がある。

　国家責任条文は、実体的規則を規定する一次規則（primary rules）の内容とは区別するかたちで、義務違反の存否や違反に対する責任の決定に関する二次規則（secondary rules）に適用される制度である[194]。国家責任条文は、1条で「国家の国際違法行為はすべて、当該国家の国際責任を伴う」[195]と規定し、国家責任の根拠を違法性に求めている。そして、2条で「国家の国際違法行為が存在するのは作為又は不作為からなる行為が、(a)国際法上当該国家に帰属し、かつ、(b)当該国家の国際義務の違反を構成する、場合である」[196]と規定し、違法性の構成要素として、帰属と義務違反を挙げる。そのうえで、国家責任条文によれば、12条で「国家による国際義務の違反が存在するのは、義務の淵源や性格を問わず、当該国家の行為が国際義務により当該国家に対して要求されているところと合致しない場合である」[197]と規定するように、国際違法行為の本質は、国家の現実の行為と特定の国際義務を履行するために国家がとるべきであった行為との不一致にあるとする。このように、国家責任条文は、義務違反の認定を違法性判断の中核的要素と見なす[198]。しかし、国家責任条文の基本姿勢は、帰属の問題を規律するものであって、義務違反の認定に深入りするものではない。国家責任条文の注釈によれば、義務違反の認定は、基本的に一次規則の解釈・適用の問題であり、本条文は義務違反の考えに関する一般的な条件を述べるにとどまるとしている[199]。このように、国家責任条文は、義務違反の認定はあくまでも一次規則の解釈・適用の問題であるとの姿勢を維持しているのである[200]。

　国家責任法をこのように理解すれば、本書の検討対象である重大損害防止規

---

194) 萬歳寛之 2015、3頁。
195) Draft Articles on Responsibility, 2001, Article. 1.
196) *Ibid.,* Article. 2.
197) *Ibid.,* Article. 12.
198) 萬歳寛之 2015、104頁。
199) Draft Articles on Responsibility, 2001, Introduction to Chapter III, p. 54, paras. 1-2.
200) 萬歳寛之 2015、104頁。

則と衡平利用規則は一次規則に属するから、国家責任法とは機能領域を異にすることが理解されなければならない。だとすれば、重大損害防止規則の違反認定の場面で問題となり得る考慮説と不考慮説の対立は、国家責任法上の問題ではなく一次規則の解釈・適用の問題ということになる。

もっとも、こうした理解に依らず、違法性判断を国家責任法の枠内で捉えるとしても、本書が検討の対象とする重大損害防止規則は、「相当の注意」義務という一般的・抽象的な基準に過ぎず、そのため、実際には、個々の状況の下でその相当性の程度が判断され、その欠如について違法性の有無が決定されるのであって、それを予め国際違法行為の内容として特定しこれに包摂しておくことは不可能である[201]。

考慮説と不考慮説の対立が存する重大損害防止規則たる「相当の注意」義務の違法性判断（＝違反認定）を、一次規則上のものとして捉えるべきか、それとも、二次規則の範疇であると認識すべきかは、困難な問題であるが、本書では、以上の理由から、これを一次規則上の問題と解する。

2　本書の構成

本書は、三部構成をとる。第Ⅰ部「国連水路条約の全体像及び同条約起草過程における考慮説と不考慮説の対立」では、その表題の通り、第1章で、国連水路条約がどのような特徴と内容をもつ条約であるか、その全体像を概観する。次いで第2章では、考慮説と不考慮説の対立が明確に表れた国連水路条約の起草作業の議論を作業開始以前の議論状況も含めて検討し、汚染損害については起草作業を参照しても不考慮説が妥当するとの結論が維持されること、他方、取水損害については起草作業を参照しても考慮説と不考慮説のいずれが妥当性を有するかを明らかにする根拠に乏しいこと、を指摘する。これにより、取水損害について考慮説と不考慮説のいずれが妥当性を有するかという本書の検討課題を浮き彫りにする。

201）山本草二 1982、97頁。

第Ⅱ部「考慮説と不考慮説の対立解消のための前提的考察——衡平利用規則及び重大損害防止規則の体系化」では、衡平利用規則と重大損害防止規則の体系的整理・体系的理解が不十分であるという先行研究の問題点を克服するため、両規則の精緻化を試みる。とりわけ、重大損害防止規則の体系化は、考慮説と不考慮説の対立が生じる場面を特定するために欠かせない作業である。

　第Ⅲ部「考慮説と不考慮説の対立解消に向けた検討」では、これまでの考察を踏まえ、考慮説と不考慮説の対立が生じる場面を特定し、取水損害について考慮説と不考慮説のいずれが支持されるべきか、という本書の問いに応答する。

第Ⅰ部
国連水路条約の全体像及び同条約起草過程における考慮説と不考慮説の対立

　第Ⅰ部は、第1章「国連水路条約の全体像」及び第2章「国連水路条約起草過程における考慮説と不考慮説の対立」から成る。考慮説と不考慮説の議論は、序章で指摘したように、とりわけ国連水路条約のILC起草作業で表面化した。第2章で起草作業における議論の分析を行う前に、第1章では、国連水路条約の発効に至るまでの経緯、国連水路条約の特徴、国連水路条約の主要規定及び紛争解決手続にそれぞれ言及することにより、国連水路条約の全体像を明らかにする。

　第2章では、重大損害防止規則と衡平利用規則との関係に表される考慮説と不考慮説の変遷を、国連水路条約7条（汚染損害に関する特別規定である20条2項を含む）の起草作業を中心に整理・分析する。その結果、同章では、①考慮説と不考慮説の対立は、「5条及び6条の規定を適切に尊重しつつ」という衡平利用規則への配慮を促す文言が明文化された7条2項だけでなく、同条1項でも（むしろ同条1項でこそ）問題となり得ること、②7条（20条2項を含む）をめぐる考慮説と不考慮説の対立は、汚染損害については、エヴェンセンの第1報告書以降、ほぼ一貫して不考慮説が採用されてきたのに対し、汚染以外の損害（取水損害）については、考慮説と不考慮説のいずれか一方が一貫して支持された形跡が存しないことを指摘する。

第1章　国連水路条約の全体像

第1節　国連水路条約発効までの経緯

　本書は、国連水路条約発効までの経緯を確認することから開始する。国連水路条約は、1970年代中頃にILCが審議すべき議題として以降、実に20年以上の時を経て、1997年5月21日、国連総会決議55/226で採択された[1]。以下では、国連水路条約発効までの経過を、次の3つの時期に区分する。すなわち、第1期を国連総会決議2669までとし、第2期をILCによる起草作業の間、そして、第3期を国連総会第6委員会による全体作業以降とする[2]。

1　国連総会決議2669まで

　国際水路の法に関する主題が国連の場で初めて認識されたのは、ボリビアの提案に基づく1959年の国連総会決議1401の採択に遡る[3]。本決議では、国際河川の利用及び使用に関する法的諸問題の予備的調査を実施することが望ましいことを考慮し、この主題に関係する法的文書の収集及び調査の結果を含む報告書を準備することが国連事務総長に要請された[4]。この要請を受け、事務総

---

1) A/RES/51/229.
2) この時代区分は、Tanzi, A. & M. Arcari, 2001, pp. 35-45 に依った。
3) A/Res/1401（XIV）.
4) *Ibid.*

長は1963年、「国際河川の利用及び使用に関する法的諸問題」に関する報告書を公表した[5]。

1970年12月8日、国連総会は、「国際水路に関する国際法の規則の漸進的発達及び法典化」(Progressive Development and Codification of the Rules of International Law relating to International Watercourses) と題する決議2669を採択した[6]。本決議は、ILCに、漸進的発達及び法典化を目的として国際水路の非航行的利用の法の調査を開始する任務を与えた[7]。本決議は前文で、法典化作業を要請した理由について、世界人口の増加並びに水のニーズ及び需要の増加又は拡大によって人類の水への関心が高まっていること、地球上の利用可能な淡水資源は有限であること、さらには、淡水資源の保全及び保護が世界中のすべての国にとってきわめて重要であることを挙げる[8]。

2 ILCによる起草作業

国連総会決議2669に従いILCは、1971年の第23会期で「国際水路の非航行的利用」の主題を追加した。ILCは、1974年の会期に、この主題に関する予備的な諸問題を検討する場として「小委員会」(sub-committee) を設けた。1976年の会期でILCは、本主題の最初の特別報告者としてリチャード・D・カーニー (Richard D. Kearney) を指名した。同年、カーニーは第1報告書を提出している。この報告書では、第1に、「国際水路」の用語の範囲の問題の検討を延期すること、及び水路の利用の法的側面に適用可能な一般原則の定式化に注意が向けられることが決定された。

カーニーの後継者として特別報告者の任に就いたのは、ステファン・M・シュウェーベル (Stephen M. Schwebel) であった。シュウェーベルは、1977年か

---

5) A/5409.
6) A/Res/2669 (XXV).
7) *Ibid.*, paragraph 1.
8) *Ibid.*, second preambular paragraph.

ら 1980 年まで活発に活動し、1979 年に第 1 報告書を、1980 年に第 2 報告書を、1982 年に第 3 報告書をそれぞれ提出している。とりわけ第 2 報告書において、6ヵ条から成る暫定的な条文草案が作成されたことが注目される。この草案は、主として、同草案の範囲と、国際水路の共有天然資源としての性格を扱うものであった。けれども、シュウェーベルが 1980 年に採択した上記条文草案は、シュウェーベルの ICJ 判事任官に伴い、1982 年に特別報告者に任命されたジェン・エヴェンセン（Jens Evensen）によって覆されることとなる。

エヴェンセンは、1982 年から 1984 年まで特別報告者の任に当たり、1983 年には第 1 報告書を、1984 年には第 2 報告書を提出した。エヴェンセンは、1984 年の報告書で、9ヵ条から成る条文草案を提出した。この草案には、同草案の範囲に加え、国際水路の水の共有に関する一般原則が盛り込まれた。ILC は、この草案を起草委員会に送ることを決定したが、時間切れのため起草委員会でこの草案が検討されることはなかった。

その後、特別報告者の任務は、ステファン・C・マッカフリー（Stephen C. McCaffrey）に引き継がれた。マッカフリーは、1985 年から 1991 年まで精力的に活動し、1985 年に第 1 報告書、1986 年に第 2 報告書、1987 年に第 3 報告書、1988 年に第 4 報告書、1989 年に第 5 報告書、1990 年に第 6 報告書、1991 年に第 7 報告書をそれぞれ提出した。1987 年の報告書では、衡平利用規則等を含む 5ヵ条から成る条文草案が暫定的に採択された。さらに 1988 年の報告書では、重大損害防止規則、協力義務、定期的情報交換、計画措置に関する水路国の手続的義務など 10ヵ条から成る条文草案の暫定的な採択を遂げた。続いて 1990 年の報告書では、国際水路の環境保護や緊急時の通報等を含む 6ヵ条の条文草案の暫定的な採択がなされた。マッカフリーの多大な貢献により、ILC は 32ヵ条から成る第一読条文草案を完成させ採択することに成功した。

1993 年には、第一読草案に対し、21ヵ国の政府からコメントが提示された。また同年、最後の特別報告者としてロバート・ローゼンストック（Robert Rosenstock）が指名された。ローゼンストックは、1993 年に第 1 報告書を、1994 年に第 2 報告書を提出している。ILC は、各国政府から寄せられたコメントに配慮を払い、第一読草案で採択されたテクストの見直し作業を行った。

そして最終的に ILC は、1994 年、第二読条文草案を採択した。同条文草案は、その条約化の勧告とともに ILC によって国連総会に提出された。

3　国連総会第 6 委員会による全体作業以降

　ILC による条約化の勧告を受け、国連総会決議 49/52 に基づいて国連総会第 6 委員会は、ニューヨークの国連本部において、1996 年 10 月 7 日から 25 日まで、3 週間にわたり作業部会を開催した。この作業部会では、日本の山田中正大使が議長を務められ[9]、各国政府代表団の間で、1994 年に採択された第二読条文草案について議論が交わされた。また、国連総会第 6 委員会は、1996 年 12 月 17 日の国連総会決議 51/206 に基づいて、1997 年 3 月 24 日から 4 月 4 日の間、同じくニューヨークで 2 度目の作業部会を開催した。条約文の確定作業は難航し、多くの時間と労力が各国政府代表団の非公式の交渉に費やされた。激しい交渉の末、その溝が埋まることはなく、条約テクスト全体のコンセンサスを得ることはできなかった。この主たる原因は、本書の検討課題である考慮説と不考慮説の対立にあった。そのような中、交渉の最終日、対立の中心にあった 5 条ないし 7 条を切り離して採択されることに合意がなされた。最終的に第 6 委員会は、全 37 ヵ条及び仲裁裁判手続に関する附属書から成る条約草案のテクストの採択を求めて、国連総会に勧告を行った。その結果国連総会は、1997 年 5 月 21 日、第 51 回総会で、草案テクストを賛成 103、反対 3（ブルンジ、中国及びトルコ）、棄権 27 で採択し、国連水路条約を署名のために開放した[10]。採択後、ベルギー、ナイジェリア、フィジーが事務局に対し賛成票を投じる意思を表明したことから、賛成票は計 106、棄権は 26 となった[11]。

　国連水路条約は、2014 年 5 月 19 日にベトナムが 35 ヵ国目の締約国となった

---

9) 山田中正大使が議長職に選ばれたのは、大使自身が述懐しておられるように、「まさに国際河川も越境地下水も持たない日本出身であれば、利害関係の局外者として公正・中立な態度で臨んでくれると期待された」ことによる。山田中正 2010、73 頁。

10) A/RES/51/229; A/51/PV.99, pp. 7-8.

11) A/51/PV.99, p. 8. *See also*, Salman, S. M. A., 2007(b), p. 4; McCaffrey, S. C., 2013, p. 17.

ことを受け、36条に規定される発効要件を満たし、2014年8月17日に発効した。2018年7月19日現在、締約国は36ヵ国である[12]。締約国を地域別に見ると次の通りである[13]。ヨーロッパでは、フィンランド、ノルウェー、ハンガリー、スウェーデン、オランダ、ポルトガル、ドイツ、スペイン、ギリシャ、フランス、デンマーク、ルクセンブルク、イタリア、モンテネグロ、英国、アイルランドが締約国となっている。アフリカでは、南アフリカ、ナミビア、ギニアビザウ、ブルキナファソ、ナイジェリア、ニジェール、ベナン、チャド、コートジボワール、リビア、チュニジア、モロッコ。中東では、シリア、レバノン、ヨルダン、イラク、カタール、パレスチナが、アジアでは、ウズベキスタン、ベトナムがそれぞれ締約国となっている。

第2節　国連水路条約の特徴

1　国連水路条約の性格

(1) 国連水路条約と個別条約との関係

　国連水路条約は、いかなる特徴及び性格をもつものであるか。国連水路条約は、個別条約とどのような関係にあるか、つまり同条約の位置を明らかにすることからはじめる。国連水路条約は、3条1項で、「別段の合意がない場合には、この条約のいかなる規定も、この条約の当事国となった日に効力を有する協定に基づく水路国の権利又は義務に影響を及ぼすものではない。」[14]と規定することから、既存の個別条約が国連水路条約に優先することを示した。

---

12) 国際連合条約データベース (UNTC) を参照 (https://treaties.un.org/Pages/ViewDetails.aspx?src=TREATY&mtdsg_no=XXVII-12&chapter=27&lang=en (Last access 20 July 2018))。
13) 同上。
14) UN Watercourses Convention, 1997, Article. 3(1).

けれども、国連水路条約は、同条2項で、必要な場合には、既存の個別条約を国連水路条約の基本原則に調和させることを奨励していることには留意が必要である[15]。

(2) 個別条約の効力

国連水路条約は、個別条約の締結に際して、水路国に次のような条件を満たすことを要求した。すなわち、二以上の水路国間において締結された個別条約が、他の水路国の利用に著しい悪影響を及ぼす場合には、締結に際し、当該水路国の明示の同意を得なければならない[16]。

また、国連水路条約は、特定の国際水路につき、すべてではないが複数の水路国が個別条約の当事国である場合には、当該個別条約の規定はその当事国ではない水路国の国連水路条約に基づく権利又は義務に影響を及ぼすものではないことを定める[17]。つまり、この規定は、ある国際水路を規律する既存の個別条約が存在する場合に、当該個別条約の当事国であって、かつ国連水条約の当事国でもある水路国には、3条1項の個別条約優先の原則が適用される一方、当該個別条約の当事国ではないが国連水路条約の当事国である水路国には、国連水路条約の規定が適用されることになることを示した。

(3) 国連水路条約のモデル条約としての性格

ここまで、個別条約との関係において国連水路条約にいかなる位置づけが与えられているかを確認した。以下では、国連水路条約が、それ自体どのような特徴を有するかを見ていく。国連水路条約は、3条3項で、「水路国は、特定の国際水路又はその一部の特徴及び利用についてこの条約の規定を<u>適用しかつ調整する（apply and adjust）</u>一又は二以上の協定（以下、「水路協定」という。）を締結することができる」（下線・鳥谷部加筆）と規定した。ここにいう「適用し

---

15) *Ibid.*, Article. 3(2).
16) *Ibid.*, Article. 3(4).
17) *Ibid.*, Article. 3(6).

かつ調整する」との文言は、個別の水路条約の締結のための交渉に際して、国連水路条約に妥当な考慮を払うことを意図して挿入されたものである[18]。こうしたことから、国連水路条約には、国際水路法の一般的規則（モデル条約）としての位置づけが与えられたと解すべきである[19]。

国連水路条約の起草作業において、同条約は枠組条約の性質を有するものであることがたびたび指摘されてきた。しかし、国連水路条約は、国際環境分野でよく用いられる枠組条約と同義に解することはできない。国際環境法上の枠組条約は、議定書を通じた条約の実施を想定しているが、国連水路条約はそうではない[20]。また、国連水路条約は、そうした枠組条約と異なり、すでに締結済みの個別条約と齟齬を来す場合には、上述のように既存の個別条約を優先させ、国連水路条約の趣旨及び目的に適合するように既存の個別条約の改正までをも要求するわけではない[21]。こうしたことから、国連水路条約は、枠組条約というより、むしろモデル条約であるというべきである。

2　個別条約締結交渉過程における指針提供機能

それでは、国連水路条約は、モデル条約としていかなる機能を有するのであろうか。国連水路条約は、個別の水路条約が存在しない場合に、当該個別条約を締結すべく交渉を行う際の指針を提供する機能（個別条約締結交渉過程における指針提供機能）をもつ[22]。

国連水路条約は、モデル条約として指針提供機能を発揮することにより、これまで多くの個別条約の締結を後押ししてきた。こうして締結された個別条約には、たとえば、1992年のUNECEヘルシンキ条約、1994年のダニューブ川

---

18) A/49/10, commentary to Article. 3, para.（4）.
19) 児矢野マリ 2006、76-77 頁; 児矢野マリ 2011(a)、262 頁。
20) Tanzi, A., 1997(a), p. 112; McCaffrey, S. C., 2007, p. 361; 星野智 2017、298 頁。
21) Hey, E., 1998, p. 293.
22) A/49/10, commentary to Article. 3, para.（2）. 国連総会第 6 委員会でも国連水路条約の指針提供機能が明確に認識されている。Tanzi, A., 1997(b), p. 240.

の保護及び持続的利用のための協力条約、1995年のメコン川協定、2000年の南部アフリカ開発共同体（SADC）改正議定書、2000年のインコマチ・マプト水路暫定協定、2002年のサバ川流域枠組協定、2002年のセネガル川水憲章、2003年のビクトリア湖の持続可能な開発に関する議定書、2004年のザンベジ水路委員会設立協定、2007年のボルタ川条約、2008年のニジェール川流域水憲章がある。

個別条約締結交渉のための指針提供機能は、地域ごとあるいは流域ごとの独自の法的枠組の構築を促進するという利点があるが、他方で、国際水路法における国連水路条約の普遍的価値（事実上の一般法としての価値）を減じさせ、個別条約の増加による法の分断化を引き起こすおそれがあるという欠点を内包する。しかし、多くの場合、個別の水路条約には、衡平利用規則、重大損害防止規則、協力義務、事前通報・協議義務、定期的情報交換の義務といった国際水路法の一般原則が置かれているため、個別の水路条約の増加が必ずしも国連水路条約の普遍的価値を低下させ、法の分断化を引き起こすとは考えられない。

第3節　国連水路条約の主要規定

次に、国連水路条約の主要規定を概観することとしよう。国連水路条約は、全7部、37ヵ条、及び当事国が紛争を仲裁裁判に付託することに合意したときに使用される手続に関して規定した附属書から成る。国連水路条約の中心的規定は、第II部「一般原則」、第III部「計画措置」、及び第VI部「雑則」に設けられた紛争解決手続である。なお、紛争解決手続は、その特徴的な規定振りから、別途、次節で扱うこととする。

国連水路条約は、第II部の一般原則として、国際水路の衡平かつ合理的な利用を規定する5条（衡平利用規則）、衡平かつ合理的な利用に関連する要素を列挙した6条、重大な損害を生じさせない義務を規定した7条（重大損害防止規則）、水路国間の協力を要請する8条並びにデータ及び情報の定期的な交換を

規定する9条を置く。

　第Ⅲ部の計画措置では、事前通報（12条から15条）及び協議・交渉（17条）の規定を中心に据える。事前通報義務について、国連水路条約は、「他の水路国に重大な悪影響を与える計画措置を実施し又はこれを許可する前に、被影響国に対して当該措置について時宜を得た通報を行う」ことを規定した（12条）。これを受けて、被通報国（被影響国）は、別段の合意がある場合を除き、6ヶ月以内に（被通報国の要請によりさらに6ヶ月延長可能）回答すべき旨を規定している（13条）。また、この手続に従い、被通報国が回答を行うまでの間、通報国（計画国）は、被通報国の許可なしに計画措置を実施してはならず、またその許可をしてはならない（14条(b)）。被通報国は、計画措置の実施が5条又は7条の規定と両立しないと判断する場合には、その判断理由を示して上記回答期間内に通報国に回答しなければならない（15条）。15条に従って通報が行われた場合には、通報国と被通報国は協議を実施し、必要な場合には事態の衡平な解決のために交渉を実施しなければならない（17条）。協議と交渉の期間中、通報国は被通報国の要請があるときは、原則として6ヶ月間、計画措置の実施又は実施の許可を差し控えなければならない。なお、「水路国は、自国に重大な悪影響を与える措置を他の水路国が計画していると信じるに足る合理的な理由を有する」にもかかわらず、通報がない場合には、当該計画措置を実施しようとする水路国に対し、通報を要請することができる（18条）。

第4節　紛争解決手続

1　国連水路条約における紛争解決手続の特徴

　国連水路条約は、次のような紛争解決手続を規定した。まず33条1項で、「この条約の解釈又は適用に関する二以上の締約国の間での紛争について、当該締約国は、相互の間で適用可能な合意がない場合には、以下の規定に従って

平和的な手段によってその紛争の解決を求める。」[23] とし、2項で、「当該締約国は、その中のいずれかの国が要請する交渉によって合意に到達することができない場合には共同で、第三者による周旋を求め、又は仲介若しくは調停を要請し、又は、適当な場合には、締約国が設立したいずれかの共同水路機関を利用し、若しくは仲裁又は国際司法裁判所に紛争を付託することができる。」[24] と規定する。

さらに、同条3項では、「2項にいう交渉の要請があったときから6ヶ月を経た後に、締約国がその紛争を交渉又は2項に定めるその他の手段を通じて解決することができなかった場合、その紛争は当該締約国が別段の合意をしない限り、いずれかの紛争当事国の要請により、……公平な事実調査に付託しなければならない。」[25] とし、最終的な紛争解決権限を、国連水路条約の下に設置される事実調査委員会に委ねた。このように、国連水路条約の紛争解決手続は、事実調査委員会への強制付託条項を設けた点で、国際法の紛争解決手続のなかでも特異な存在であると言えよう。また、紛争当事国は、委員会が要請する場合には、委員会がその必要に応じて、紛争当事国の領域内の施設、設備、構築物又は自然の造形への立入検査を行うことを認めなければならない[26]、と規定し、事実調査委員会に立ち入り検査の権限を認めた点が特筆に値する[27]。

事実調査委員会に付託が行われた場合、当委員会は、事実調査の結果をその理由とともに記載した報告書を当事国に提出し、紛争の衡平な解決のために適当と認めるときは勧告を付与でき、当事国はこの報告書及び勧告を誠実に考慮

---

23) UN Watercourses Convention, 1997, Article. 33(1).
24) *Ibid.*, Article. 33(2).
25) *Ibid.*, Article. 33(3).
26) *Ibid.*, Article. 33(7).
27) これに関し、奥脇直也は、「調査委員会は、紛争両当事国に関連情報の提出と必要に応じて行われる現地調査に基づいて、当事者間の交渉のための基礎的資料を共有化することにより交渉を実質化・客観化し、その勧告もまた交渉による解決の新たな方向性や事業の一時的停止や改善措置を示唆するものとなるであろう」（奥脇直也 2015、31頁）と述べて、調停的機能だけでなく、交渉促進機能をも具備していることを指摘する。

する義務を負う[28]。こうした事実調査委員会の紛争の処理方法は、「調停者」としての役割と理解できる[29]。なお、本書で「調停」という場合、国際法で用いられる一般的な定義と同様、個人から成る独立の委員が事実問題の調査のほか、法律問題を含むあらゆる側面を検討し、紛争当事国の受諾可能な解決条件を提示することによって紛争の友好的解決を図る手段をいう[30]。

2 事実調査委員会に期待される役割

このように、国連水路条約における紛争解決制度は、手続上、事実調査委員会の事実認定を重視したものとなっている。では、なぜ国連水路条約は、事実調査委員会の事実認定に期待を寄せるのであろうか。その理由として考えられることは、国際水路紛争の性質にあるように思われる。つまり、最終的に紛争が司法の場で争われる場合、裁判所は、適用可能な諸規則の決定に際し、当該紛争に関連する諸事実の確定の必要に迫られることになるが、水路紛争は、その性質上、科学的（化学的）又は技術的（工学的）な色彩を強く帯びる傾向にあり、その分野の専門家で構成される国際流域委員会による事実の調査・確定が特に重要となる。そのため、事実調査委員会には、その報告及び勧告が当該事実の確定を手助けする役割が期待されている[31]。

本書の検討課題との関連で、さらに具体的に言えば、紛争当事者の間に争いのある事実の確定は、本書が検討の対象とする衡平利用規則及び重大損害防止規則の解釈・適用の場面において、とりわけ重要となる。なぜなら、これらの規則の解釈・適用の前提として、当該利用が衡平かつ合理的であるか否かを決

---

28) UN Watercourses Convention, 1997, Article. 33(8).
29) Caflisch, L., 1997, p. 795; Tanzi, A., 1997(b), p. 243; Tanzi, A., 2001, pp. 138, 142; Tanzi, A. & M. Arcari, 2001, pp. 281, 284; Merrills, J. G., 2005, p. 81; Weiss, E. B., 2013, p. 138.
30) Merrills, J. G., 2005, p. 64; 酒井啓亘・寺谷広司・西村弓・濱本正太郎 2011、345-346頁。
31) See, McCaffrey, S. C. & R. Rosenstock, 1996, p. 89; Caflisch, L., 2003, p. 236; Weiss, E. B., 2013, pp. 158-159; A/CN.4/427 and Add.1, p. 66, paras. 40-43.

定するために考慮されるべき諸要素に関連する事実の確定や、重大な損害発生（の重大な危険）の有無の事実に関する判断は、高度に専門的性格を帯びることが予想されることから、法律の専門家である裁判官よりも、当該分野の専門家に委ねるほうが適切であるからである[32]。

なお、事実調査委員会における事実認定機能の重要性の認識は、2004年にILAで採択されたベルリン規則でも引き継がれていることも忘れてはならない[33]。

---

32) *See*, McCaffrey, S. C. & M. Sinjela, 1998, p. 104; Elver, H., 2002, p. 215.
33) ILA Berlin Rules, 2004, Article. 72(3).

第2章 国連水路条約起草過程における考慮説と不考慮説の対立

第1節 国連水路条約起草作業開始前後の議論状況

1 IDIザルツブルク決議

　国連水路条約の起草作業が開始する前までは、重大損害防止規則と衡平利用規則との関係について考慮説が採用されてきた。IDIによる1961年のザルツブルク決議は、3条で次のように規定した。「利用の権利の範囲について国家間の見解に不一致が生ずる場合には、その不一致は、当該国家の各ニーズ及び個別の事例に関するあらゆるその他の状況を考慮して、衡平を基礎として解決されるものとする。」[1]。当該規定は、重大な損害の発生という法的問題が、衡平利用規則の適用によって解決され得ることを示した。こうした理解は、臼杵知史によって、「これは、重大な損害の発生をもたらす沿岸国の権利行使の合法性（非合理性）は特定の河川流域の諸事情に左右されるという見方を示す点で重要な意義をもつといえよう。」[2]と指摘されている。

　さらに、4条では、国家は、他国の水利用に影響を及ぼし得る場合には、前条の下で国家が有する便益を保護し、かつ当該他国が被ったあらゆる損失又は

---

1) IDI Salzburg Resolution, 1961, Article. 3.
2) 臼杵知史1980、645頁。

損害を十分に補償することを条件として、当該河川の水を利用することができる、との定めを置いた[3]。以上、3条ないし4条を併せ読むと、他国に重大な損害を生じさせる利用であっても、当該利用が衡平利用規則に照らして衡平かつ合理的と認められる場合には、重大な損害を生じさせる利用が許容される可能性があることが示唆される。こうした理解に従えば、本決議は、考慮説に親和的な決議と解される[4]。

2 ILA ヘルシンキ規則

考慮説は、1966年にILAによって採択されたヘルシンキ規則でも採用された。同規則は、国連水路条約が採択されるまでの間、国際河川に関する諸原則の法典化文書として長らく影響力を行使してきた。重大損害防止規則を定める10条は、1項において、「国家は、<u>国際河川流域水の衡平な利用の原則に従い</u>(Consistent with the principle of equitable utilization of the waters of international drainage basin)、(a)他の流域国の領域において実質的な侵害を引き起こす国際河川流域の新規の水汚染又は現在の水汚染の悪化を防止しなければならない。また、(b)他の流域国の領域において実質的な損害を引き起さないように国際河川流域の現在の水汚染を防除するため、すべての合理的な措置をとる。」[5]（下線・鳥谷部加筆）と規定した。このように、ヘルシンキ規則は、「国際河川流域水の衡平な利用の原則に従い」との文言を挿入したことから、汚染損害について考慮説をとったと解することができる[6]。換言すれば、ヘルシンキ規則は、汚染

---

3) IDI Salzburg Resolution, 1961, Article. 4. これと同様の規定は、ILAによって1978年にマニラで採択された「国際水路における水流の規制」に関する条文草案にも存在する。ILA Manila Report, 1978, Article. 6.
4) Handl, G., 1975(a), p. 185; McIntyre, O., 2007, p. 107.
5) ILA Helsinki Rules, 1966, Article. 10(1).
6) Bourne, C. B., 1971, p. 127; Wouters, P., 1992, p. 50; Kaya, I., 2003, p. 155; McIntyre, O., 2007, p. 107; Salman, S. M. A., 2007(a), p. 630; 堀口健夫 2012、172頁; Bulto, T. S., 2014, pp. 211-212; 星野智 2017、287頁、313頁。

損害の場合に、利用国の重大損害防止規則、すなわち「実質的な侵害」(substantial injury)を防止するために「すべての合理的な措置をとる」(should take all reasonable measures)義務の違反が成立するためには、衡平利用規則の考慮テストを経て、当該利用が非衡平かつ非合理的と判定されることを条件としたのである[7]。逆に言えば、ヘルシンキ規則は、衡平利用規則に違反していなければ、10条1項の違反は不成立に終わることを示したと言える[8]。このように、ヘルシンキ規則は、汚染損害に関し、考慮説支持を表明したと解せる。

ヘルシンキ規則が考慮説を採用したとの理解は、10条の注釈からも矛盾なく説明できる。それは、次のような理由からである。10条の注釈は、重大損害防止規則の全般的な根拠として、コルフ海峡事件及びラヌー湖事件に加え、トレイル溶鉱所事件を引き合いに出している[9]。ヘルシンキ規則は、重大損害防止規則の成立の主たる根拠を、トレイル溶鉱所事件に求めている[10]。ヘルシンキ規則が引用するのは、トレイル溶鉱所事件判決の著名な判示である、「事態が深刻な結果を伴い、侵害が明白かつ説得的な証拠により確定される場合には、国家は他国の領域又はそこにある国民の身体と財産に対して、煤煙による侵害を引き起こすような方法で、自国領域を使用したり又は使用させる権利を有しない」[11]との部分である。ここでは、特に衡平概念に言及がなされていないから、一見したところ、本判決は、不考慮説に立ったとの理解が成り立つように思われる。

しかし、本判決が、重大損害防止規則の違反の認定に当たり、「衡平法」(equity)を適用した米国の幾つかの国内判例を参照したことを見逃してはならない。トレイル溶鉱所事件判決は、まず、学説及びアラバマ号事件等の国際裁判例を挙げながら、他国とその領域を尊重する義務の国際法における一般原則としての性格を確認した。その後、大気汚染事例に関する国際裁判所の先例の

---

7) *See*, Handl, G., 1975(a), p. 184 ; 堀口健夫 2002、67頁。
8) Springer, A. L., 1977, p. 546.
9) ILA Helsinki Rules, 1966, commentary to Article. 10, pp. 497-498.
10) Handl, G., 1986, p. 421.
11) Trail Smelter Case, 1941, p. 1965.

参照を試みたが、「国際裁判所が扱った大気汚染に関する事件は、何ひとつ本裁判所の目にとまらなかったし、また本裁判所は、かかる事件を何ひとつ知らない。それに最も近い類推は、水汚染に関する事件である。しかし、ここでもまた、国際裁判所の判決は何ひとつ引用されていないし、かつ発見されていない。」[12] と述べる。そこで次に、米国最高裁の判例の類推適用の可能性を検討し、「最高裁が連邦の州際間の紛争又は州の準主権的権利に関する紛争を処理する際に確立した先例は、国際法上それに反対する規則が存在せず、かつそれを排除する理由が、米国憲法に固有の主権に対する制限から何ら導かれない場合には、国際的な事件においてもアナロジーによりその先例に従うことは合理的である」[13] と述べて、米国の国内判例の本件への類推適用を正当化した。そして、州際間の水汚染事例として、ミズーリ州対イリノイ州事件 (200 U.S. 496)、ニューヨーク州対ニュージャージー州事件 (256 U.S. 296) を、大気汚染事例として、ジョージア州対テネシー銅会社及びダックタウン硫黄・銅・鉄会社事件 (206 U.S. 230) を参照した結果[14]、先ほどの著名な判示に行き着く。さらに、その直後の、「上記結論の基礎になっている米国最高裁判決は、衡平法 (equity) 上の判決である。」[15] との判示も注目に値する。以上から、今日、重大損害防止規則の違反を認定した先駆的事例と見なされるトレイル溶鉱所事件判決は、その違反の認定に当たり、衡平概念に依存していたことが窺える[16]。このように見てくると、本判決はむしろ考慮説に近いものと理解される。だとすれば、ヘルシンキ規則が、10 条 1 項の解釈として、トレイル溶鉱所事件判決を参照したからといって、考慮説支持に揺らぎが生じることはなかろう。

　また、ヘルシンキ規則 10 条の注釈は、衡平利用規則について次のように言及していることから、考慮説を明確に支持しているものと解される。「国際河

---

12) *Ibid.*, p. 1964.

13) *Ibid.*

14) *Ibid.*, pp. 1964-1965.

15) *Ibid.*

16) Bourne, C. B., 1971, pp. 130-131；繁田泰宏 1995、51 頁；Shigeta, Y., 2000, pp. 177-178；広瀬善男 2009、258 頁。

川流域における最適な開発の目標は、流域諸国の複合的かつ多様な利用の調整である。国際河川流域水の衡平利用概念の目的は、そうした調整の促進にある。ゆえに、他の流域国に侵害を伴う汚染を生じさせる水利用は、何が衡平利用を構成するか全体的な視点から捉えられなければならない。」[17]。続いて注釈は、「流域国による利用の衡平な配分を否定するいかなる水利用も、共通の資源から最大の便益を得るに当たり、すべての流域諸国の利益共同と矛盾を生じさせる。……汚染を引き起こす一又は複数の利用に従事する国は、かかる汚染に関し、当該利用国の衡平利用の機会を奪う限り、措置をとることを要求されない。」[18]。以上からヘルシンキ規則は、汚染損害について、重大損害防止規則が要求するところの「相当の注意」義務の違反が存在しないことを正当化する根拠として衡平利用規則を援用することを完全に排除しているわけではない。

このように、汚染損害について考慮説支持に立つヘルシンキ規則は、衡平利用規則の影響が強い取水損害では、より一層考慮説を支持する意図であると推察される[19]。

3 ILAモントリオール規則

1982年にILAが採択したモントリオール規則でも前記ヘルシンキ規則の立場が支持され踏襲されている。モントリオール規則は、1条で次のように規定した。「国家は、<u>国際河川流域水の衡平な利用に関するヘルシンキ規則に従い</u><u>(Consistent with the Helsinki Rules on the equitable utilization of the waters on an international drainage basin)</u>、……(a)他国の領域において実質的な侵害を引き起こす新規の又は増加した水汚染を防止する。また、(b)他国の領域において実質的な侵害を引き起こさないように現在の水汚染を防除するため、すべての合理的な措置を

---

17) ILA Helsinki Rules, 1966, commentary to Article. 10, p. 499.
18) *Ibid.*
19) Bremer, N., 2017(b), p. 209.

とる。(c)……」[20]（下線・鳥谷部加筆）。

　このように、モントリオール規則は、前記ヘルシンキ規則10条1項の規定を大幅に取り入れていることから、汚染損害について考慮説支持を表明したものと解される。もっとも、モントリオール規則と前記ヘルシンキ規則との最大の違いは、モントリオール規則1条の注釈では、実質的な侵害を生じさせるような汚染を伴う活動はそれ自体違法であって、当該活動を中止しなければならず、その際、当該活動国が水利用の衡平かつ合理的な配分を受ける権利に配慮すべきではないとする見解が会議のなかで表明されたことに言及された点にある[21]。つまり、モントリオール規則は、明文上は、考慮説に立つものの、注釈において汚染損害における考慮説の妥当性に疑問を呈する見解が記されたのには、考慮説の綻びが垣間見られる。

4　ILAソウル補完規則

　1986年の第62回大会でILAは、韓国ソウルでヘルシンキ規則を補う規則を採択した。この補完規則は、1条で、「流域国は、ヘルシンキ規則4条に規定される衡平利用の適用が特定の事案において例外的に正当化されない限り (provided that the application of the principle of equitable utilization as set forth in Article IV of the Helsinki Rules does not justify an exception in a particular case)、いかなる流域国に実質的な侵害を引き起こすその領域内の作為又は不作為を差し控え、かつ、防止する。」[22]（下線・鳥谷部加筆）との規定を置く。ここから、ソウル補完規則は、利用国が衡平利用規則に従った利用であることを根拠に、重大損害防止規則の違反認定を受けないとの主張を許容するものであるから、ヘルシンキ規則と同様、汚染損害及び取水損害のいずれについても、考慮説を支持したと解せる。

---

20) ILA Montreal Rules, 1982, Article. 1.
21) *Ibid.,* comment to Article. 1, pp. 536-537.
22) ILA Seoul Complementary Rules, 1986, Article. 1.

第 2 節　第一読条文草案採択までの議論

　それでは、国連水路条約の起草作業において両説の対立はどのように表れてきたか、以下では、この点の考察を行う。これに先立ち、両説の対立が鮮明となった国連水路条約 7 条の規定を、いま一度確認しておく。同条 1 項は、「水路国は、その領域において国際水路を利用するにあたり、他の水路国に重大な損害を生じさせることを防止するためにすべての適当な措置をとる」[23]と規定し、同条 2 項は、「それにもかかわらず他の水路国に重大な損害が発生する場合には、水路の利用により当該損害を生じさせる国は、そのような利用に対する合意がない場合には、5 条及び 6 条の規定を適切に尊重しつつ、影響を受ける国と協議のうえで、その損害を除去し又は軽減するために、及び適切な場合には補償の問題を検討するために、すべての適当な措置をとる。」[24]と規定している。

1　特別報告者シュウェーベルの第 3 報告書

　国連水路条約の起草過程では、重大損害防止規則規定に、衡平利用規則の考慮の文言を明文化すべきか否か、長年に亘り、激しい議論が交わされてきた。考慮説を支持する立場からは、衡平利用規則に考慮すべき文言の挿入が要求され、翻って、不考慮説を支持する立場からは、かかる文言を明文で規定しないことが要求されてきたのである。

　国連水路条約の起草作業において、重大損害防止規則と衡平利用規則との関係にはじめて言及したのが、1982 年の特別報告者シュウェーベルの第 3 報告

---

23) UN Watercourses Convention, 1997, Article. 7(1).
24) *Ibid.,* Article. 7(2).

書[25]であった。シュウェーベルは、「相当な損害に対する責任」と題する規定を 8 条に置く。当該規定は、今日の重大損害防止規則と同視される。8 条 1 項は次のように規定した。「国際水路系の水資源を利用する国の権利は、<u>関係する国際水路系への衡平な参加の決定に基づいて許容される場合を除き（except as may be allowable under a determination for equitable participation for the international watercourse system involved）</u>、他国の利益に相当な損害を生じさせない義務により制限される。」[26]（下線・鳥谷部加筆）。同条同項は、重大な損害を生じさせる活動の禁止を、衡平かつ合理的な利用という特別の条件の下で例外的に認める許容規範である。

ところで、同条同項の「衡平な参加」とは何を意味しようか。1994 年の第二読条文草案 5 条注釈では、衡平な参加の概念の核心は、国際水路の最適な利用の達成を目的としている措置、作業及び活動に、衡平かつ合理的な根拠に基づいて参加することによる水路国間の協力であるとされる[27]。さらに、衡平な参加の原則は、同条 1 項の衡平利用規則規定から導かれるものであり、衡平利用規則と深い関係を有することに言及されている[28]。こうしたことから、シュウェーベルの上記 8 条 1 項は、衡平利用規則と密接な関連性を有する規定と言える。したがって、「許容される場合を除き」との表現から、同条同項は、重大損害防止規則の違反の認定に当たり、衡平利用規則の考慮の結果、その違反が成立しない場合を認めるものであり、考慮説を支持する規定であると解せる。

8 条が考慮説に依拠していることは、「環境保護と汚染」と題する 10 条の規定からも補強される。同条 3 項は、「国家は、これら諸条項のうち、衡平な基礎に基づいて他国と協力する場合を除き、……『衡平な参加』を定める 6 条、『衡平な利用の決定』を定める 7 条及び『相当な損害に対する責任』を定める

---

25) A/CN.4/348 and Corr.1.
26) *Ibid.*, Article. 8(1), p. 103, para. 156.
27) A/49/10, commentary to Article. 5, para. (5).
28) *Ibid.*

8条に従い（Consistent with article 6 on "Equitable participation", article 7 on "Equitable use determinations" and article 8 on "Responsibility for appreciable harm"）、他国領域に生じる共有水資源の汚染を、全く相当な損害を生じさせることのない十分に低いレベルに保持する義務を負う。」[29]（下線・鳥谷部加筆）と規定した。ここから、汚染損害の場合にも、衡平利用規則の考慮の余地を認める様子を窺うことができる[30]。汚染という特別の損害に対して考慮説が妥当するのであれば、汚染以外のあらゆる損害を含む8条では、なおのこと考慮説が妥当するとの推論が成り立つ。

2　特別報告者エヴェンセンの第1及び第2報告書

その後、重大損害防止規則と衡平利用規則との関係に言及した条文案は、エヴェンセンの1983年の第1報告書[31]に見られる。エヴェンセンは、9条で、「水路国は、水路協定又はその他合意若しくは取決めによって規定される場合を除き、他の水路国の権利又は利益に相当な損害を生じさせるかもしれない国際水路に関する利用又は活動を（その管轄下で）差し控え及び防止する。」[32]と定めた。この規定は、前述のシュウェーベルの提案と比較すると、衡平利用規則に考慮を払う文言が存在しておらず、ゆえに、考慮説を明確に支持したものと解することはできない。それどころか、エヴェンセンの前記条文案は、不考慮説に近しい。

エヴェンセンが不考慮説に立っているとの理解は、汚染損害に関する重大損害防止規則の条文案にも裏づけられている。エヴェンセンは、23条で、「いかなる水路国も、国際水路の水の衡平な利用に関する他の水路国の権利若しくは利益又はその領域内のそれ以外の有害な影響に相当な損害を生じさせ又は生じ

---

29) A/CN.4/348 and Corr.1, p. 145.
30) *See, ibid.*, p. 148, para. 323.
31) A/CN.4/367 and Corr.1.
32) *Ibid.,* Article. 9, p. 172.

させるかもしれない国際水路の水を汚染し又は汚染を容認してはならない。」[33]との規定を置く。ここでもエヴェンセンは、衡平利用規則の考慮の文言を入れなかった。こうしたことからも、エヴェンセンは、不考慮説を支持していたように思われる。

　さらに、エヴェンセンが不考慮説に依拠しているとの理解は、ILC 委員の次のような発言から一層明らかとなる。すなわち、「国家は、他国の権利又は利益に相当な損害を生じさせ得る利用又は活動を差し控える義務を強調することが重要であると考えられる。7条〔衡平利用規則〕と併せると、両規定によって構成される法的な基準は、衡平かつ合理的な利用は相当な損害を生じさせてはならないというものである。」[34]（〔　〕内・鳥谷部加筆）。裏を返せばこの記述は、相当な損害を生じさせた場合には同時に衡平利用規則の違反となるのであり、衡平利用規則の考慮の余地を完全に排除する主旨である。したがって、こうした委員の発言に照らしてみれば、エヴェンセンの上記草案は不考慮説に依っていたと解するのが相当である。

　エヴェンセンは、1984 年の第 2 報告書でも、上記 9 条の規定を維持していることから[35]、不考慮説は、彼の起草作業において一貫してとられたと解することができる。

　けれども、上記エヴェンセンの報告書は、幾人かの ILC 委員によって、「相当な損害」の要素は厳格に過ぎ、「相当な損害を生じさせ」との文言に代わり、「国家の衡平な配分を上回る」あるいは「他国の衡平な配分を奪う」という言葉が用いられるべきであると批判されたことに留意すべきである[36]。このような不考慮説への批判は、その後に指名された特別報告者マッカフリーの起草作業にも影響を与えることとなった。

33）*Ibid.,* Article. 23, p. 183.
34）A/38/10, p. 72, para. 246.
35）A/CN.4/381 and Corr.1 and Corr.2, Article. 9, p. 112, para. 57.
36）A/39/10, p. 97, para. 340.

3　特別報告者マッカフリーの第 2 及び第 4 報告書

(1) 第 2 報告書

　マッカフリーは、1986 年の第 2 報告書[37]で、重大損害防止規則の起草に当たり、衡平利用規則との関係をどのように把握すればよいかについて、次のように論及した。「事実上の損害を生じさせない義務ではなく、(衡平でない利用が行われることによって) 法益侵害を生じさせない義務に焦点を当てるべきである。このことは、事実的意味合いとしての損害禁止義務の存在を決して否定するわけではない。主張は簡潔で、水路の文脈では、〔事実上の〕<u>重大な損害の発生が衡平な配分の範囲内にあるとして許容される場合には、被影響国の権利を侵害しないかもしれない。</u>」[38]（〔　〕内及び下線・鳥谷部加筆）。上記下線部より、マッカフリーは、1 つの可能性にとどまるものではあるが、考慮説の妥当性を肯定的に評価している。

　そのうえで、マッカフリーは、重大損害防止規則の起草に当たり、3 つの選択肢を提案した。1 つ目の選択肢は、前述のエヴェンセン提案 (9 条) をほぼ踏襲する案である。それは次のようなものである。「水路国は、水路協定又はその他合意若しくは取決めによって規定される場合を除き、他の水路国を<u>侵害</u>するような国際水路に関する利用又は活動を (その管轄下で) 差し控え及び防止する。」[39]（下線・鳥谷部加筆）。この案では、前述のエヴェンセン提案 (9 条) と比べれば、「権利又は利益」(the rights or interests) という言葉に代えて、「侵害」(injury) の語が用いられただけで、大きな変更はない。なお、マッカフリーは、この案には、衡平利用規則との関係が明確にされないという欠点があると認識する[40]。こうしたことを総合すれば、この選択肢は、不考慮説支持に立つもの

---

37) A/CN.4/399 and Add.1 and 2.
38) A/ CN.4/399 and Add.1 and 2, p. 133, para. 181.
39) *Ibid.*, p. 133, para. 182.
40) *Ibid.*

と言える。

　選択肢の2つ目は、前述のエヴェンセン提案（9条）に向けられたILC委員の批判に配慮し、衡平利用規則との関係を明確にすべく、同規則に考慮を払う言葉を入れるという案である。それは次のような規定である。「水路国は、水路協定又はその他合意若しくは取決めによって規定される場合を除き、<u>当該水路の利用及び便益の衡平な配分を上回り、又はかかる衡平な配分を他国から奪うような国際水路に関する利用又は活動を（その管轄下で）差し控え及び防止する。</u>」[41]（下線・鳥谷部加筆）。この案は、衡平利用規則への考慮を明文化しているから、考慮説を支持する立場であると言える。しかし、この案では、重大損害防止規則の違反認定の充足要素である「重大な損害」（ここでは「相当な損害」）の文言が消え去っていることから、逆に、重大損害防止規則の規定を曖昧にしてしまっている。

　3つ目の選択肢は、上記2つ目の選択肢の問題点を改善すべく、「重大な損害」（ここでは「相当な損害」）の発生、及び衡平利用規則への考慮を明文化することで、重大損害防止規則と衡平利用規則のいずれにも配慮した規定とする案である。それは次のような規定として提案された。「水路国は、国際水路の利用に際し、<u>当該利用国による国際水路の利用が衡平な利用の範囲内のものとして許容される場合を除き</u>（except as may be allowable within the first State's equitable utilization of that international watercouerse）、他の水路国に相当な損害を引き起こしてはならない。」[42]（下線・鳥谷部加筆）。マッカフリーによれば、当該規定は、水路国が重大な損害を生じさせたとしても、他国の利用に比べ当該水路国の利用が衡平かつ合理的である（つまり衡平利用規則に反していない）限り、重大損害防止規則に違反したことにならないという[43]。つまり、この案は、重大損害防止規則の違反の有無を、衡平利用規則の考慮テストを通じて判断するという許容規範である。この案によれば、衡平利用規則の考慮の結果、当該利用が衡平か

---

41) *Ibid.*, p. 133, para. 183.
42) *Ibid.*, p. 134, para. 184.
43) *Ibid.*

つ合理的であれば、重大損害防止規則の違反は不成立に終わるが、逆に、当該利用が非衡平かつ非合理的であれば、重大損害防止規則の違反が成立することになる。したがって、この案では考慮説が貫かれていると言える。

以上、3つの選択肢のうち、2つ目と3つ目の案では考慮説が支持されているから、3つの案を総合的に見れば、マッカフリーは考慮説に賛意を表する様子が窺える。他方、マッカフリーは、以下に見るように、第4報告書において、汚染損害については、不考慮説が妥当するとの立場を鮮明にした。

(2) 第4報告書

マッカフリーが1988年に提出した第4報告書[44]は、「重大な損害」を、汚染損害と汚染以外の損害とに区別し、前者について不考慮説支持を表明したものと解することができる。それは、一般規定たる9条の特別規定として、汚染損害に関する条文案（16条2項）が、次のように起草されたことに依る。「水路国は、他の水路国又は国際水路（系）の生態系に相当な損害を生じさせるような方法又は程度で国際水路（系）の汚染を生じさせ又はそれを容認してはならない。」[45]。ここでは、衡平利用規則への考慮の文言が入れられていないから、汚染損害について不考慮説がとられている。

マッカフリーが汚染損害について不考慮説を支持したとの理解は、16条注釈の次のような記述にも裏づけられる。「汚染損害をそれ以外の損害とは区別して扱うべきであるという強力な主張が存在する。持続可能な発展を是認し将来世代のために地球を保全するために環境を保護する必要性は、すでに広範な認識が見られる。このことに照らし、他の水路国及び環境に対する相当な汚

---

44) A/CN.4/412 and Add.1 & 2.
45) *Ibid.*, p. 237, Article. 16(2). なお、汚染損害に関し重大損害防止規則を規定した本条項は、「相当の注意」を明文で規定していないが、マッカフリーは、ここには「相当の注意」の要素が内在していると理解している (*ibid.*, p. 241, para. (14))。また、マッカフリーは、そのような理解が、重大損害防止規則に関する一般規定（エヴェンセン第2報告書9条）にも等しく当てはまるものと考えている (*ibid.*, p. 241, para. (14), n. 238)。

損害を引き起こす水の利用は、それ自体、非衡平かつ非合理的であると十分に見なされる。……ILC は、衡平かつ合理的な利用の原則によっても弱められることのない、『相当汚染損害防止』規則を採用することにより、汚染防止及び環境保護の重要性が承認されていることを明らかにすべきであると特別報告者は考える。……」[46]。このように、マッカフリーは、汚染損害の場合には、衡平利用規則の考慮テストを採用しない姿勢を鮮明にし、不考慮説を支持した。

以上、マッカフリーの第 2 及び第 4 報告書を併せ読むと、基本的には考慮説に立つが、汚染損害の場合には、不考慮説支持を表明したと評価できる。

第 3 節　第一読条文草案採択とそれ以後の議論

1　第一読条文草案と各国政府の見解

(1) 第一読条文草案

ILC は、1991 年に第一読草案を採択することになるが[47]、重大損害防止規則は、すでに 1988 年に ILC によって行われた「一般原則」の起草作業でその文言が確定されていた。重大損害防止規則を定める 8 条は、次のように非常に簡潔な規定であった。「水路国は、他の水路国に相当な損害を生じさせないような方法で国際水路（系）を利用する。(Watercourse States shall utilize an international watercourse [system] in such a way as not to cause appreciable harm to other watercourse States.)」[48]。その後の第一読条文草案では、上記 8 条の「（系）」が削

---

46) *Ibid.,* p. 241, para. (13).
47) A/46/10.
48) A/43/10, p. 35. なお、ここにいう「相当な」(appreciable) とは、次のように理解されている。「客観的な証拠によって証明されなければならない。つまり、被影響国の公衆衛生、産業、財産、農業又は環境に何らかの有害な影響をもたらす、利用の真の毀損がなければならない。それゆえ、『相当な』損害は、重大ではない (insignificant)

除されただけで、あとは同一の文言が7条に置かれている[49]。第一読条文草案7条には、衡平利用規則に考慮を払う文言が挿入されていないことから、ILCは、不考慮説を採用したことが一目瞭然である。

こうした理解は、1988年の8条に付された注釈の以下の記述にも裏打ちされている。「他国に相当な損害を生じさせてはならない義務は、衡平利用の義務によって補完される。国際水路（系）を衡平かつ合理的な方法で利用する水路国の権利は、他国に相当な損害を生じさせてはならない義務との関係では限定される。言い換えれば、国際水路（系）の利用は、それが他の水路国に相当な損害を生じさせた場合には、少なくとも一応は、衡平ではない。」[50]。このように、ILCは、国際水路の利用国が、重大な損害を生じさせた場合には、当該国は、衡平利用規則を根拠として、当該利用を正当化できないことを示したのである[51]。また、第一読条文草案では、汚染損害の防止に関し特別規定を設けたが、そこに衡平利用規則に考慮を払うべきとの文言は入れられていない[52]。

以上から、ILCによる1988年の一般原則の起草及び1991年の第一読条文草案では、汚染損害とそれ以外の損害とにかかわらず、あらゆる重大な損害について、不考慮説がとられたと評価できる。

(2) 各国政府の見解

ILCによって起草された第一読条文草案は、コメントを得るため、国連事務総長を通じ、各国政府に送付された。その結果、20の国連加盟国と1つの非

又はほとんど検出できない（barely detectable）でもなければ、必ずしも『深刻な』（serious）でもない。」（*ibid.*, p. 36, para. (5))。以上から、「相当な」から「重大な」への変更は、防止すべき損害の程度の実質的な変更を意図するものではない（*see*, Nollkaemper, A., 1993, p. 36 ; Tanzi, A. & M. Arcari, 2001, p. 148)。実際にも、後述のローゼンストック第1報告書以降、「相当な」と「重大な」の敷居は同じものとして認識され、後者の「重大な」が定着するようになる。

49) A/46/10, p. 67.
50) A/43/10, commentary to Article. 8, para. (2).
51) *Ibid.,* para. (3).
52) A/46/10, p. 68, Article. 21(2).

加盟国がコメントを提出した[53]。それらのコメントは、重大損害防止規則（7条）と衡平利用規則（5条及び6条）との関係に限って言えば、第一読条文草案に賛成する国と反対する国に分けられる。

まず、第一読条文草案の5条ないし7条に賛成する国から見ていく。ドイツは、「相当な損害」と同じ敷居たる「重大な損害」を生じさせたときは、5条の衡平利用規則の違反が生じるとの見解を示し、重大損害防止規則が衡平利用規則の考慮に服する可能性を否定した[54]。ゆえに、ドイツは不考慮説支持と評価できる。また、ハンガリーも、「相当な損害」を生じさせるような行為は、重大損害防止規則の違反を構成し、当事者が衡平かつ合理的な利用の実現を目して合意する場合を除き、かかる違法性から免れることはできないとの見解を表明した[55]。このようにハンガリーも、不考慮説の妥当性を支持した。さらに、オランダも第一読条文草案に賛意を表明した国である。オランダは、7条で不考慮説を採用することにより、重大損害防止規則の違反の認定に当たり、かなりの程度、柔軟性を排除し、判断に客観性を持たせることができることを挙げ、不考慮説を支持した[56]。

他方、第一読条文草案5条ないし7条に反対する国としてカナダが挙げられる。カナダは、まず、衡平利用規則が国際条約や地域的実行において発展してきたこと、及び同規則は強い支持基盤があること等に照らし、第一読条文草案の5条ないし7条案に疑問を提起した[57]。次いで、現在の案（不考慮説）だと、下流国に相当な損害を生じさせるような上流国の開発が妨げられ、先に利用を

---

53) コメントを行った国連加盟国は、アルゼンチン、カナダ、チャド、コスタリカ、デンマーク、フィンランド、ドイツ、ギリシャ、ハンガリー、アイスランド、イラク、オランダ、ノルウェー、ポーランド、スペイン、スウェーデン、シリア、トルコ、イギリス、米国であり、コメントを行った非国連加盟国は、スイスであった（A/CN.4/447 and Add.1-3）。なお、デンマーク、フィンランド、アイスランド、ノルウェー、スウェーデンは、共同で北欧諸国としてコメントを提出した（ibid.）。

54) *Ibid.,* p. 153, para. 13.

55) *Ibid.,* p. 158, para. 25.

56) *Ibid.,* p. 163, para. 39.

57) *Ibid.,* p. 148, para. 6.

行った者が権利を取得するという「先行取水者優先の原則」を復活させることになると懸念を示した[58]。さらに、カナダは、相当な損害の発生という要素が、6条（衡平かつ合理的な利用に関連する要素）で勘案されるのであれば、7条を独立させる必要があるのか疑問を呈する[59]。そのうえで、カナダは、両規則のバランスを図るのは、考慮説を支持するシュウェーベルの第3報告書8条であるとする[60]。このように、カナダは、基本的に考慮説に立つ。けれども、カナダは、汚染損害については衡平利用規則による考慮の余地を認めない第一読条文草案の立場（不考慮説）を支持していることに注意を払う必要がある[61]。また、カナダ寄りの意見として、北欧諸国が挙げられる。北欧諸国は、汚染損害について今や不考慮説の妥当性を認めなければならないが、他方、汚染以外の損害の場合には、衡平利用規則が、もともと、重大損害防止規則を修正すべく導入されたことを考えれば、依然として、考慮説が妥当性をもつことが正しい旨の指摘を行う[62]。

2　特別報告者ローゼンストックの第1報告書

第一読草案が採択された後、第二読条文草案が採択されるまでの間、起草作業にあたったのはローゼンストックであった。ローゼンストックは、1993年に提出した第1報告書[63]の中で両説の対立を解消すべく、7条で次のような規定を提案した。まず同条前段では、「水路国は、水路協定が存在しない場合には、水路の衡平かつ合理的な利用の下で許容される場合を除き（except as may be allowable under an equitable and reasonable use of the watercourse）、他の水路国に重大な損害を生じさせないような方法で国際水路を利用するために相当の注意を払

---

58)　*Ibid.*, p. 148, para. 8.
59)　*Ibid.*, p. 148, para. 9.
60)　*Ibid.*, p. 148, para. 10.
61)　*Ibid.*, p. 149, para. 16.
62)　*Ibid.*, p. 164, para. 7.
63)　A/CN.4/451.

う。」⁽⁶⁴⁾（下線・鳥谷部加筆）として許容規範の構造の規定を置く。次いで、同条後段では、「汚染という形態で重大な損害を生じさせる利用は、(a)アド・ホックな調整のために切迫した必要性を示唆する特別の状況についての明確な説明がある場合、(b)人の健康及び安全にいかなる差し迫った脅威も存在しない場合を除き、非衡平かつ非合理的な利用であると推定される。(A use which causes significant harm in the form of pollution shall be presumed to be an inequitable and unreasonable use unless there is: (a) a clear showing of special circumstances indicating a compelling need for ad hoc adjustment; and (b) the absence of any imminent threat to human health and safty.)」⁽⁶⁵⁾（下線・鳥谷部加筆）とする案を提示した⁽⁶⁶⁾。

　上記7条前段の「水路の衡平かつ合理的な利用の下で許容される場合を除き」という文言から、ローゼンストックは、基本的に、考慮説に立っているものと解される。ただし、同条後段の「汚染という形態で重大な損害を生じさせる利用は、……非衡平かつ非合理的であると推定される」との規定から、汚染損害の場合には不考慮説を支持する姿勢が窺える。ローゼンストック案は、さらにその例外として、アド・ホックな調整が必要な場合や、人の健康及び安全に差し迫った脅威が存在しない場合には、汚染損害であっても、考慮説が妥当することを示唆した。このようにローゼンストック案は、汚染損害の場合には原則として不考慮説を妥当させ、例外的に考慮説が妥当する方針を示したところに、これまでの起草作業には見られない特徴を見出すことができる⁽⁶⁷⁾。ローゼンストックがこうした立場をとったのは、不考慮説を完全に支持した第一読条文草案に対するカナダや北欧諸国の批判に配慮した結果であろう。

---

64) *Ibid.,* p. 185, para. 27.
65) *Ibid.*
66) ローゼンストック案ではじめて、「相当な」(appreciable) に代わり「重大な」(significant) の語が使用されることになった。それは、「相当な」には、「測定され得る」(capable of being measured) と「重大な」(significant) という2つの異なる意味があり、そのうち、後者の意味として理解されるべきことを明確にするためであった。*Ibid.,* p. 182, para. 12.
67) A/48/10, p. 92, para. 401.

しかし、以上のローゼンストック案に対し、幾人かの ILC 委員からは、利益衡量を内実とする衡平利用規則は柔軟性に満ち溢れているがゆえに、考慮説を支持すると、相当な又は重大な損害を決定する作業がさらに複雑になるのではないかといった懸念や[68]、汚染損害の例外として、「人の健康及び安全にいかなる差し迫った脅威も存在しない場合」という制限を設ける利点がどこにあるのか疑問視する意見[69]、さらには、7 条それ自体を削除すべきとの強硬な見解[70]までもが示された。このことは、考慮説と不考慮説の対立の収束が、当時、程遠い状況にあったことを物語っている。

3　第二読条文草案と各国政府の見解

(1) 第二読条文草案

　ILC は、1994 年に第二読条文草案を完成させた。第二読条文草案が起草した重大損害防止規則はどのようなものであっただろうか。まず、7 条 1 項は次のように規定した。「水路国は、他の水路国に重大な損害を生じさせないような方法で国際水路を利用するために相当の注意を払う。(Watercourse States shall exercise due diligence to utilize an international watercourse in such a way as not to cause significant harm to other watercourse States.)」[71]。

　次いで、同条 2 項は、「相当の注意を払ったにもかかわらず、他の水路国に重大な損害を生じさせる場合には、当該損害を生じさせる国は、そのような利用に対する合意がない場合には、当該損害を被った国と以下につき協議する。(a) 当該利用が 6 条〔衡平かつ合理的な利用の決定に際して考慮すべき関連要素〕に列挙される諸要素を考慮したときに衡平かつ合理的となるかどうか、(b) かかる損害の除去又は緩和を意図した当該利用のアド・ホックな調整の問題及

---

68) *Ibid.*, p. 92, para. 400.
69) *Ibid.*, p. 92, para. 402.
70) *Ibid.*, p. 92, para. 403.
71) A/49/10, Article. 7(1).

び適切な場合には補償の問題。〔Where, despite the exercise of due diligence, significant harm is caused to another watercourse State, the State whose use causes the harm shall, in the absence of agreement to such use, consult with the State suffering such harm over: (a) The extent to which such use is equitable and reasonable taking into account the factors listed in article 6; (b) The question of ad hoc adjustments to its utilization, designed to eliminate or mitigate any such harm caused and, where appropriate, the question of compensation.)」[72]（下線及び〔　〕内・鳥谷部加筆）との規定を置く。

　まず、第二読条文草案は、第一読条文草案との比較において、次のような特徴を有する。第1は、第二読草案の重大損害防止規則では、「相当の注意」の基準が明文化されたことである。つまり、7条1項では「相当の注意」を不履行した場合の扱いを、同条2項では「相当の注意」を履行した場合の扱いを、それぞれ規定した。また、「相当の注意」の基準の明文化により、重大損害防止規則が「結果の義務」から「行為の義務」へと性質を変化させられた[73]。第2に、7条によって規制される損害の程度を「相当な」から「重大な」に敷居を変更したことである。第3に、新たに項建てを行い、2項では、重大な損害を発生させたとしても、「相当の注意」を払っていれば、被影響国と協議する義務を課すにとどまったことである。

　たしかに、7条を用語の通常の意味に従って読むと、上記指摘が妥当するように思われる。けれども、国連総会第6委員会全体作業部会での各国政府の主張を踏まえて再考すれば、条文には書かれていない意味内容が含意されていることが窺える。まず、上記1点目の「相当の注意」の基準の導入に関しては、第一読草案ではそれが明文化されていないが、そうであるからといって第一読草案が厳格責任を規定したものと認識されてきたわけではない。重大損害防止規則は、重大な損害の発生があれば直ちに原因国の同規則に対する違反を成立

---

72) *Ibid.*, Article. 7(2).
73) しかし、重大損害防止規則は、それまでの起草作業では、明文化されなかったものの、「相当の注意」義務（行為の義務）の性質を有すると一般的に理解されてきたことには留意が必要である。A/CN.4/412 and Add.1 & 2, p. 241, para. (14).

させるのではなく、加えて、「相当の注意」義務の不履行が認定された場合にはじめて同規則の違反が生じるものと解されてきたことを特記しておかなければならない[74]。つまり、「相当の注意」が明文化される以前は、7条が厳格責任を課した規定であると見なされてきたわけでは必ずしもないのである。

上記2点目の「相当な」から「重大な」への用語の変更について、かかる変更は、敷居の実質的な変化を意味するものではない[75]。「重大な」への変更の背景には、「相当な」に含意される「僅少な」(*de minimis*) 損害を排除する意図が存在した[76]。

次に、第二読草案は、前述のローゼンストック案からどのように変更されたかを見ていく。以下では、ローゼンストック案との相違点として、以下3点を指摘しておきたい。第1に、ローゼンストック案は、汚染損害とそれ以外の損害とを区別する規定であった（2項が汚染損害を、1項がそれ以外の損害を対象としていた）のに対し、第二読草案は、「相当の注意」を払ったか否かを基準としたことである。「相当の注意」の基準の導入は、考慮説と不考慮説の対立の妥協の産物であった。

第2に、ローゼンストック案は、1項と2項のいずれも、衡平利用規則に考慮を払う文言を入れていたことから、考慮説を採用したと捉えることができるのに対し、第二読草案は、当該水路の利用国が「相当の注意」を払わなかった場合を規定する1項では、衡平利用規則に考慮を払う言葉を削除したことから、文言上は、不考慮説を採用したと解せる。また、同草案は、「相当の注意」を適切に払った場合を規定する2項では、衡平利用規則に考慮を払う文言を挿入していることから、考慮説を採用したと解すことができる。

---

74) それは、第一読条文草案へのオランダや米国のコメント (A/CN.4/447 and Add.1-3, p. 161, para. 16; p. 173, para. 14)、及び第6委員会全体作業部会における専門家委員 (Expert Consultant) やイギリスの主張 (A/C.6/51/SR.16, p. 12, para. 52; A/C.6/51/SR. 17, p. 3, para. 12) に見られる。

75) 第6委員会全体作業部会における専門家委員の主張を参照。A/C.6/51/SR.16, p. 9, para. 35.

76) 第6委員会全体作業部会における米国の主張を参照。*Ibid.*, p. 13, para. 61.

第 3 に、ローゼンストック案は、1 項も 2 項も実体的規則として重大損害防止規則を規定しているが、第二読草案は、1 項を実体的規則として規定する一方、2 項を手続的規則たる協議義務として規定した。けれども、次のような注釈の記述に重みを与えれば、第二読草案 7 条 2 項を、手続的規則たる協議義務のみを規定したものと解すことは適切な理解ではない。「ある活動が重大な損害を伴うという事実は、それ自体、必ずしもその損害の禁止のための基礎を成すとは限らない。特定の状況において、国際水路の『衡平かつ合理的な利用』は、依然、他の水路国に重大な損害を引き起こすおそれがある。一般的に、そのような場合には、衡平かつ合理的な利用の原則は、利益衡量に当たり、指導的な基準となる。」[77]。7 条に付された注釈のこうした論述が同条 2 項に関するものであることは明らかである。かかる論述を重視すれば、7 条 2 項は、国際水路の利用国が「相当の注意」を適切に履行していたが重大な損害を引き起こしてしまったという場合、当事国の間に合意がある場合を除き、衡平利用規則が適用されることを示唆したものと解することができる[78]。こうした理解は、衡平利用規則の適用の結果、当該利用が衡平かつ合理的と見なされれば、当該利用国は行為を継続できることを意味する[79]。以上から、第二読草案 7 条 2 項は、協議義務に加え、原因国を衡平利用規則の規律の下に置く主旨であると解される[80]。

　それでは、以上を踏まえて、第二読条文草案 7 条における重大損害防止規則と衡平利用規則との関係をどう理解すればよいか。同条 2 項は、繰り返しを恐

---

77) A/49/10, commentary to Article. 7, para.（2）.
78) McCaffrey, S. C., 1996, p. 310 ; Nollkaemper, A., 1996, p. 58.
79) もっとも、当該利用が衡平かつ合理的であることの証明に成功したとしても、当該利用国は、同時に、自身が引き起こした重大な損害の除去又は緩和及び補償の問題について被影響国と協議する義務から免れることはできない。McCaffrey, S. C., 1995, p. 401.
80) 坂本尚繁 2016、11 頁も、第二読草案 7 条 2 項について、「国際水路利用から生じる重大な損害は、最終的に、衡平利用原則に合致するよう調節されることとされているのである。このプロセスの中で、国際水路利用の最終的な評価基準として機能するのは衡平利用原則であ」ると述べている。

れず言えば、重大な損害を生じさせたが「相当の注意」を履行した場合であっても、衡平利用規則の規制を受けることを示唆した規定である。その結果、当該利用が衡平かつ合理的であると判断されれば、当該利用をそのまま継続することができ、他方、当該利用が非衡平かつ非合理的であると評価されれば、衡平利用規則の違反が成立することになる。また、上記いずれの場合であっても、当該利用国には重大な損害の除去又は緩和及び補償の問題の検討のために被影響国と協議を実施する義務を負う。こうしたことから、第二読草案7条2項では、重大損害防止規則と衡平利用規則との関係が問題となることはない(考慮説と不考慮説の対立が生じる前提が存在しない)。

　他方、第二読草案7条1項は、重大な損害を生じさせたが「相当の注意」を不履行した場合に、重大損害防止規則の規制を受けることを規定した。その際、同条同項には、衡平利用規則に考慮を払う明文の規定は入れられていない。したがって、同条同項を、用語の自然かつ通常の意味に従って読むと、衡平利用規則に考慮を払う文言が存しないことから、不考慮説を採用したものと解すべきである[81]。

(2) 各国政府の見解

　しかしながら、第二読条文草案への各国政府のコメントによれば、7条は必ずしも不考慮説を支持する規定ではなく、考慮説が妥当する余地を認めると解されることが注目される。第二読条文草案に見解を表明した国は、コロンビア、エチオピア、フィンランド、グアテマラ、ハンガリー、ポルトガル、スペイン、トルコ、米国、ベネズエラ、スイスの計11ヵ国であった[82]。5条と7条

---

81) Nollkaemper, A., 1996, p. 58. 第二読草案は、汚染損害についても不考慮説に立つ。*See*, A/49/10, p. 121, Article. 21(2).
82) A/51/275.

86　第2章　国連水路条約起草過程における考慮説と不考慮説の対立

の関係について、各国政府から様々な見解が出された[83]。そのうち、ハンガリーは、次のように述べて、7条が考慮説の余地を残したことを批判する。第二読条文草案の7条は、「重大な損害を生じさせる利用が状況次第でなお衡平となり得ることを認めている。いかなる場合にも下流国への重大な損害が衡平かつ合理的となり得ることは決してない。このことは、国際法が認めるところである。……したがって、現行の起草案における5条と7条の関係は、現在の慣習国際法を正確に反映しているとは言えず、受け入れられない。受入可能なバランスを達成するため、7条は第一読条文草案の規定に戻すか、さもなければ適切に修正されなければならない。」[84]とハンガリーは述べた。このように、ハンガリーは、第二読条文草案7条の下では考慮説がとられたと考えているのであるが、そのことは、衡平利用規則に考慮を払う言葉が明文化されている同条2項を指し示しているだけでなく、その文言が現れていない同条1項にも当てはまるかについては明らかでない。

　他方、スペインは、この点を、はっきりさせている。スペインは、第二読条文草案7条1項は不考慮説を採用し、2項は考慮説を採用したものと理解している[85]。そのうえで、スペインは、重大な損害を生じさせたが「相当の注意」は履行していたという場面において、2項が被影響国との協議の実施を要求したとしても、国際水路の利用国と被影響国のいずれも満足させることに成功し

---

[83] エチオピアは、7条2項に置かれる(a)及び(b)は、上流国に更なる負担を伴う義務が課されること、それにより下流国に優先権を与えたと見なし得ること、衡平利用規則を定める5条で保障される衡平かつ合理的な権利を実質的に弱める効果をもつことを理由に、(a)及び(b)の削除を要求した (ibid., p. 41)。また、トルコは、7条の完全削除を要求し、衡平利用規則への一本化を強く主張した (ibid., p. 45)。トルコの見解に従えば、重大な損害の発生という要素は、衡平利用規則における利用の衡平性・合理性を決定するために考慮すべき要素の1つに過ぎなくなる。さらに、フィンランドは、「重大な」のレベルに達しない損害について、被影響国にかかる被害を受忍させるのは適切ではないとの観点から、汚染損害の場合には、防止のための努力義務を課すべきであるとし、それに伴い、7条の「重大な損害」に代えて「損害」とすることを提案した (ibid., p. 60)。

[84] Ibid., p. 43.

[85] Ibid., pp. 44-45.

ていないと批判した[86]。そして、スペインは、7条2項では、「相当の注意」が払われたという場合には、考慮説がとられるべきであるとの見解を示した[87]。

　スイスは、考慮説と不考慮説の妥当性を「相当の注意」を払ったかどうかを基準に判断する第二読条文草案とは異なり、上流国が現在の利用を維持する場合と、上流国が新たに利用を開始する場合とに区別し、前者の場合には衡平利用規則に合致していることを条件として不考慮説が妥当し、他方、後者の場合には考慮説が妥当するとの考えを示した[88]。スイスがこうした区別を推奨するのは、不考慮説が徹底されれば、新たに水の利用を開始する国は、重大な損害を生じさせないように制限されることにより、すでに水の利用を行っている国との関係で不利な立場に置かれることになることを懸念するからである[89]。以上から、スイスは、とりわけ上流国が新たに行う利用については、考慮説に基づいて重大損害防止規則の違反の有無を判断すべきとの立場に立っていると言える。

第4節　国連総会第6委員会における全体作業

　ILCによって1994年に採択された第二読条文草案は、その後、国連総会第6委員会全体作業部会において、各国の政府代表団によって議論された。部会は、1996年10月7日から25日まで、及び1997年3月24日から4月4日までの二期にわたり開かれた。以下では、第6委員会で7条をめぐって繰り広げられた考慮説と不考慮説の対立がどのようなものであったのかを見ていく。

---

86) *Ibid.*, p. 45.
87) *Ibid.*
88) *Ibid.*, pp. 46-47.
89) *Ibid.*

1　96年全体作業部会

　1996年の全体作業部会での7条をめぐる議論は、大きく、次の2つに分けられる。1つは、重大な損害を生じさせた利用に対する規制は、5条の衡平利用規則で行えば足り、7条の規定は必要ではないから削除すべきであるとする立場（7条不要論）で、もう1つは、これとは反対に7条の規定を維持すべきとの立場（7条必要論）である。前者の立場には、チェコ[90]、トルコ[91]、エチオピア[92]、ルーマニア[93]が立つ。

　他方、後者の7条必要論では、考慮説と不考慮説の対立が顕著である。まず考慮説に立つ国として、チェコ[94]とトルコ[95]は、上述の7条の削除が容れられなかった場合の二次的要求として、「衡平かつ合理的な利用の原則を損なうことなく」（without prejudice to the principle of equitable and reasonable utilization）のように、衡平利用規則への考慮を払う文言を明示することを要求した。また、エチオピアも、二次的要求として、最低でも5条及び6条と合致するような規定とすべきことを要求した[96]。また、エチオピアは、より強力な主張を展開し、国際水路の利用の結果、重大な損害を引き起こしたとしても、当該利用が衡平かつ合理的であれば7条の違反を生じないとの立場を堅持したのである[97]。ルーマニアは、他国に重大な損害を生じさせる場合であっても、当該利用が衡平かつ合理的と見なされる可能性を指摘する[98]。カナダは、国家間の水資源の配分の問題の場合と、それ以外の問題の場合とを区別し、前者の場合には、損害を

---

90) A/C.6/51/SR.16, p. 3, para. 9.
91) *Ibid.,* p. 4, para. 13.
92) *Ibid.,* p. 9, para. 37.
93) *Ibid.,* p. 9, para. 39.
94) *Ibid.,* p. 3, para. 9.
95) *Ibid.,* p. 4, para. 13.
96) *Ibid.,* p. 9, para. 37.
97) A/C.6/51/SR.17, p. 3, para. 8.
98) A/C.6/51/SR.16, p. 9, para. 39.

生じさせたとしても、それが衡平かつ合理的と判断される余地を明白に認める[99]。イギリスもカナダと同様、水量と水質とを区別すべきであるとし、水量の問題（関係国間の水資源の配分の問題）の場合には、上流国の利益保護のため、考慮説を妥当させるべきであるとの主張を展開した[100]。

これに対し、不考慮説に立つ国として、まず、イタリアが挙げられる。イタリアは、7条1項に関し、重大な損害を生じさせるような利用は衡平かつ合理的ではないこと[101]、及び相当の注意に違反して損害を生じさせた国は行為の義務の違反に対する国際責任を負うこと[102]を指摘する。続いて、スペインは、「損害を生じさせた活動が衡平かつ合理的な利用の基準を満たす場合でも、7条1項の下で水路国は自動的に責任を負う。」[103]と述べて不考慮説を支持した。ブラジルも、重大損害防止規則を6条に吸収させるという解決は承服し難く、重大損害防止規則を衡平利用規則に優先させるべきとの主張を展開した[104]。さらに、エジプトは、「すべての損害は水路国の衡平かつ合理的な利用の権利に影響を与えることになろう」[105]と述べて、不考慮説支持を表明した。シリアは、重大な損害を生じさせる利用は衡平かつ合理的であるとは言えない旨の主張を行い[106]、不考慮説寄りの立場に立つ。また、第一読条文草案の規定に戻すことを主張するイスラエルも[107]、不考慮説に立つと言える。

---

99) A/C.6/51/SR.17, p. 2, para. 4.
100) *Ibid.*, p. 3, para. 12.
101) A/C.6/51/SR.16, p. 5, para. 15.
102) *Ibid.*, p. 5, para. 16.
103) *Ibid.*, p. 6, para. 22.
104) *Ibid.*, p. 10, para. 41.
105) *Ibid.*, p. 11, para. 47.
106) *Ibid.*, p. 12, para. 56.
107) A/C.6/51/SR.17, p. 3, para. 7.

2　97年全体作業部会

　1997年に開催された全体作業部会でも7条をめぐる意見対立が収束に向かうことはなかった。この作業部会では、妥協案として、オーストリア、カナダ、ポルトガル、スイス及びベネズエラの5ヵ国が、7条2項を次のように修正すべきことを提案した[108]。重大な損害を生じさせた国際水路の利用国は、そのような利用に対する合意がない場合には、「<u>5条及び6条に従って (in conformity with the provisions of Article 5 and 6)</u>、影響を受けた国と協議のうえで、その損害を除去し又は緩和するために、及び適切な場合には補償の問題を検討するために、すべての適当な措置をとる。」（下線・鳥谷部加筆）[109]。
　けれども、7条について、当時、作業部会で生じた見解の隔たりを埋め合わせるために上記提案が検討されることはなかった。その後、山田中正議長によって提案された妥協案では、下流国の反対を見越して、「に従って」よりも弱い意味合いの「を考慮して」(taking into account) が用いられたが、衡平利用規則への考慮の程度が弱められたとして上流国の反対を受けることになった[110]。その結果、交渉は決裂するかに思われたが、作業部会のまさに最終日まで参加国の間で調整が続けられ、最終的に「を考慮して」の代わりに「を適切に尊重し」(having due regard for) とすることで妥結が図られたのである[111]。
　しかし、多数の下流国は、この文言を、重大損害防止規則と衡平利用規則との間に優劣を設けないニュートラルな表現に収まったと理解するのに対し、多くの上流国は、重大損害防止規則よりも衡平利用規則を優位させたと解したこ

---

108) Tanzi, A., 1997(a), p. 115; Tanzi, A., 1997(b), p. 241; Caflisch, L., 1998, p. 15.
109) Tanzi, A., 1997(a), p. 115; Caflisch, L., 1998, p. 15.
110) Caflisch, L., 1998, p. 15.
111) *Ibid.*

とから、7条について同床異夢は歴然としていた[112]。

　最終的に、山田中正議長は、トルコの要請を受け、5条から7条までの3ヵ条をパッケージとして採択することを提案し、記録投票に委ね、結果的に、賛成38[113]、反対4[114]、棄権22[115]で採択された。しかし、両規則の関係について議論が紛糾しているにもかかわらず、審議時間の制約上、上記3ヵ条を投票で採択する手法を採用したことに対し、第6委員会の伝統からかけ離れている（中国）[116]、国際法の法典化のプロセスを前進させるものではない（スペイン）[117]、といった厳しい批判が寄せられた。また、とりわけ5条と7条の関係が不明瞭なまま投票に付されたことに対し、多くの国（スイス、モンゴル、イスラエル、スペイン、チェコ、アルゼンチン、エチオピア、オーストリア、ルワンダ、シリア）から相次いで不満の意思が表明された[118]。こうした異論噴出は、両規則の関係をめぐる対立が、国連水路条約起草作業の最終段階でも解決の糸口がつかめない状況に陥っていたことを物語っている。

　その後、全体作業部会は、草案テクスト全文を記録投票に付すことを決定し、

---

112) *Ibid.*
113) 賛成票を投じた国は、以下の通り。アルジェリア、オーストリア、バングラデシュ、ベルギー、ブラジル、カナダ、チリ、デンマーク、フィンランド、ドイツ、バチカン、ハンガリー、イラン、イスラエル、イタリア、ヨルダン、リヒテンシュタイン、マラウィ、マレーシア、メキシコ、モザンビーク、ミャンマー、ナミビア、オランダ、パラグアイ、ポルトガル、韓国、ルーマニア、ロシア、スイス、シリア、英国、米国、タイ、チュニジア、ウルグアイ、ベネズエラ、ベトナム。A/C.6/51/SR.62, p. 3, para. 7.
114) 反対票を投じた国は、以下の通り。中国、フランス、トルコ、タンザニア。*Ibid.*
115) 棄権した国は、以下の通り。アルゼンチン、ボリビア、ブルガリア、コロンビア、チェコ、エジプト、エクアドル、エチオピア、ギリシャ、インド、日本、レバノン、マリ、モンゴル、パキスタン、ルワンダ、スロバキア、南アフリカ、スペイン、スーダン、マケドニア、ジンバブエ。*Ibid.*
116) *Ibid.*, p. 3, para. 13.
117) *Ibid.*, p. 4, para. 18.
118) *Ibid.*, p. 4, paras. 15-21, 23, p. 5, paras. 28, 32.

その結果、賛成42[119]、反対3[120]、棄権19[121]で採択に至った。しかし、草案テクスト全体の採択時にも、重大損害防止規則と衡平利用規則の関係性の不明瞭さに懸念を表明する国は多数存在していた（エジプト、スイス、スペイン、チェコ、ボリビア、グアテマラ、スロバキア、タンザニア）[122]。

　国連水路条約の採択に向け、議論の場が国連総会に移されても、両規則の関係をめぐり各国の意見対立が終息を迎えることはなかった。とりわけ、タンザニア、中国、スロバキア、イスラエル、スペインは両規則の関係の問題に決着を見ていないことに懸念を表明したし[123]、また、トルコ、チェコ、エジプトは7条を衡平利用規則に重きを置いた規定にすべきであることを主張する一方[124]、エチオピアはこれに強く反対するなど[125]、条約採択当日まで両規則の関係をめぐる意見の隔たりが解消されることはなかった[126]。

---

119) 賛成票を投じた国は、以下の通り。アルジェリア、オーストリア、バングラデシュ、ベルギー、ブラジル、カンボジア、カナダ、チリ、チェコ、デンマーク、エチオピア、フィンランド、ドイツ、ギリシャ、バチカン、ハンガリー、イラン、イタリア、ヨルダン、リヒテンシュタイン、マラウィ、マレーシア、メキシコ、モザンビーク、ナミビア、オランダ、ナイジェリア、ノルウェー、ポルトガル、ルーマニア、南アフリカ、スーダン、スイス、シリア、タイ、旧ユーゴスラビア、チュニジア、イギリス、米国、ベネズエラ、ベトナム、ジンバブエ。A/C.6/51/SR.62/Add.1, p. 2, paras. 2-3.
120) 反対票を投じた国は、以下の通り。中国、フランス、トルコ。*Ibid.*
121) 棄権した国は、以下の通り。アルゼンチン、ボリビア、ブルガリア、コロンビア、エクアドル、エジプト、インド、イスラエル、日本、レバノン、レソト、マリ、パキスタン、ロシア、ルワンダ、スロバキア、スペイン、タンザニア、ウルグアイ。*Ibid.*
122) A/C.6/51/SR.62/Add.1, pp. 3-5, paras. 10, 16, p. 5, para. 19, p. 6, para. 23, p. 7, para. 27, p. 8, para. 34, p. 9, paras. 38, 40.
123) A/51/PV.99, pp. 3, 6-7, 11-12.
124) *Ibid.*, pp. 5-6, 11.
125) *Ibid.*, p. 10.
126) 国連水路条約は、1997年5月21日、第51回総会で、草案テクストを次の通り採択した（*ibid.*, pp. 7-8）。賛成103（アルバニア、アルジェリア、アンゴラ、アンチグアバーブーダ、アルメニア、オーストラリア、バーレーン、バングラデシュ、ベラルーシ、ボツワナ、ブラジル、ブルネイ、ブルキナファソ、カンボジア、カメルーン、カナダ、チリ、コスタリカ、コートジボワール、クロアチア、キプロス、チェコ、デンマーク、ジブチ、エストニア、フィンランド、ガボン、ジョージア、ドイツ、ギリシャ、ガイアナ、

第5節　起草過程の評価——国連水路条約7条の解釈

　以上に見たように、考慮説と不考慮説の対立は、国連水路条約起草作業開始前からすでに論争の的となっていたが、とりわけ、起草作業開始後、現行の7条の条文化をめぐって激しい議論が交わされてきた。現行の7条の規定を、起草過程を遡って解釈すれば、次の2点の結論が導かれる。①考慮説と不考慮説の対立は、「5条及び6条の規定を適切に尊重しつつ」との文言が挿入された7条2項だけでなく、同条1項においても生じること、②7条（汚染防止に関する特別規定たる20条2項を含む）をめぐる考慮説と不考慮説の対立は、汚染損害についてエヴェンセンの第1報告書以降、ほぼ一貫して不考慮説がとられてきたが、他方、取水損害については考慮説と不考慮説のいずれかが一貫して支持されてきたわけではないこと、である。

ハイチ、ホンジュラス、ハンガリー、アイスランド、インドネシア、イラン、アイルランド、イタリア、ジャマイカ、日本、ヨルダン、カザフスタン、ケニア、クウェート、ラオス、ラトビア、レソト、リベリア、リビア、リヒテンシュタイン、リトアニア、ルクセンブルク、マダガスカル、マラウィ、マレーシア、モルジブ、マルタ、マーシャル諸島、モーリシャス、メキシコ、ミクロネシア、モロッコ、モザンビーク、ナミビア、ネパール、オランダ、ニュージーランド、ノルウェー、オマーン、パプアニューギニア、フィリピン、ポーランド、ポルトガル、カタール、韓国、ルーマニア、ロシア、サモア、サン・マリノ、サウジアラビア、シエラレオネ、シンガポール、スロバキア、スロベニア、南アフリカ、スーダン、スリナム、スウェーデン、シリア、タイ、トリニダード・トバゴ、チュニジア、ウクライナ、アラブ首長国連邦、イギリス、米国、ウルグアイ、ベネズエラ、ベトナム、イエメン、ザンビア）、反対3（ブルンジ、中国、トルコ）、棄権27（アンドラ、アルゼンチン、アゼルバイジャン、ベルギー、ボリビア、ブルガリア、コロンビア、キューバ、エクアドル、エジプト、エチオピア、フランス、ガーナ、グアテマラ、インド、イスラエル、マリ、モナコ、モンゴル、パキスタン、パナマ、パラグアイ、ペルー、ルワンダ、スペイン、タンザニア、ウズベキスタン）。

1　7条2項の解釈

　以下では、上記①及び②の結論に至る理由を示す。その前に、現行の7条の規定を用語の通常の意味に従って読むと、考慮説と不考慮説の対立は何処で現れることになるのかに言及しておく必要があろう[127]。重大損害防止規則を定める7条が衡平利用規則との関係に言及しているのは、同条2項である。同条同項では、「5条及び6条の規定を適切に尊重しつつ」という衡平利用規則への考慮が明文化されている。それでは、7条2項はそもそもどのような条件の下で効力を発揮する規定なのであろうか。

　7条2項は、次の2つの条件を満たす場合に、原因国に「損害の除去・緩和及び補償問題検討のための相当の注意」義務を課すことを規定している。第1に、国際水路の利用国（原因国）が重大な損害を実際に生じさせたこと、第2に、原因国は「相当の注意」（ここにいう「相当の注意」は、「損害の除去・緩和及び補償問題検討のための相当の注意」とは性質を異にする。）の基準を適切に充足したこと、である[128]。本書では、後述するように、損害の除去・緩和のための相当の注意義務のことを、「事後の」重大損害防止規則と呼ぶ[129]。7条2項の下では、上記2つの条件を満たしたときに、損害の除去・緩和及び補償問題検討のための相当の注意義務の解釈・適用に当たり、衡平利用規則が考慮されることを意味する。

　以上から、7条2項は、「5条及び6条の規定を適切に尊重しつつ」との文言の明文化により、汚染損害と取水損害とにかかわらず、考慮説に妥当性を与えたと結論づけることができる。

---

127) これに関しては、序章第1節3も参照。
128) 重大な損害及び「相当の注意」の意味内容は、第4章第3節を参照。
129) 詳細は、第4章第2節を参照。

2　7条1項の解釈

　それでは、7条1項はどうであろうか。1項には、2項のように衡平利用規則に考慮を払う文言は存在しないから、1項は、不考慮説に妥当性を付与した、あるいは考慮説と不考慮説の対立はそもそも問題にはならないとの結論に至るとも考えられる。けれども、7条の起草過程を参照すれば、そうした読み方は十分に説得的とは言えない。

　まず、7条1項はどのような条件の下で効力を発揮する規定なのかを確認しておく。1項は、第1に、重大な損害が実際に発生した後の状態を規制する2項とは対照的に、重大な損害が実際に発生する前のおそれ段階を規制する規定であること、第2に、2項とは逆に「相当の注意」義務を不履行した場合に適用される。本書では、後述するように、1項が規定する重大損害防止規則を、「事前の」重大損害防止規則と呼ぶ[130]。

　それでは、起草作業を参照すれば、7条1項はどのように解釈されるべきであろうか。重大損害防止規則と衡平利用規則との関係に言及した特別報告者のいずれも、考慮説と不考慮説の対立を、現行7条2項ではなく1項に相当する場面で捉えている[131]。こうした傾向は、ILCによる第一読条文草案（8条）、及び国連総会第6委員会による96年全体作業部会での各国政府代表団の見解にも観取される[132]。また、考慮説と不考慮説の対立が「事前の」重大損害防止規則の下で生じ得ることは、前記ILAヘルシンキ規則（10条1項）、モントリオール規則（1条）及びソウル補完規則（1条）など、国連水路条約の起草作業の外でも同様である。

---

130) 詳細は、第4章第2節を参照。
131) 前記シュウェーベルの第3報告書（8条1項）、前記エヴェンセンの第1及び第2報告書（9条）、前記マッカフリーの第2報告書（選択肢1〜3）並びに前記ローゼンストックの第1報告書（7条前段）を参照。
132) 96年全体作業部会でのチェコ、トルコ、エチオピア、ルーマニア、カナダ、イギリス、イタリア、スペイン、ブラジル、エジプト、シリア、イスラエルの見解を参照。

さらには、ILA が 2004 年に採択したベルリン規則でも、考慮説と不考慮説の対立は、国連水路条約 7 条 1 項に相当する場面で生じることを想定している。ベルリン規則は、ヘルシンキ規則を、その後の法の発達に鑑み全面的に改定したものであり、現代の国際水路法の漸進的発達の到達点を知る重要な手掛かりを提供するものである。ベルリン規則は、重大損害防止規則を規定する 16 条の注釈において、国連水路条約 7 条を参照して作成したことを明示している[133]。このことは、裏を返せば、ベルリン規則で示された認識が、国連水路条約 7 条の解釈にも一定の示唆を与えることを意味している。

では、ベルリン規則 16 条はどのように規定したのであろうか。「流域国は、国際流域の水を管理するに際し、水を衡平かつ合理的に利用するためにそれぞれの流域国の権利を適切に尊重しつつ（having due regard for the right of each basin State to make equitable and reasonable use of the waters）、自国領域内において、他の流域国に重大な損害を引き起こす作為又は不作為を差し控え、かつ、防止しなければならない。」[134]（下線・烏谷部加筆）と規定した。同条は、重大損害防止規則を規定しているから、この点、国連水路条約 7 条に相当する規定であると言える。さらに、前記ベルリン規則 16 条は、重大な損害の発生後の状態を規制するのではなく、重大な損害の回避を規定している（重大な損害が発生する前の状態を規制する）から、国連水路条約 7 条 2 項ではなく、1 項に相当する規定であると言える。

以上、国連水路条約の起草過程及び ILA の各種規則から、考慮説と不考慮説の対立は、衡平利用規則に考慮を払う文言が明文化された国連水路条約 7 条 2 項だけでなく、1 項でも生じるものと理解するのが適切である。さらに言えば、国連水路条約 7 条 2 項については、「5 条及び 6 条の規定を適切に尊重しつつ」との文言が明文化されたことから、考慮説に妥当性を与えることによって解決を図ったと言える一方、考慮説と不考慮説の対立は 7 条 1 項でこそ生じ得るものなのである。

---

[133] ILA Berlin Rules, 2014, commentary to Article. 16.
[134] *Ibid.*, Article. 16.

以上では、考慮説と不考慮説の対立は、主として、7条1項で問題となり得ることを指摘した。それでは、1項における考慮説と不考慮説の対立は解消されているのであろうか。起草過程を参照すれば、1項では汚染損害の場合には不考慮説が妥当することが明らかであるが、取水損害の場合には考慮説と不考慮説のいずれが妥当するか明らかにされているとは言えない。

汚染損害については、1980年代以降は、ほぼ一貫して不考慮説がとられてきた。国連水路条約の起草作業開始前は、前記ヘルシンキ規則（10条1項）やモントリオール規則（1条）に代表されるように考慮説が妥当するものと解されてきた。こうした認識は、国連水路条約起草作業にも影響を与えた。シュウェーベルの第3報告書（10条3項）がそうである。けれども、1980年代以降は、エヴェンセンの第1報告書（23条）、マッカフリーの第4報告書（16条2項）、第一読条文草案（21条2項）、ローゼンストックの第1報告書（7条後段）、第二読条文草案（21条2項）のいずれにおいても、汚染損害について不考慮説がとられている。国連総会第6委員会の全体作業部会でも、汚染損害に関する特別規定である21条2項について各国政府代表団から然したる異論は出されていない。ゆえに、国連水路条約の起草作業の分析の結果として、汚染損害について不考慮説の妥当性が広く支持されていることが指摘されなければならない。汚染損害の場合に不考慮説が妥当性をもつことは、先行研究によって指摘されてきたところであるが[135]、国連水路条約の起草作業の分析からも同一の結論が導かれるということである。したがって、汚染損害について不考慮説が妥当性をもつことが今日ほぼ異論なく認められているとする本書の基本認識に過誤はないものと言うべきである。

他方、取水損害について、国連水路条約起草作業では考慮説と不考慮説の対立について果たして明確な立場表明が行われていると言えるだろうか。これに関しては、起草作業を丹念に追ったところ、一貫した立場はとられていないとの分析結果が示される。取水損害を規制の対象に含める重大損害防止規則の起草過程を遡ってみれば、シュウェーベルの第3報告書（8条1項）では考慮説

---

135) 序章第1節5(ⅱ)(a)を参照。

がとられていたが、その後、エヴェンセンの第1及び第2報告書（9条）では不考慮説に転じ、さらに、マッカフリーの第2報告書で示された3つの選択肢のうち、第1の選択肢は不考慮説に、第2及び第3の選択肢は考慮説に依拠するものであった。その後、第一読条文草案（8条）では不考慮説支持の姿勢が鮮明に打ち出されたが、ローゼンストックの第1報告書（7条前段）では再び考慮説に鞍替えした。このように、取水損害については、汚染損害とは異なり、考慮説支持と不考慮説支持が入れ替わり立ち替わり現れ、起草作業全体を通して見た場合、立場に一貫性があるとは言えない。こうしたことから、取水損害については、考慮説と不考慮説のいずれが妥当性をもつかを起草作業から明らかにすることは困難であるとの結論が導かれる。

　それでは、取水損害の場合に、考慮説と不考慮説の対立はいかにして解消されるべきか。この解明は、衡平利用規則及び重大損害防止規則の性格及び内容を体系的に理解せずして、遂げることはできない。そこで、以下では、考慮説と不考慮説の対立解消のための予備的考察として両規則の体系化に取り組む。

第Ⅱ部
考慮説と不考慮説の対立解消のための前提的考察
——衡平利用規則及び重大損害防止規則の体系化

　国連水路条約の起草過程を辿っても取水損害について考慮説と不考慮説の対立を解消するための手掛かりを得ることができないとの第Ⅰ部での考察結果を踏まえ、第Ⅱ部は、取水損害について考慮説と不考慮説のいずれが妥当性をもつかを解明するための前提として、衡平利用規則及び重大損害防止規則がいかなる性質・内容をもつ規範であるかを体系的に把握する作業に取り組むことによって、考慮説と不考慮説の対立解消に向けた分析評価軸の抽出の基礎固めを行うことを目的とする。

　第Ⅱ部での検討は、本書の検討課題である考慮説と不考慮説の妥当性の解明に対していかなる貢献を成し得るか。考慮説と不考慮説の対立が、重大損害防止規則の「相当の注意」義務の履行免除、又は違反認定（違法性判断）の場面で問題化するとの理解に立つことは、本書の冒頭ですでに指摘した（序章第1節4(2)「考慮説と不考慮説の内容」を参照）。そうした前提に立てば、重大損害防止規則がそもそもどのような性質及び内容をもつ規則であるか、また、同規則の履行義務あるいは同規則の違反が生じるのはどのような条件・要素を満たしたときなのかの解明なくして、考慮説及び不考慮説の内容を正確に把握することはできないし、いずれの説が妥当性をもつかを明らかにすることもできない。したがって、第4章「重大損害防止規則」における同規則の体系的考察は、考慮説及び不考慮説の内容把握と密接な関係性を有する。

　さらに、本書の検討課題の解明には、第3章「衡平利用規則」において行われる同規則の体系化の作業も不可避である。衡平利用規則は考慮説の核心を成す。なぜなら、考慮説において衡平利用規則は、重大損害防止規則たる「相当の注意」義務の履行免除又は違法性の不存在の根拠として援用され得るものだからである。ゆえに、考慮説の性格理解は、同時に、いかなる場合に衡平利用規則が適用されるかを明らかにする作業でもある。

第 3 章　衡平利用規則

第 1 節　衡平利用規則の特徴

1　衡平利用規則の性質

(1) 法的基礎

　衡平利用規則は、国際水路の利用に際し、あらゆる関連する要素及び事情を考慮し、衡平かつ合理的な利用を実現することを利用国に要求する規則である。衡平利用規則は、20世紀初頭の米国最高裁判例に起源を有する。ニュージャージー州対ニューヨーク州事件[1]でホームズ判事（Mr. Justice Holmes）は、次のように述べて、制限主権論に立って衡平利用規則を導いた。「ニューヨーク州はその管轄下のすべての水を遮る物理的な権力を有する。しかし、下流の州の利益を破壊すべく明白にかような権力を行使することは容認されない。他方、ニュージャージー州が当該河川の水量を減少させないようにニューヨーク州に対しその権力を完全に放棄することを要求することは、等しくほとんど認められるものではない。双方の州は当該河川に対し真の及び実質的な諸利益を有しており、それらは可能である限り調整されなければならない。その土地土地での異なる伝統や実行はさまざまな結果を引き起こすことになるかもしれないが、衡平な配分を確保するべく常に努力が払われなければならない」[2]。こ

---

1) *New Jersey v. New York*, 283 U.S. 336 (1931).
2) *Ibid.*, pp. 342-343.

うして同判事は、州間の水配分をめぐり、上流（ニューヨーク州）の絶対的領域主権論に基づく主張と、下流（ニュージャージー州）の絶対的領土保全論に基づく主張の双方を退け、制限主権論に依拠して、衡平利用規則の規範的妥当性を認める。

国際水路法上、衡平利用規則の規範性が学術的に広く認められるようになったのは、1966年のILAヘルシンキ規則の採択を契機とする[3]。加えて、衡平利用規則が裁判規範としての性質をも有することは、1997年のガブチコヴォ・ナジマロシュ計画事件判決で明らかにされた[4]。今日では、衡平利用規則は、条約、ソフト・ロー、判例、学説及び実行から、慣習国際法としての性格が肯定されている[5]。

元来、衡平利用規則は、国際水路の水の割り当てや配分のような水量に適用される規則として生成し発展を遂げてきた[6]。その後、産業化に伴い、世界各地で汚染が深刻化した。これに対処すべく、衡平利用規則は、水質へも適用範囲を拡大していくことになるのである[7]。衡平利用規則は、今日、水量と水質の両方を扱う規則として理解されている[8]。

衡平利用規則の法的基礎を構成する著名な国際裁判例は、オーデル川国際委員会事件である。本件でPCIJは、次のように判示した。まず海への自由な接近の可能性を上流国に与えようとする要求が、国際河川の航行自由の原則の形成に重要な役割を果たしてきたとの主張は十分に認められ得る。「しかし、単一の水路が二ヵ国以上の領域を貫流又は分割するという事実から生じる具体的な状況、及び正義の要求を実現する可能性とこの事実に基づく有益性を、諸国家が考慮してきたことに鑑みれば、問題の解決は、上流国のための通行権という考え方ではなく、沿岸国の利益共同という考え方に求められてきたことが知

---

3) ILA Helsinki Rules, 1966, Articles. 4-8.
4) Gabčíkovo-Nagymaros Project Case, 1997, paras. 78, 85, 147, 150.
5) *See*, A/49/10, commentary to Article. 5, para.（10）.
6) McCaffrey, S. C., 2007, p. 385.
7) *Ibid.*
8) A/49/10, commentary to Article. 5, para.（4）; Stitt. T., 2005, p. 351.

られる。航行可能な河川についての利益共同は、共通の法的権利の基礎を成すものであり、その権利の本質的な特徴は、河川の全流域の利用におけるすべての沿岸国の完全な平等と、いかなる沿岸国も他の沿岸国との関係において特恵的な特権をもち得ない」[9]。このように、利益共同の概念から導かれる、航行的利用におけるすべての沿岸国の完全な平等と特権排除の考え方を提示したオーデル川事件判決は、ガブチコヴォ・ナジマロシュ計画事件判決でも引き合いに出されたことから[10]、非航行的利用にも妥当するものと考えて差し支えない。つまり、衡平利用規則の理論的基礎は、制限主権論のみならず、利益共同論にも求められるのである[11]。

(2) 機能——利益衡量

　衡平利用規則の下で、その利用が衡平かつ合理的であるか否かの判断は、どのように行われるのであろうか。それは、一般に、利益衡量に依る。衡平利用規則の内実が利益衡量であることは、米国最高裁判例に窺える。カンザス州対コロラド州事件[12]でブルーアー判事（Mr. Justice Brewer）は、コロラド州の灌漑利用によるアーカンザス川の水量の減少がカンザス州南部に何らかの害を引き起こすことは否定し得ないが、かかる害の量とコロラド州の土地に明らかにもたらされる大きな利益とを比較すれば、コロラド州が灌漑のために行う現在の取水をいかなる形であれ妨害することは権利の平等性と州間の衡平により禁止されると述べ[13]、コロラド州による取水が、現時点では、衡平利用規則の違反を構成しないと結論づけた[14]。本判決は、衡平利用規則の違反の有無が、一方

---

9) Oder River Case, 1929, pp. 26-27.
10) Gabčíkovo-Nagymaros Project Case, 1997, para. 85.
11) *See*, A/49/10, commentary to Article. 5, para. (4).
12) *Kansas v. Colorado*, 206 U.S. 46 (1907).
13) *Ibid.*, pp. 113-114.
14) もっとも、同判事は、コロラド州がこのまま当該河川の水を減少させ続ければ、いずれカンザス州がコロラド州の衡平利用規則違反を主張できる時がくるだろうと述べ、一方に及ぼす害の量が他方にもたらされる利益の大きさを凌駕する場合には衡平利用規則の違反が生じることを示唆している。*Ibid.*, p. 117.

に生じる害の量と他方にもたらされる利益の大きさとの比較衡量によって決定されることを示唆する。

国連水路条約の第二読条文草案によれば、衡平利用規則とは、「必然的に一般的かつ柔軟なもので、その適切な適用のために、当該国際水路に関係する具体的な諸要素を、関連する水路国のニーズと利用とともに考慮することを国家に要求する。ゆえに、具体的事案において何が衡平かつ合理的な利用であるかは、すべての関連要素と事情の衡量に依存する」[15]と説明されることから明らかであるように、利益衡量をその内実とする。

わが国では臼杵知史によって、衡平利用規則の利益衡量としての性格が次のように説明されている。「権利を享有する法主体がその権利の行使によって得る利益とこの行使によって他者に与える不利益を比較衡量して、他者に過度な損害を与える行為（権利行使）は禁止される」[16]。また、兼原敦子も、衡平利用規則とは、「考慮要因の各々に与えられる重みや、損害の評価等について、それぞれの利用ごとに個別性を許容しながら、衡平の枠を解釈・適用し、『非衡平』すなわち『違法』な利用を認定する原則である。しかも、衡平利用の原則の個々の適用実践自体が、先例としての重みをもつことにより、考慮要因や考慮方法の限定、損害要因の基準化を通じて、衡平の枠を洗練していくのである。したがって、衡平利用の原則は、対等な権利の対抗関係において、利益衡量を要請する原則ではあるが、同時に、衡平利用にあたらない利用を違法化する機能をも果たしうる原則である。」[17]と述べて、利益衡量がその主たる機能であることを指摘する[18]。

衡平利用規則が利益衡量を内実とすることは、ラヌー湖事件判決の次のような一節にも示される。「信義誠実の原則によれば、上流国は、関係する諸利益を考慮に入れ、自国の利益の追求と調和するように下流の利益にあらゆる満足

---

15) A/49/10, commentary to Article. 6, para. (1).
16) 臼杵知史 1989、13頁。
17) 兼原敦子 1998、192頁。
18) 兼原敦子 1994(b)、51-53頁も参照。

を与えるように努め、かつこの点に関し、自国の利益と他の沿岸国の利益とを調和させるために自国が誠実に配慮していることを示す義務を負う」[19]。また、パルプ工場事件でICJは、ウルグアイ川の水の利用権の行使に当たり、「国境を越える状況、とりわけ共有資源の利用に関する沿岸国の様々な利益を調整し、水の利用と、持続可能な発展の目標に従う当該河川の保護とを両立させる必要性」[20]があるとし、「当該共有資源に関する他の沿岸国の利益及び環境の保護が考慮されなければ、そのような利用は衡平かつ合理的であるとはいえない」[21]と述べて、衡平利用規則の中身が、他の沿岸国の利益や環境の保護を含む諸利益の比較衡量であることを明らかにした。

　衡平利用規則の中身が利益衡量であることを示す国家実行としては、ダニューブ川水位低下事件がある。本件は、ワイマール共和国時代のドイツで、ヴュルテムベルク州とバーデン州との間で水位低下によるダニューブ川の渇水が争われた事件である。国事裁判所（Staatsgerichtshof）は、「問題となっている諸国の利益は相互に衡平な方法で衡量されなければならない。隣国に引き起こされる決定的な侵害のみならず、一方が得る利益と他方に与える侵害の比較をも考慮しなければならない。」[22]と述べ、衡平利用規則の内実が利益衡量であることを明確にした。この判示は、国連水路条約第二読条文草案の注釈[23]や2001年の越境損害防止条文草案の注釈[24]でも参照されている。

(3) 「衡平かつ合理的な」という言葉の意味

　国連水路条約は、5条1項前段において、衡平利用規則を次のように規定した。「水路国は、それぞれの領域において国際水路を衡平かつ合理的な方法で

---

19) Lake Lanoux Case, 1957, p. 139.
20) Pulp Mills Case, 2010, para. 177.
21) *Ibid.*
22) *Donauversinkung* Case, 1927, pp. 131-132.
23) A/49/10, commentary to Article. 7, para.（16）.
24) Draft Articles on Prevention of Transboundary Harm, 2001, commentary to Article. 10, para.（4）.

利用する。」[25]。「衡平かつ合理的な」という言葉は、他の個別の水条約では、衡平な水の割当て、便益的な又は合理的な利用、効率的な利用、最適な利用、諸利益の総合考慮とも表現される[26]。他方、「衡平」と「合理的」は、意味上、必ずしも明確に区別されてきたわけではない。むしろ、これらの用語は互換的に使用されている[27]。

結局のところ、「衡平かつ合理的な」利用とは、損害の可能性を最小化し、最も達成可能な利益を得るという一般的・抽象的な意味合いをもつ概念として理解される[28]。その際、衡平利用規則は、特に水利用の効率性を要求するために引き合いに出されることがある。つまり、水の無駄を最小化し、最大限、効率性を高めることを要求するための道具として用いられる[29]。

もっとも、衡平利用規則の下で衡平かつ合理的とされる水配分は、「権利の平等は沿岸国がそのニーズに従い当該水路の水を利用する衡平な権利を有する」[30]と言われるように、量的均等を意味するのではなく、各国の経済的・社会的ニーズに応じた質的平等を意味する[31]。

2 ガブチコヴォ・ナジマロシュ計画事件判決

(1) 衡平利用規則違反を認定した初の判例としての意義

国際水路の関連諸判例において、衡平利用規則を実際に適用し、その利用方法が衡平かつ合理的であると認められない旨判示した唯一の事例として、ガブ

---

25) UN Watercourses Convention, 1997, Article. 5(1). 同様の認識は、Birnie, P., A. Boyle & C. Redgwell, 2009, p. 202 でも示されている。
26) Bruhács, J., 1993, pp. 156-157.
27) *Ibid.*, p. 164
28) *Ibid.*
29) Lipper, J., 1967, p. 46.
30) *Ibid.*, p. 44.
31) *See also, Connecticut v. Massachusetts*, 282 U.S. 660 (1931), pp. 670-671.

チコヴォ・ナジマロシュ計画事件が注目される[32]。本件は、1977 年にハンガリーとスロバキア（1993 年 1 月 1 日以降、旧チェコスロバキアから分離独立）の間で条約（以下、「77 年条約」という。）の形で合意された共同の水力発電計画の実施をハンガリーが一方的に放棄したことによる対抗措置として、スロバキアが実施したヴァリアント C というダニューブ川の転流計画の合法性及びハンガリー側の生態系への影響が問題とされた事件である。

ICJ は、当該転流計画の合法性の判断に際して、スロバキアがヴァリアント C を実施する際に、国際法が要求する均衡性を尊重しなかったことから、77 年条約に違反したと結論づけた[33]。こうした ICJ によるスロバキアの国際違法行為認定は、ヴァリアント C の実施により、ダニューブ川の天然資源の「衡平かつ合理的な利用」を享受するハンガリーの権利が剥奪されること、及び当該転流はハンガリーのシゲトケッツ沿岸の生態系に継続的な影響を引き起こすものであることをその理由とする[34]。つまり、ICJ は、ヴァリアント C の実施がハンガリーの違法行為に対する対抗措置として正当化されるかという対抗措置要件（とりわけ均衡性の要件）への該当性の検討に当たり、スロバキアのヴァリアント C による一方的な資源管理が国際水路法の衡平利用規則の違反を生じさせていることを理由に、均衡性要件を満たさず、よって合法的な対抗措置とは言えないと結論づけたのである。

本判決を国際水路法の観点から切り取ると、酒井啓亘が述べるように、「国際水路における天然資源の衡平かつ合理的な配分を受ける沿岸国の権利が一般国際法上存在することを認めたものとして意義深い」[35]と評することができる。

---

32) 本判決を、衡平利用規則を適用し、当該規則の違反を認定した事例と解する見解が多数を占める（Bourne, C. B., 1998, p. 10; Boyle, A. E., 1998, p. 16; Canelas de Castro, P., 1998, p. 22; McIntyre, O., 1998, pp. 85-86; Wouters, P., 1999, p. 329; Dellapenna, J. W., 2001, p. 239; 兼原敦子 2001、38 頁; 臼杵知史 2006、91 頁）。けれども、なかにはこうした見解を批判的に解する論者もあることには留意が必要である（Stec, S. & G. E. Eckstein, 1998, p. 45）。
33) Gabčíkovo-Nagymaros Project Case, 1997, paras. 78, 85.
34) *Ibid.,* para. 85.
35) 酒井啓亘 2000、82 頁。

もっとも、ICJは、スロバキアの行為の問題点として、次の2点を指摘したことを銘記しておかなければならない。第1に、ヴァリアントCの実施により、スロバキアはダニューブ川本流に水を戻す前に、その80〜90%をもっぱら自らのために充当していたこと[36]、第2に、ハンガリーは当初の共同計画の範囲内でダニューブ川の転流に同意したに過ぎず、ハンガリーの同意なくこれほどの規模の一方的な転流を認めたとは解し難いこと[37]、である。

上記判示から示唆されることは、ICJは、他の水路国の同意を得ることなく当該国際水路の水の80〜90%以上を一方的に取水すれば、衡平利用規則の違反を構成する可能性が高まるということである。

衡平利用規則は、沿岸国の権利の質的平等性を示す概念であり、量的平等性を要求するものではない[38]。つまり、上流国と下流国や、河川を国境線とする向かい合った国同士が、常に量的に等しい割合の水の配分を受けることが衡平かつ合理的な利用となるとは限らない。ある国の水利用が衡平かつ合理的であるかどうかは、水力発電を生み出す水の能力や、水路システムの生態学的な統合など、水路国の諸事情を総合的に判断して決定されることになる[39]。けれども、上述のように、少なくとも、他の水路国の同意なくして一方的に80〜90%以上の取水を行えば、衡平利用規則の違反を生じることになる[40]。

(2) 多数意見による衡平利用規則違反の認定方法に対する批判

本判決に反対意見を付したフェレシュチェチン（Vereshchetin）判事は、スロ

―――――――――――

36) Gabčíkovo-Nagymaros Project Case, 1997, para. 78.
37) *Ibid.,* para. 86.
38) *E.g.,* Dellapenna, J. W., 2001, p. 246; McCaffrey, S. C., 2007, p. 391.
39) McCaffrey, S. C., 2007, p. 391.
40) ガブチコヴォ・ナジマロシュ計画事件において小田滋判事も同様の認識を示している。すなわち、ハンガリーが1977年条約を一方的に放棄したからといって、スロバキアが暫定的な堰堤を設置し、ダニューブ川の利用可能な水量の90%を自国領域内に引き込むことは、同河川の合理的な水量を維持し、「衡平な割当て」(equitable share) を行うという両当事国の当初の意図とは相容れないと述べた。Gabčíkovo-Nagymaros Project Case, 1997, Dissenting opinion of Judge Oda, p. 165.

バキアの衡平利用規則の違反を導く多数意見には、両国間の諸利益を十分に考慮した形跡が見当たらないとして、前記多数意見を批判的に捉える。同判事は、当該転流計画がハンガリーとスロバキア双方の環境及び経済に与える影響並びにハンガリー側の帰責性を検討し、これら諸要素を比較衡量した結果、スロバキアには衡平利用規則の違反が認められないとして、多数意見とは逆の結論を導く。同判事の論法は次のようである。①ヴァリアントCの環境への影響について、ヴァリアントCは両国間で当初合意されていた計画と比べて、堤防の規模が縮小されていること等に鑑み、有益であると見なし得る一方、ヴァリアントCが完全に中止されれば、迂回路やその他の構造物が未使用のまま放置されることになるのであり、そうすれば当該地域全体の環境に対し重大かつ長期にわたる危険を生じさせることになる[41]。②経済的影響について、スロバキアの主張によれば、当該計画が中止されれば、1989年5月までに投じた費用、23億ドルが経済的損失として計上される一方、ハンガリー側はヴァリアントCの実施によってどれほどの物理的な損害が発生し得るかに関し何ら説明を行わなかった[42]。③ハンガリーによる条約終了の通告時期について、スロバキアが当初の計画の90％を完了した時点であったことから、ハンガリーは、共有水資源を利用することによって得られる利益をスロバキアから奪った[43]。以上から、同判事は、衡平利用規則の違反はスロバキアではなく、むしろハンガリー側にあると結論づけたのである。

　前記多数意見が適切なかたちで利益衡量を行わなかったことに対する批判は、学界からもなされている。臼杵知史は、本件衡平利用規則の違反認定に当たって、「『80から90％の転流と生態系への継続的影響』というハンガリー側の不利益」と、「『スロバキア側の損害』の程度」、つまり、「スロバキアが当初予定された77年条約を履行することによって生じた負担（工事遂行に伴う経済的負担）」とが比較衡量されるべきであったにもかかわらず、ICJがそうした利

---

41) *Ibid.*, Dissenting opinion of Judge Vereshchetin, p. 225.
42) *Ibid.*
43) *Ibid.*, pp. 225-226.

益衡量を行わず違反認定を行ったことに疑問を提起した[44]。

これに対し、兼原敦子は、本件は、「いわば平等な利用の権利が明白に侵害された場合の、『非衡平』であ」り、「対立する要因間の、複雑な衡量を要する『実体的な』衡平な判断」が要求される事例ではなかったとして[45]、多数意見の判断を肯定的に捉えている。

このように、本判決に対する評価は分かれるが、衡平利用規則が利益衡量を内実とする法理であることそれ自体に異論はない。

(3) 重大損害防止規則と衡平利用規則との関係

それでは最後に、本件でICJは、衡平利用規則と重大損害防止規則との関係についてはどのように認識していたと解すべきであろうか。これに関し、繁田泰宏は、当時の慣習国際法である防止規則が規制の対象としたのは、「深刻な」(serious) 損害であって、それよりも程度の低い「重大な」(significant) 損害ではないとの理解を示したうえで[46]、「重大な」損害を規制の対象とした国連水路条約7条を援用することをICJがためらったのではないかという[47]。ただ、仮にこうした理解が正しいとすれば、当時の慣習国際法では、依然として「深刻な」損害防止規則と衡平利用規則との関係が問題となり得たことになり、その場合の両者の関係についてICJは何も述べていない。

だとすると本判決は、両規則の関係をどのように理解していたと考えるべきか。これに関し、本判決から両規則の関係をICJがどのように捉えていたかを窺い知ることは困難である。本件においてICJの主たる検討対象は、対抗措置の合法性の問題にあったのであり、衡平利用規則それ自体の適用及びその違反の有無が問題とされていたわけではない。さらに言えば、ICJは、衡平利用規

---

44) 臼杵知史 2006、91頁。
45) 兼原敦子 2001、38頁。
46) もっとも、今日の慣習国際法たる防止規則は、その規制レベルを「深刻な」から「重大な」に引き下げているというのが支配的な見解である。詳細は、第4章第3節1 (2) を参照。
47) Shigeta, Y., 2000, p. 185.

則への違反という事実を、対抗措置の均衡性要件の充足問題を解明するための手段として用いたに過ぎない。本判決において衡平利用規則は、いわば副次的・二次的な役目にとどまったと言える。このように、衡平利用規則の違反というICJの判断は、対抗措置の合法性の問題の一環として捉えられたのであるから、重大損害防止規則との関係において何らかの示唆を与えるようには思われない。

　もっとも、上述したように80〜90％の一方的な取水があった場合には、仮に考慮説をとったとしても、そうした利用は衡平利用規則に合致しているとは見なされない可能性が高く、ゆえに、この場合、衡平利用規則は、重大損害防止規則の履行又は違反成立から免れるための根拠とはなり得ない。

3　衡平利用規則の目標──最適かつ持続可能な利用

　国連水路条約5条1項は、前段の衡平利用規則を体現する規定に続き、後段で次のように規定して、その目標を定めた。「特に水路国は、関係する水路国の利益を考慮しつつ、水路の適切な保護と両立する利用及びそこから生ずる便益を最適かつ持続可能なものとするように水路を利用し、その開発を行う。」[48]。

　5条注釈によれば、最適な利用及び便益の達成とは、「最大」（maximum）利用や、「最も技術的に効率的な利用」や「最も金銭的に価値のある利用」の実現を意味しない[49]。まして短期的な便益を目的とし長期的な損失を度外視するようなものでもない[50]。最適な利用及び便益とは、すべての水路国に対して可能な限り最大の便益をもたらすものであり、各水路国の損失やニーズに対して対応不能であるというような状況を最小化しつつ、それらの諸国すべてのニーズを最大限満足させることを意味する[51]。

---

48) UN Watercourses Convention, 1997, Article. 5(1).
49) A/42/10, pp. 31-32, para. (3).
50) *Ibid.*
51) *Ibid.*

最適な利用とは、山本良が述べるように、「さまざまな水路国によって遂行されるすべての使用から生じる便益全体を包括するものであり、それは伝統的な個々の沿河国による河川の最大利用の合計とはもはや質的に異なる。」[52]。最適な利用を平易な事例を用いて説明すると次のように言い表される。すなわち、国際水路の利用を望んでいるが、その人口の少なさゆえに当該水路の利用から得られる便益が1億ドルに満たないミニ国家と、当該水路の利用から10億ドルの便益をあげることができる大国とでは、いずれの国の利用が優先されるべきであろうか[53]。最大利用の観点からは、便益の合計がミニ国家に比べて大国のほうがより多額になるため、大国の利用が優先されることになるが、最適利用の観点からは、必ずしも大国の利用が優先権をもつとは限らない[54]。それゆえ、最適な利用によれば、ミニ国家の利用が大国のそれに比べ優先的に扱われることになる。

　他方、前記国連水路条約5条1項後段に規定される「持続可能な」利用は具体的に何を意味するものであろうか。従来の衡平利用規則は、沿岸国の水利権の調整を基本的な機能とするものであり、資源の長期的な保全・管理の視点が明確に組み込まれていたわけではない[55]。けれどもリオサミット以降、持続可能な利用の概念の重要性が次第に認識されるようになり、国連水路条約の起草過程へも組み入れられるようになった[56]。国連水路条約は「持続可能な」利用が具体的に何を意味するかについて説明を行っていないが、一般的に次のように解されている。すなわち、利用を原理的に否定するような環境保護の理念とは対立的な概念であり、水資源利用における時間的次元・長期的視点を要請するものであって、世代間衡平の理念に立脚するものである[57]。このように、衡平利用規則の目標として持続可能な利用が明示されたことは、衡平利用規則

---

52) 山本良 2011、314 頁。
53) Hafner, G., 1993, p. 132.
54) 山本良 2011、314-315 頁。
55) 堀口健夫 2012、169 頁。
56) Tanzi, A. & M. Arcari, 2001, pp. 112-114.
57) Burunnée, J. & S. J. Toope, 1994, p. 68.

が、現代世代だけでなく、将来世代を含めた、水資源の長期的な保全・管理のための法規則として把握されるべきことを示している[58]。

第2節　衡平かつ合理的な利用の決定に当たり考慮すべき要素

1　人間の死活的ニーズの優先的考慮

　ここまで、衡平利用規則がどのような性質をもつかについて概観してきた。では、水路国の利用の衡平性・合理性を決定するために、いかなる要素が考慮されるべきか、本節ではこれを明らかにする。

　衡平利用の決定に当たって考慮すべき諸要素のなかでも、人間の死活的ニーズが優先的に考慮されなければならないことは、国連水路条約10条2項に明確に規定されている。同条同項は、「国際水路の複数の利用の間で抵触が生じる場合には、人間の死活的ニーズの充足に特別の考慮を払いつつ（with special regard being given to the requirements of vital human needs）、5条から7条に照らして解決される。」[59]（下線・鳥谷部加筆）と規定して、人間の死活的ニーズを措定した[60]。人間の死活的ニーズとは、10条2項の注釈によれば、飢餓を防止するための飲料水及び食料生産のために必要とされる水など、生命を維持するために十分な水を提供することに特別の注意を払わなければならないことを指す[61]。このことは、当該利用が当該利用国又は他の水路国の人間の死活的ニー

---

58) 堀口健夫 2012、169-170 頁；Weiss, E. B., 2013, p. 56；Jong, D. D., 2015, pp. 118-122.
59) UN Watercourses Convention, 1997, Article. 10(2).
60) 人間の死活的ニーズに特別の配慮を促す規定は、衡平利用規則の関連要素の1つである「関係する水路国の社会的及び経済的ニーズ」（6条1項(b)）及び「各水路国における当該水路に依存している人口」（同条同項(c)）に包含されるものと解し得る。A/49/10, commentary to Article. 10, para. (4)；McIntyre, O., 2007, pp. 161-162.
61) A/49/10, commentary to Article. 10, para. (4).

ズを無視したものである場合には、その他諸要素の考慮によっても、非衡平かつ非合理的であるとの評価が基本的には覆らないことを意味する[62]。このように、衡平利用規則に合致した利用であるかどうかの判断に当たっては、その他の考慮要素よりも、人間の死活的ニーズに合致した利用であるか否かに優先的な考慮が払われることになる。

　国連水路条約の採択は、2004年のILAベルリン規則にも影響を与えた。ベルリン規則を見てみると、人間の死活的ニーズは、「人間の切迫した生存のために利用される水を意味し、家族の暮らしに必要な水のほか、飲料、調理、衛生上のニーズを含む」[63]ものとされ、「衡平かつ合理的な利用の決定に際して、国家は、人間の死活的ニーズを充足することにまず水を割り当てなければならない」[64]と規定されている。当該規定は、衡平利用の決定に当たり人間の死活的ニーズに優先的考慮が払われなければならないとする一般的認識が、国連水路条約採択後も受け入れられていることを示すものである。

　けれども、人間の死活的ニーズの優先的考慮には、次のような限界が存在することには留意が必要である。水路国が「特別の考慮」を払いさえすればよく、そのニーズを実現させることまで要求するものではない[65]。また、国連水路条約10条1項が規定するように、関係する国々の間に確立されているかあるいは受け入れられている別段の合意又は慣習が存する場合には、人間の死活的ニーズに特別の考慮を払うことを免れ得る[66]。しかし、「人間の死括的ニーズ」は、後述するように、今日、「水への権利」の中に埋め込まれることによって、ニーズから権利へと法的基盤が強調されてきている（第3章第2節4を参照）。

---

62) McIntyre, O., 2007, p. 163.
63) ILA Berlin Rules, 2004, Article. 3(20).
64) *Ibid.,* Article. 14(1).
65) Hey, E., 1998, p. 294.
66) Hey, E., 1995, p. 132; Tanzi, A. & M. Arcari, 2001, pp. 136-137.

2 国連水路条約 6 条 1 項に列挙される諸要素

　国連水路条約 6 条 1 項は、利用の衡平性・合理性を決定するために考慮すべき関連要素として、次の 7 つの要素を列挙した[67]。もっとも、以下の諸要素は例示列挙であって網羅的ではない[68]。これ以外にも当該利用に関係する国際法又は国内法の不遵守の状況や[69]、河川を利用する現地住民による伝統的行事及び生活様式に見られるように現地の慣習の尊重[70]等の要素も、事案の内容次第では、考慮の対象となり得る。また、衡平利用の決定に当たり、常に下記すべての関連要素が等しく考慮されなければならないことを意味しない。個々の状況に応じて、各々の要素に与えられる重みや優先権は異なる[71]。それでは、条約が明文で規定する 7 つの考慮要素とは何かについて、以下で確認を行っておく。

　まず、1 つ目は、「地理的、水理的、水文的、生態的その他の自然的性質を有する要素」である。地理的要素には、各水路国の領域内における国際水路の面積が関係する[72]。水理的要素には、当該水路の水に関する測定結果（measurement）、記述（description）及び地形図（mapping）が含まれる[73]。水文的要素は、水量を含む水の特性や、各水路国による当該水路の水への貢献度を含む水の配分に関するものである[74]。さらに、生態的その他の自然的性質の要素の追加は、当該水路の生態学的均衡性の維持への配慮の必要性を示唆してい

---

67) UN Watercourses Convention, 1997, Article. 6(1)(a)-(g). これらの諸要素の萌芽は、米国最高裁判例に見出される。*Nebraska v. Wyoming*, 325 U.S. 589 (1945), p. 618.
68) A/42/10, p. 36, para. (3).
69) McIntyre, O., 2007, p. 150.
70) Fuentes, X., 1996, pp. 373-378 ; McIntyre, O., 2007, pp. 186-188.
71) A/42/10, p. 36, para. (3).
72) A/49/10, commentary to Article. 6, para. (4).
73) *Ibid.*
74) *Ibid.*

る[75]。

　次に2つ目は、「関係する水路国の社会的及び経済的ニーズ」である。これは、国家全体の社会的・経済的ニーズを意味するのではなく、当該水路に限定した社会的・経済的ニーズであると解される[76]。

　3つ目は、「各水路国における当該水路に依存している人口」である。これは、文字通り、当該水路に頼る人口規模及びその依存の程度に考慮を払うべきことを意味する[77]。

　4つ目は、「一の水路国による水路の利用が他の水路国に与える影響」である。これは、重大損害防止規則が規制対象とする「重大な損害」が衡平利用規則でも考慮対象となることを示している。

　5つ目は、「水路の現在の利用及び潜在的に可能な利用」である。この要素は、国際水路を先に利用している国の水利用を「現在の利用」としてこれまで通り保護すべきか、それとも、当該利用と競合する利用を新たに計画している国の水利用を「将来の利用」(潜在的に可能な利用)として新たに保護すべきかという問題を生じる[78]。つまり、国際水路において国家間に競合する利用が存在する場合に、いずれの利用(計画段階を含む)が「現在の利用」の地位を認められるかという問題である。この問題は、最近、上流国と下流国の間に論争を

---

75) McIntyre, O., 2007, p. 180.
76) A/49/10, commentary to Article. 6, para. (4).
77) *Ibid.*
78) ジョンソン(R. W. Johnson)は、国際河川の水の配分に際し、他に適切な代替水源が存在しない場合や、当該利用が実際上有益とは言えない場合を除き、「現在の利用」に優先権を付与すべきであると主張する(Johnson, R. W., 1960, p. 398)。これに対して、フエンテスや、タンチとアルカリは、「現在の利用」に優先権を付与することは、「将来の利用」に対して拒否権を認めるのに等しいのであって、沿岸国の権利の平等を損なうとして、「将来の利用」の保護の重要性を説く(Fuentes, X., 1996, pp. 356-373; Tanzi, A. & M. Arcari, 2001, p. 133)。いずれにせよ、「将来の利用」の主張に際しては、当該利用を予想させるデータや証拠の裏づけが必要となる(Kishenganga Case, Final Award, 2013, paras. 93-94)。条約上は、「現在の利用」が両締約国に利益をもたらすことを条件に、「現在の利用」の「将来の利用」に対する優先を認めるものがある。Niger-Nigeria Water Resources Agreement, 1990, Article. 6.

巻き起こしている問題であるので、詳細は、別途、以下3で論じることとする。

　6つ目は、「水路の水資源の保全、保護、開発及び効率的利用とそのためにとられる措置の費用」である。

　7つ目は、「特定の計画中の利用又は現在の利用に準ずる価値を有する代替策の利用可能性」である。代替策には、利用を計画中のものとは別の水供給源の利用可能性の検討に加え、エネルギー源や輸送手段の代替性といった、水の利用とは直接には関係しない手段の利用可能性の検討が含まれる[79]。

3　「現在の利用」という要素の重要性

(1)「現在の利用」という要素が惹起する問題

　衡平かつ合理的な利用の決定に当たり、頻繁に論争になるのは、「現在の利用」とそれに後れる利用とが競合する場合である。まず、こうした状況が惹起する問題の背景を具体例を用いて説明することとしよう。ある国際水路の下流国は、上流国よりも先に発展を遂げてきたと仮定する。当該下流国は、これまで同水路の水を自由に利用することができたが、上流国は、同国内の人口増加に伴う電力不足を補う必要に迫られ、大規模な水力発電事業を計画・立案した。この計画は、水路から常時、一定量をダムで堰き止め、標高差を利用して、同国内の別の水路に人工的に水を流すことによって発電を行うというものである。この計画を実施に移すと、下流国はこれまで利用してきた水（＝現在の利用）を受けることができなくなることを懸念し、上流国による衡平利用規則の違反を主張するということが考えられる。これに対して、上流国は、水力発電計画に伴う新規の水利用は、衡平利用の決定に当たって考慮すべき関連要素を総合的に勘案すれば、衡平利用規則の違反を生じることはないと反論することが予想される。ここで、衡平利用の決定に当たり「現在の利用」にどれだけの重みが与えられるべきかが問題となる。

---

79) A/49/10, commentary to Article. 6, para.（4）.

(2) 考慮要素としての「現在の利用」への重み付与

衡平利用の決定に当たり考慮すべき関連要素において「現在の利用」はその他の要素に比べてどのような位置づけが与えられてきたのであろうか。それは、次の3つの考え方に整理できる。①衡平利用の決定に当たり「現在の利用」を唯一の考慮要素とする考え方、②「現在の利用」は衡平利用規則の決定に当たって考慮される関連要因の1つに過ぎないが、その他の要素よりも重視されなければならないとする考え方、③「現在の利用」とその他の考慮要素との間には優劣は存せず、すべての関連要素が同列に扱われるべきであるとする考え方、である。

上記①の考え方は、「先行取水者優先の原則」(doctorin of prior appropriation) と呼ばれるもので[80]、主に、学説及び幾つかの条約、さらには米国最高裁判例でその存在が認められてきた[81]。これによれば、国際水路の水を他の水路国に先行して利用した国が「現在の利用」として絶対的に保護されることになる[82]。既存の水利用者は、同原則に基づき、新規の利用国に対し、既存の利用の正当性を主張すべく、「現在の利用」に依拠することができる。

しかし、水路利用に関する競争原理の導入により、早い者勝ちとすることで、先行国の当該利用を絶対的に保護する先行取水者優先の原則は、後行国の不満を増幅させ、ひいては国家間の水利用をめぐる紛争を誘発する結果となるから、法の支配に悖る[83]。また、同原則をとると、先行国と後行国との経済格差をますます拡大させることになる。さらに、先行取水者優先の原則は、国際水路の最適利用の観点に照らしても、非効率的・非合理的であることは明らかである[84]。したがって、現代の国際水路法の下では、上記②又は③の考え方が支

---

80) Daibes-Murad, F., 2005, p. 66; Weiss, E. B., 2013, pp. 16-21.
81) Lipper, J., 1967, pp. 50-56; Fuentes, X., 1996, pp. 358-363.
82) Lipper, J., 1967, pp. 50-56; Elver, H., 2002, p. 133.
83) McCaffrey, S. C., 2007, pp. 397-398.
84) Fuentes, X., 1996, pp. 370-371; Elver, H., 2002, pp. 133-134; McIntyre, O., 2007, pp. 126-127, 166.

持される[85]。

　そのなかでも、他の考慮要素に比べ「現在の利用」に重みを与える上記②の考え方が、依然として根強く存在する[86]。上記②を支持する代表的立場として、1966 年の ILA ヘルシンキ規則が挙げられる。次のような規定が特筆に値する。「合理的な現在の利用は、その継続性を正当化している要素が、両立しない利用を調整するために修正又は終了すべきとの結論に達したその他の要素を凌駕する限り、有効であり続ける。」[87]。当該規定は、衡平利用規則の適用に際して、他の考慮要素に比べ「現在の利用」に相当の重みを付与したものと解される[88]。

　なお、他の水路国の新規の利用により、「現在の利用」が害される場合には、「現在の利用」に損失が出ることが予想される。そのような場合に新規の利用国は、現在の利用国に生じさせた損失の補償支払を行わなければならないとする見解もある[89]。さらに、新規の利用国が補償の支払に応じない場合には、現在の利用国は、既存の利用に対する侵害を理由に、新規の利用国に対し、重大

---

85) 上記②の考え方を支持する見解によれば、「現在の利用」の要素は、多くの場合、とりわけ関係国の当該水路に対する経済的及び社会的依存の程度を決定する際に重要な役割を果たすことが明らかであるという（Fuentes, X., 1996, p. 373; McIntyre, O., 2007, p. 172）。しかし、他の関連要素よりも「現在の利用」の要素に重みを与えることに強く反対する見解もあることには留意が必要である。ハンドルは、「現在の利用」に保護を与えることは、ともすれば、他の流域国を排除して以前から独占的に河水を利用している流域国に有効な法的防御を与えることになり兼ねず、衡平利用の概念とはほとんど両立し得ないと述べる（Handl, G., 1978-1979, pp. 49-50）。
86) 他の要素に比べて「現在の利用」の要素に重みが付与されるべきとする見解として、たとえば以下を参照。Johnson, R. W., 1960, p. 398; Godana, B. A., 1985, p. 63; WCED Experts Group Report, 1986, comment to Article. 9, p. 73; Weiss, E. B., 2013, pp. 20, 28-29.
87) ILA Helsinki Rules, 1966, Article. 8(1).
88) Fuentes, X., 1996, p. 369.
89) Bush, W., 1967, pp. 315-324; Hafner, G., 1993, pp. 141-142; Bruhács, J., 1993, pp. 132-134; Fuentes, X., 1996, pp. 368-369. また、こうした見解を示す実行としては、IJC によるポプラー川火力発電所建設計画事件がある。Poplar River IJC Case, 1981, p. 196.

損害防止規則の違反を主張する余地が理論上は残されている[90]。

　以上、「現在の利用」の要素には、他の考慮要素に比べ、依然として重みが与えられる場合があることが浮き彫りにされた。そこで、以下で、「現在の利用」の問題についてもう少し掘り下げて検討を行うこととしよう。「現在の利用」の正当性の主張が複数の国によって行われた場合、どのような基準に基づいて「現在の利用」と決定されるべきか。換言すれば、「現在の利用」の根本的な課題は、同一の国際水路において上流国と下流国の間に競合する水利用があり、いずれの利用が先に結晶化したか争いがある場合に、いずれの利用が「現在の利用」としての地位を認められるべきかという、「現在の利用」の判断基準の問題である。

　「現在の利用」の判断基準の解明は、衡平利用規則の発展に寄与する。なぜなら、「現在の利用」の判断基準の確定は、一方の国の「現在の利用」の地位が認められれば、もう一方の国の利用はそれに後れる利用として「将来の利用」と見なされることになるから、その意味で「現在の利用」と「将来の利用」（国連水路条約6条1項(e)の「潜在的に可能な利用」）との抵触の解消にも一定の効果をもつと考えられるからである。

　さらに、この考察は、衡平利用規則だけでなく、重大損害防止規則の発展にも貢献し得る。なぜなら、「現在の利用」と重大損害防止規則は、次の点において密接に関連するからである[91]。つまり、A国（多くの場合下流国）による「現在の利用」が存在し、B国（多くの場合上流国）が新たに当該水路を利用することによりA国に重大な損害を生じさせるというとき、B国のA国に対する重大損害防止規則の違反が問題となるが、その際、B国による重大損害防止規則の違反の有無の検討の前提として、そもそもA国の利用がB国の利用との関

---

90) *See*, Moussa, J., 2015, pp. 713-714. その場合、先行国は「現在の利用」に重大な損害（のおそれ）が生じていることのみを証明すれば足り、新規の利用が衡平利用規則と両立することの証明責任は、新規の利用国に転換されると考えるのが適切である。McCaffrey, S. C., 2007, p. 399.

91) *See*, Lammers, J. G., 1984, p. 363; Moussa, J., 2015, pp. 713-714.

係において「現在の利用」としての地位を有するかが明らかにされなければならない。このように、「現在の利用」がどのような基準に依拠して判断されるべきかという問題は、重大損害防止規則の解釈・適用にも影響を及ぼす事柄なのである。

こうした「現在の利用」の判断基準をどのように確定するかという問題は、2013年のキシェンガンガ事件で争われた。具体的には、インダス川支流におけるインドの水力発電計画とパキスタンの水力発電計画のいずれが「現在の利用」としての地位を認められるかにつきインドとパキスタンの間で争いとなった。キシェンガンガ事件における常設仲裁裁判所（PCA）の結論は、パキスタンの水力発電計画の「現在の利用」としての地位を退け、代わって、インドの水力発電計画の「現在の利用」としての地位を認めるというものであった[92]。このことは、パキスタンの水力発電計画が、「現在の利用」ではなく、それに後れる「将来の利用」に退くことを意味し得る。それでは、キシェンガンガ事件はどのような理由からこのように結論したのであろうか。以下では、まず本件の事実を確認することから始める。

(3) キシェンガンガ事件の事実概要

本件は、インドによる「キシェンガンガ水力発電計画」（KHEP）の立案及び実施に関し、1960年にインドとパキスタンの間で締結されたインダス川条約の解釈・適用をめぐり、パキスタンが、2010年5月、インドを相手取り、常設仲裁裁判所（PCA）に仲裁手続の開始を要請した事件である[93]。これを受け、

---

92) Kishenganga Case, Partial Award, 2013, para. 428-442.
93) より正確には、パキスタンが2010年5月17日に仲裁の要請を行った後、パキスタンとインドがそれぞれ仲裁裁判官を任命して仲裁裁判所が構成され、PCAの建物において会合がもたれた（*ibid*., paras. 7-26）。当裁判所は、スティーブン・M・シュウェーベル（Stephen M. Schwebel）（裁判長）、フランクリン・ベルマン（Franklin Berman）、ハワード・S・ウィーター（Howard S. Wheater）、ルシウス・カフリッシュ（Lucius Caflisch）、ヤン・ポールソン（Jan Paulsson）、ブルーノ・ジンマ（Bruno Simma）、ペテル・トムカ（Peter Tomka）の計7名の判事、及び事務局で構成された。

PCAは、2013年2月18日に部分判決を、同年12月20日に最終判決を下した。

KHEPは、インドではキシェンガンガと呼ばれ、他方、パキスタンではニーラムと呼ばれる、インダス川[94]の支流ジェラム川のさらに支流に位置するインドの水力発電計画である[95]。KHEPは、同河川の水を、グレズ峡谷からインダス川水系の別の川に転流することによって、330メガワット（MW）を発電するというものである[96]。これに対し、パキスタンは自国が計画する「ニーラム・ジェラム水力発電計画」（NJHEP）[97]が、KHEPに先行することを主張した。

印パ両当事国は、KEHPで実施される予定の水の転流及び当該ダムの排砂工法が、インダス川条約に合致するものであるかについて見解を異にする。具体的には、本件紛争は、次の2つの問題を内包する[98]。1つは、インドが計画し

---

94) インダス川は、インダス、ジェラム及びチェナブ（これら3本の支流を総称して西側河川と呼ばれる）と、サトレジ、ベアス及びラヴィ（これら3本の支流を総称して東側河川と呼ばれる）の、主に6つの支流から成る。インダス川は、ヒマラヤ山脈に水源を有し、アフガニスタン、中国、インド及びパキスタンを通過し、パキスタンのカラチ港の南東、アラビア海に注ぐ（*ibid.*, para. 128）。KHEPが位置するキシェンガンガ／ニーラム川は、ジェラム川の支流に該当し、その水源をジャンム・カシミール地方のインド管理区域内、北緯34度33分、東経75度20分、標高4,400mに有する。同川は、インド管理区域内を流れた後、支配線をまたいでパキスタン管理区域内に入り、ムザファラバードでジェラム川に合流する（*ibid.*, para. 129）。

95) *Ibid.*, para. 126.

96) KHEPの計画の詳細は、次のようなものである。KHEPは、堤高35.48m、総貯水容量1,835万m³を擁し、ダムサイトにおいてキシェンガンガ／ニーラム川から発電所へと23.5kmの導水トンネルを通し、最高58.4m³/sの水を転流し、トンネル出口付近に建設された発電所で発電を行った後、放水路を通じて、ジェラム川の別の支流であるボルナッラ川へ排出するという計画である。このようにKHEPは、ダムと発電施設との間の666mの自然の落差を利用する設計である。*Ibid.*, para. 155.

97) パキスタンが計画するNJHEPとは、KHEPの158km下流に位置するキシェンガンガ／ニーラム川沿いの町ナウセリにおける設計容量969MWの水力発電である。同計画は、堤高41.5mのダムから同川の水を転流し、約30kmのトンネルを通じて、チャッタカラスで発電を実施した後、ジェラム川へ還流するというものである。*Ibid.*, para. 158.

98) *Ibid.*, paras. 269-349.

ている KHEP は、インダス川条約に基づく義務に違反するか否かである（これは「第 1 紛争」と呼ばれる）。もう 1 つは、インドは予測不可能な非常事態を除くあらゆる状況下において、インダス川条約上、発電所の貯水位を「死水位」(Dead Storage Level)[99] よりも低下させることが許されるかという工学上の問題である（これは「第 2 紛争」と呼ばれる）。

　第 1 紛争では、KHEP において、キシェンガンガ／ニーラム川の水を転流することが、インダス川条約によって禁止されるかどうかが問題の中心となった。これに関し、パキスタンは、同条約上のインドの 3 つの義務違反、すなわち、①西側河川の水を維持する一般的義務（3 条 2 項）[100] の違反、②西側河川の自然の河道を維持するために最善の努力を払う義務（4 条 6 項）[101] の違反、③水力発電目的での水利用に関する諸条件（3 条 2 項及び附属書 D）の違反、を主張した。他方、予測不可能な非常事態を除くあらゆる状況において、インダス川条約上、KHEP のダムの貯水位を死水位よりも低下させることが許されるかという第 2 紛争は、主として、以下の 2 点から成る。すなわち、①当該紛争は同条約 9 条にいうところの「紛争」(dispute) ではなく、最初に中立専門家に付託されるべき「相違」(difference) にとどまるとして、インドが受理可能性を争っ

---

99) 死水とは、ダムの貯水池の最低水位（最も低い位置にある取水口の位置）以下の利水の対象とならない水をいう。一般財団法人日本ダム協会 2013。
100)【3 条】「(2) インドは、西側河川の水の全流量を維持する義務を負う。またインドは、インダス、ジェラム及びチェナブの各河川において、当該流域に限り（附属書 C・5 項(c)(ⅱ)を除く）、以下の利用を除き、これらの水のいかなる妨害も許されない。(a)生活利用、(b)非消費的利用、(c)附属書 C に規定される農業利用、及び(d)附属書 D に規定される水力発電。」
101)【4 条】「(6) 各当事国は、他方当事国に物理的損害を引き起こす可能性の高い河道の流量に対するあらゆる妨害を、実行可能な限り回避することができる状態にあるときは、発効日をもって、当該河川の自然の河道を維持するために最善の努力を払う。」

た問題[102]、②KHEP において堆砂対策のためにフラッシング排砂[103]工法を採用することが認められるかという問題[104]、である。

(4) PCA の判断——「決定的期間」アプローチ

キシェンガンガ事件における以上の紛争及び問題のうち、衡平利用規則の解釈・適用が問題となるのは、上記第 1 紛争の「水力発電目的での水利用に関する諸条件（3 条 2 項及び附属書 D）の違反」（上記③）である。ここでは、インダ

---

102) 第二紛争の受理可能性の問題に関するインドの主張及び PCA の判断結果は、次の通りである。インドは、受理可能性について、次の 2 点の異議申立てを行った。第 1 に、インダス川条約 9 条 2 項(a)は、PIC の両名の委員が他の手段に合意する場合を除き、当事国の間に発生した事柄が中立専門家に付託されるべき技術的な「相違」（difference）であるか、それとも仲裁裁判所に付託されるべき「紛争」（dispute）であるかの決定を中立専門家に委ねているという点であり、第 2 に、第二紛争の主題を客観的に判断すれば、附属書 F のリストに従って中立専門家に付託されるべき問題であるという点である（Kishenganga Case, Partial Award, 2013, para. 475）。PCA はまず、次のように述べてインドの第 1 の異議を退けた。9 条 2 項(a)は、仲裁裁判所へのアクセスについて、手続上、特段追加のハードルを設けていない。当事国の間にいかなる「相違」も存在しないことが PIC において一貫して主張されてきたので、インドは、第二紛争が「相違」であることを今更主張することはできない（ibid., para. 481）。PCA は次に、以下のように判示して、インドの第 2 の異議を退けた。すなわち、たとえ中立専門家が附属書 F に掲げられた技術的諸問題を処理する権限を有するとしても、PCA は法に則って設立されたのであるから、技術的事項を含む「この条約の解釈若しくは適用に関」するあらゆる問題「又はこの条約の違反を構成し得るあらゆる事実」を検討することができる（ibid., para. 487）。なお、9 条は次のように規定する。【9 条】「(1) この条約の解釈若しくは適用に関して、当事国の間に発生するあらゆる問題又はこの条約の違反を構成し得るあらゆる事実につき、まず PIC が検討を行い、当該問題を合意によって解決するために努力する。(2) PIC が前項に定める諸問題のいずれかについて合意に至らなかった場合には、相違が生じたものとみなし、以下の通り処理する。(a) いずれか一方の委員の見解によって、すべての相違が附属書 F 第一部の諸規定に該当すると認められる場合には、当該相違はいずれか一方の委員の要請により、附属書 F 第二部の諸規定に従い、中立専門家によって処理される。(b)……」。
103) フラッシング排砂とは、低位放流口の開操作により、貯水位を低下し、貯水池内で一時的に河川流を生じさせ、その流れが堆積物を浸食して流路を形成し、浸食された土砂をその放流口から排出する、という一連の操作のことをいう。Gregory L. Morris and Jiahua Fan（角哲也・岡野眞久監修）2010、407 頁。

ス川上流に位置するインドによる水力発電目的での水利用と、下流パキスタンの水力発電及び農業のための水利用とが競合する場合に、いずれの利用が「現在の利用」としての地位を認められるかが問題となった。

この問題の解決に当たり、本件では、インダス川条約附属書D・15項 (iii) の解釈・適用が争点となった。当該規定は、次の通りである。インドが計画する「発電所が、パキスタンがあらゆる農業又は水力発電の利用に供するジェラム川支流に位置する場合には、当該支流における農業又は水力発電に関するパ

---

104) 第二紛争における発電用貯水ダム建設に伴うフラッシング排砂工法導入の問題に関する当事国の主張及びPCAの判断は、次の通りである。この問題に関し、当事国間で見解が対立したのは、インダス川条約附属書D・8項(d)の解釈についてであった。この規定は次の通りである。「8. 新規の流れ込み式発電所の設計は、18の場合を除き、以下の基準に適合していなければならない。……(d)いかなる放流口も、堆砂対策又はその他あらゆる技術的な目的のために必要と認められない限り、死水位よりも低位に設置してはならない。なお、同放流口は、設計が適正かつ経済的であること及び事業が申し分なく実施されることとの整合性を保ちつつ、最小の規模で、最高位に設置されなければならない。(e)……」。本件でインドは、同規定がフラッシング排砂工法を採用したダムの建設を認めるものと解したのに対し、パキスタンはこれに反対した (Kishenganga Case, Partial Award, 2013, para. 507)。PCAは、同規定からは、フラッシング排砂が許可されるか、禁止されるか不明瞭としつつも、フラッシング排砂のために放流口が河床又は貯水池の最低位に設置されれば、その規模や配置に制約を設けたことの意味が失われてしまうから、こうした制約は、死水容量の使用及び減少に歯止めをかけることを強く示唆していると述べた (ibid., paras. 507-508)。これを踏まえて、PCAは、フラッシング排砂が西側河川における持続可能な水力発電にとって不可欠であるかという問題の検討に移る (ibid., para. 516)。その結果、PCAは、次のように判示した。「西側河川において水力発電を実施するインドの権利は、フラッシング排砂工法を採用しなくても効果的に行使することができる。提出された証拠に照らして、一般に、スルーシング (sluicing) を推奨する。……この工法は、ほとんど水位低下を引き起さないことから、河川から運ばれてくる土砂量が年間の流送土砂量のかなりの割合を占めるような地域においてとりわけ効果的である。」(ibid., 521)。このように述べてPCAは、フラッシング排砂工法の採用を否定し、代わってスルーシングの採用を命じたのである。以上のPCAの判断の背景には、ダムの排砂につき、スルーシングは、貯水池の水位の大幅な低下を惹起しないのに対し、フラッシング排砂は、貯水池の水を抜き、ほぼ空の状態にし、再度満水にする手法であり、下流の河川流量の維持・安定性の観点から、スルーシングのほうが適しているという事情があった (Crook, J. R., 2014, p. 313)。

キスタンの現在の利用に悪影響を及ぼさない限りで (to the extent that the then existing Agricultural Use or hydro-electric use by Pakistan on the former Tributary)、当該発電所下流に放流される水を、必要に応じて、他の支流に排出することができる」[105]（下線・鳥谷部加筆）。

パキスタンは、附属書 D・15 項 (iii) の解釈が「変更可能」(ambulatory)[106] であることを理由に、西側河川に関し、インダス川条約が本来付与している優先権の拡張を主張した[107]。これに対し PCA は、パキスタンのように厳格な「変更可能」解釈を採ると、計画立案者、債権者及び政府当局が費用負担に否定的となり、キシェンガンガ／ニーラム川の支流間の転用計画に対して萎縮効果がはたらくこと、及び KHEP の実施が絶えずダモクレスの剣[108]に晒され、KHEP はいとも簡単に停止に追い込まれるか、あるいは少なくとも設計容量の大幅な縮小を余儀なくされることになり、その結果、ジェラム川支流間の転用による水力発電の実施というインダス川条約が認める重要な利益をインドから奪うことになること等を理由に、パキスタンの主張を退けた[109]。これに対してインドは、パキスタンの農業及び水力発電のための利用は、インドがパキスタンに

---

105) Indus Waters Treaty, 1960, Annexture D, (15)(iii).
106) パキスタンによる「変更可能」解釈の根拠は、次のようなものである。すなわち、附属書 D・15 項 (iii) が、「あらゆる農業又は水力発電の利用に供する」("*has*" any agricultural or hydro-electric use) や「位置する」("*is located*") のように現在時制で規定していることから、インドが流れ込み式発電所を稼働させている間は絶えず、パキスタンの農業又は水力発電利用を考慮すべきことを示唆していること、及び同項で「農業又は水力発電に関する現在の利用」("*then existing* Agricultural Use of hydro-electric use") の文言が使用されたことは、KHEP による水の転流が有効となり得るのは、「農業又は水力発電に関するパキスタンの現在の利用に悪影響を及ぼさない」場合に限られることを意味していること、である（以上強調原文）。Kishenganga Case, Partial Award, 2013, paras. 404-405.
107) *Ibid.*, para. 419.
108) ダモクレスの剣とは、「栄華の中にも危機が迫っていること。シラクサの王ディオニシオスの廷臣ダモクレス（Damocles）が王位の幸福をほめそやしたところ、王が彼を天井から髪の毛一本で剣をつるした王座に座らせて、王者の身辺には常に危険があることを悟らせたという故事による」。大辞泉 2012、2278 頁。
109) Kishenganga Case, Partial Award, 2013, paras. 422-424.

対して計画を進める確固たる意思を通報した時点（決定的期日）で、その存在が証明される利用に限られる[110]。つまり、パキスタンによる水利用は、インドによる水力発電計画の設計が完成した段階で凍結される[111]、として「決定的期日」に基づく判断を主張した。

　PCA は、次のように判示して、変更可能アプローチでも決定的期日アプローチでもなく、決定的期間という新たなアプローチを用いて、水路国間で競合する利用の法的地位を決定した。すなわち、計画の一連のプロセス（設計、融資、政府の許認可、建設、完成、稼働）において、計画国の確固たる意思が結晶化した時点（決定的期日）を確定することは不可能である[112]。代わって、設計、入札、融資、市民協議、環境影響評価、政府の許認可、建設中といった諸事実の積み重ねにより、計画が予定通り確実に進行していることを確信する段階に至る「決定的期間」の概念の使用が適切であると述べ[113]、PCA は、最終的に、「決定的期間」によって判断した結果、インドの水力発電計画（KHEP）がパキスタンの水力発電計画（NJHEP）よりも早期に結晶化したことが明白であるから、KHEP が「現在の利用」としての地位を獲得すると判断した[114]。

(5)「現在の利用」に関する従来の判断基準
　——ILA ヘルシンキ規則による停止条件付「決定的期日」アプローチ
　では、「現在の利用」を決定するために、従来、どのようなアプローチが採られてきたか。「現在の利用」を詳細に規定するのは、1966 年に ILA が採択したヘルシンキ規則である。周知のとおり、ILA は、1873 年に設立された世界の高名な国際法学者で構成される学術組織である。ILA は、これまで世界各地で国際会議を開催し、国際法の多分野のルールの法典化を目的として、決議や宣言を採択してきた。採択された文書は法的拘束力をもたないが、国際水路法

---

110) *Ibid.*, paras. 425-426.
111) *Ibid.*
112) *Ibid.*, para. 428.
113) *Ibid.*, para. 429.
114) *Ibid.*, para. 442.

分野における最初の法典化文書として長らく権威を有し、その後の国家実行や地域的条約の締結、さらには普遍的条約たる国連水路条約の起草及び採択に大きな影響を及ぼしてきた[115]。

こうしたヘルシンキ規則の国際水路法の発展における重要性に鑑みれば、同規則の「現在の利用」の規定は、当時の慣習国際法を反映するものと言えるかはおくとしても、それなりの重みをもっていたことは否定できない。そこで以下では、ヘルシンキ規則が「現在の利用」についてどのような判断基準を採用していたのかを見てみることとする。

ヘルシンキ規則は、8条2項(a)で、「実際に行われている利用は、当該利用に直接関連する建設着手の時点から、又は当該建設が要請されない場合には、それと同等の実施の時点から、現在の利用であったと見なす。(A use that is in fact operational is deemed to have been an existing use from the time of the initiation of construction directly related to the use or, where such construction is not required, the undertaking of comparable acts of actual implementation.)」[116]と規定する。当該規定は、ある利用が「現在の利用」としての地位を獲得するのは、計画段階ではなく、「建設開始の日」であることを示している。したがって、この規定は、「現在の利用」の判断について、「決定的期日」のアプローチを採用したものと解せる[117]。

なお、8条の注釈は、「決定的期日」のアプローチに一定の条件を付していることに留意が必要である。同条注釈によれば、「現在の利用」は、建設着手の時点から直ちに法的効果が生じるのではなく、「利用が『実際に行われた』後であって、かつ『当該利用に関して実際に割り当てられた水に限り』」(…only after it is in fact operational and only to the extent of the water actually appropriated in connection with such use.)[118]、「建設着手の時点又はそれと同等の実施の時点から

---

115) 三本木健治1981、176頁；Dellapenna, J. W., 2001, p. 235；Fry, J. D. & A. Chong, 2016, p. 230.
116) ILA Helsinki Rules, 1966, Article. 8(2)(a).
117) *See*, Lipper, J., 1967, p. 56.
118) ILA Helsinki Rules, 1966, commentary to Article. 8, p. 494.

存在していたものと見なす」(...is deemed existing from the date when construction commenced or when comparable acts were undertaken.)[119]と説明されている。換言すれば、注釈によれば、「現在の利用」の法的効果は、当然に建設着手の時点から生じるのではなく、発電所の稼働に代表されるように、河川の水利用が「実際に行われている」という外観の作出に成功したことを条件として生じることになる。さらに言えば、「現在の利用」の効力は、発電所の稼働という条件が成就されるまでは停止しているが、一旦その条件が成就されれば、建設着手の時点に遡って発生するものと解される。すなわち、ヘルシンキ規則は、8条本文だけでなく注釈をも併せ読むと、発電所の稼働を停止条件[120]とする「決定的期日」(停止条件付「決定的期日」)のアプローチを採用したものと解することができる。

(6) キシェンガンガ事件判決における「決定的期間」アプローチの意義

以上では、「現在の利用」の判断について、キシェンガンガ事件で裁判所が示した「決定的期間」と、ヘルシンキ規則で示された停止条件付「決定的期日」という2つの異なるアプローチが存在することを指摘した。以下では、「決定的期間」と停止条件付「決定的期日」とでは、いずれが「現在の利用」の判断基準として、より適しているかに言及する。結論から言えば、停止条件付「決定的期日」よりも「決定的期間」のほうが、法政策上、適切であると考える。その理由として、次の2点を指摘できる。

第1に、予測可能性及び法的安定性[121]の担保である。つまり、停止条件付「決定的期日」に依拠すれば、発電所稼働前に「現在の利用」が確定されることはないのに対し、「決定的期間」によれば、設計、入札、融資、市民協議、環境影響評価(EIA)、政府の許認可など、諸要素の総合考慮を経て、より早い

---

119) *Ibid.*
120) 停止条件とは、「その成就まで法律行為の効力の発生を停止する条件」のことをいう。竹内昭夫・松尾浩也・塩野宏編 1989、1014 頁。
121) ここで法的安定性とは、法の適用が安定的に行われ、ある行為に伴ってどのような法的効果が発生するか予測可能な状態を指す。

段階で「現在の利用」の法的地位を決定することが可能となる。

　第2に、法的リスク（取引の安全性の阻害）、経済的リスク（健全な開発投資の阻害）及び政治的リスク（開発競争の激化に伴う外交関係の悪化）の縮減である。つまり、停止条件付「決定的期日」よりも「決定的期間」のほうが、これらのリスクを軽減することができるように思われる。停止条件付「決定的期日」のように、「現在の利用」の判断が遅くなればなるほど、発電所の建設及び稼働に関する種々の取引の安全性が害され、法的リスクが高まる。またそれにより、当該事業に投資を行っている者あるいはこれから投資を行おうとする者が不安定な地位に置かれ、経済的リスクが上昇する。さらに、停止条件付「決定的期日」は、「決定的期間」よりも、発電所の建設競争を招きやすく、それゆえ、外交関係の悪化のような政治的リスクを引き起こす。これに対し、「決定的期間」は、発電所の設計からおよそ政府の許認可までの、より早い時点で、「現在の利用」の法的効果を確定することを可能とするから、停止条件付「決定的期日」に比べ、これらのリスクの発生を抑制することができるように思われる。つまり、停止条件付「決定的期日」を採用することによって得られる利益（計画乱立の抑制）よりも、「決定的期間」の採用により得られる利益（取引の安全の担保、投資家の保護、開発競争の激化に伴う外交関係の悪化の回避）のほうが、得られる利益が大きく、失われる利益が小さいと考えられる。

　もっぱら、「決定的期日」の概念は、これまで主として領域紛争の解決手段として用いられてきた。領域紛争の場面では、決定的期日とは、「当事国間の紛争が結晶化された日」あるいは「過去のある時点において両当事者間の紛争を生じさせた事態がいわば『凍結』したとする、法的な推定」とされる[122]。決定的期日は、紛争発生の期日を固定することにより、裁判過程において、変動する法律関係を確定し、その期日以降の国家の行為に証拠としての価値を認めない機能をもつ[123]。すなわち、決定的期日の意義は、許淑娟が述べるよう

---

122) たとえば、酒井啓亘・寺谷広司・西村弓・濵本正太郎 2011、192-193 頁；酒井啓亘 2013、15 頁を参照。
123) 許淑娟 2012、172 頁；酒井啓亘 2013、15 頁。

に、「紛争当事国の主張が固まっており、共同してその解決を図ろうとしているにもかかわらず、その後に一方的に行われた自国の立場を引き上げる行為まで裁判所が権原帰属判断の際に考察することになれば、いわば『やった者勝ち』を許すことになり、衡平と正義に反するのみならず紛争の悪化を招くことになる」[124]ことにある。けれども、領域紛争の司法的解決の場面で、常に、決定的期日が判断基準として用いられるわけでもない。もちろん、両当事国が紛争の結晶化した時点について合意していれば決定的期日を用いて判断されることになるが、争いがある場合には、裁判所は、決定的期日の前後の行為をも考慮に入れ有力と思われる証拠をできる限り多く斟酌することを試みている[125]。つまり、領域紛争の場面においても、決定的期日の概念は、事案によっては、1つの時点を特定するのではなく、その前後の要素をも考慮に入れることで柔軟に解釈される余地を残している。それゆえ、水路紛争においてキシェンガンガ事件が採用した「決定的期間」のアプローチは、領域紛争でこれまで使用されてきた判断手法と全く異なる性質を帯びるわけではない。むしろ、「決定的期間」のアプローチは、決定的期日の柔軟性を認める方向性を示しつつある今日の領域紛争に関する判例の傾向とも軌を一にするものである。

以上、キシェンガンガ事件で PCA が採用した「決定的期間」の基準は、ヘルシンキ規則の停止条件付「決定的期日」よりも、予測可能性・法的安定性の担保の観点及び法的・経済的・政治的リスクの縮減の観点から有用である。また、領域紛争における最近の判例の動向とも齟齬を来すものではない。

4　水への権利の生成及び発展
　　── 人間の死活的ニーズの優先的考慮促進要因

(1) 人間の死活的ニーズと水への権利との関連性

「人間の死活的ニーズ」の要素は、衡平利用決定に際して、他の関連要素に

---

124) 許淑娟 2012、175 頁。
125) 酒井啓亘 2013、15 頁。

比べ優先的地位を与えられていることはすでに述べた通りである[126]。ここでは、そうした「人間の死活的ニーズ」が、国際人権法において新たに生成しつつある「水への権利」とどのような関係にあるかに言及する。結論から言えば、新しい人権概念である水への権利は、人権法の枠内だけでなく、それを超えて水路法の「人間の死活的ニーズ」に少なからず影響を与える。その影響とは、水への権利の生成・発展が、衡平利用規則内での「人間の死活的ニーズ」の優先的考慮を促進する要因となる。このことを示唆する文書として、ILA のベルリン規則がある。

　ベルリン規則は、17条1項で、「すべての者は、個人の<u>人間の死活的ニーズを充足するために</u>、十分で、安全で、受け入れ可能で、物理的にアクセス可能で、手頃な水にアクセスする権利を有する。」[127]（下線・鳥谷部加筆）と定める。これは、人間の死活的ニーズの充足手段として水への権利を把握する趣旨である。また、「国家は、水へのアクセス権を差別することなく確保する。」[128]との同条2項に次いで、同条3項において、「国家は、次のような方法で水へのアクセス権を漸進的に実現する。(a)この権利の直接又は間接的な侵害を差し控えること、(b)第三者によるこの権利の侵害を防止すること、(c)水へのアクセス及び利用に対する適切な法的権利を明確化し執行するなど、個人の水アクセスを促進する措置をとること、(d)個人の管理能力を超え、自らの努力によっては水にアクセスすることができないときに、水を提供し、又は水を入手するための手段を提供すること。」[129]と規定したことは、人間の死活的ニーズの優先的考慮が水への権利を通じて実現されることを意図するものである。

　水への権利が将来的に人権として国際人権法の分野においてどれほど成熟するかにもよるが、その権利性が明白に承認されれば、衡平利用規則の下での考慮要素としての「人間の死活的ニーズ」に付与される重み（優先性）に一層重

---

126) 本節1を参照。*See also,* Traversi, C., 2011, pp. 478-479.
127) ILA Berlin Rules, 2004, Article. 17(1).
128) *Ibid.,* Article. 17(2).
129) *Ibid.,* Article. 17(3).

要性が与えられる可能性は十分にある。

では、水への権利は、今日、人権としてどれほど成熟した権利なのであろうか。仮に人権として明確に成立しているとすれば、それはどういった内容なのか。また、そもそも、衡平利用規則の人間の死活的ニーズと国際人権法上の概念である水への権利は、相互に比較可能な土壌（域外的性質）をもち得るのであろうか。以下では、これら諸点の解明に努める。

(2) 水への権利の法的地位とその内容
(ⅰ) 水への権利の法的地位

国際水路法の分野において、水への権利を体現する法的拘束力ある文書としては、1999年の水と健康に関する議定書[130]や2002年のセネガル川憲章[131]が、また、法的拘束力のない文書には上掲のILAベルリン規則がある。なかでもベルリン規則は、個人の水へのアクセス権が、国際水路法においても成立することを明白に承認したところに重要な意義がある[132]。

水への権利は、国際人権法の分野で本格的に議論されるようになってから未だそれほど時間が経過していない新しい概念である[133]。水への権利という人権を明示的に認める文書として、特筆すべきは、以下の3つである。第1は、2002年の社会権規約委員会による「水への権利」一般的意見第15[134]（以下、「一般的意見第15」という。）である。第2は、2010年7月28日の「水及び衛生への権利」に関する国連総会決議[135]である。ここでは、「生命及びすべての人権の完全な享受のために不可欠な人権として安全かつ清浄な飲料水と衛生に対す

---

130) 水と健康に関する議定書は、6条1項(a)で、「万人のための飲料水へのアクセス」の追求を規定する。Water and Health Protocol, 1999, Article. 6(1)(a).
131) セネガル川水憲章は、4条3項で、「健全な水への基本的権利」を規定した。Senegal River Charter, 2002, Article. 4(3).
132) 堀口健夫 2012、174 頁；Chávarro, J. M., 2015, p. 306；McIntyre, O., 2015(b), p. 355.
133) 水への権利の生成と展開については、さしあたり、Benvenisti, E., 2012, pp. 813-818, paras. 8-24 を参照。
134) CESCR General Comment No. 15, 2002.
135) A/RES/64/292, 2010.

る権利を承認する」[136]と宣言された。そして第3は、同年9月30日の「安全な飲料水及び衛生への権利とアクセス」に関する国連人権理事会決議[137]である。この決議は、上記国連総会決議を想起し[138]、「安全な飲料水と衛生への人権が、相当な生活水準に対する権利に由来し、並びに到達可能な最高水準の身体的及び精神的な健康を享受する権利、及び声明と人間の尊厳に対する権利と密接に関連していることを確認する。」[139]と宣言した。

　そのなかでも、一般的意見第15は、水への権利に詳細に言及する文書である[140]。一般的意見第15は、水への権利を、社会権規約11条1項の相当な生活水準に対する権利及び12条1項の到達可能な最高水準の健康を享受する権利の中に読み込む解釈を行った[141]。つまり、同意見によれば、具体的には、「食料、衣類及び住居を含む」相当な生活水準に対する権利を規定する社会権規約11条1項が、「含む」（including）という語を用いたのは、この権利のカタログが網羅的ではないことを示しているが、水への権利は、生存のための最も基本的な条件の1つであるから、明らかに、相当な生活水準の確保のために不可欠の保障の部類に入ると述べて[142]、相当な生活水準に対する権利の中に水への権利を読み込んだ。

　また、一般的意見第15は、社会権規約12条2項(b)に規定される到達可能な最高水準の健康を享受する権利の一側面としての「環境衛生」（environmental hygiene）には、危険かつ有害な水の状態による健康への脅威を防止するために無差別を原則として措置をとることが含まれると述べて[143]、到達可能な最高

---

136) *Ibid.,* para. 1.
137) A/HRC/RES/15/9, 2010.
138) *Ibid.,* para. 2.
139) *Ibid.,* para. 3.
140) 一般的意見は、社会権規約の締約国を正式に法的に拘束するものではないことに留意する必要がある。しかし、一般的意見は、規約の解釈に当たり、高い権威を有している。McIntyre, O., 2015(b), p. 346.
141) 星野智 2017、329頁。
142) CESCR General Comment No. 15, 2002, para. 3.
143) *Ibid.,* para. 8.

水準の健康を享受する権利の中にも水への権利を読み込む解釈を示した。

　さらに一般的意見第 15 は、水への権利が、条約、宣言及びその他の基準を含む幅広い国際文書において認められてきたことを指摘している[144]。その例として、女子差別撤廃条約 14 条 2 項では、締約国は、「適当な生活条件を享受する権利」を女性に確保しなければならないと規定していることや[145]、子どもの権利条約 24 条 2 項が、締約国に、「十分に栄養のある食物及び清潔な飲料水の供給を通じて」疾病及び栄養不良と闘うことを要求していることが挙げられる[146]。

　水への権利の存在を法的拘束力ある形で認める国際文書は今も存在していないが、上述の社会権規約、女子差別撤廃条約及び子どもの権利条約以外にも、自由権規約 6 条の生命に対する権利、障害者権利条約 28 条 2 項(a)の「清潔な水サービス」、人及び人民の権利に関するアフリカ憲章（バンジュール憲章）16 条の健康権など多数の人権条約の中に水への権利を読み込むことが可能である[147]。また、学説からも、水への権利の国際人権規範としての権利性が肯定的に捉えられているが[148]、慣習国際法化の可否については見解が分かれている[149]。

　水への権利を人権として把握することの意義は、とりわけ途上国において、国際水路の流域人口の増加や産業化、灌漑利用等に関する水の非効率的利用、さらにそこに気候変動が追い打ちをかけ、水不足が深刻化しつつあるなか、貧

---

144) *Ibid.*, para. 4.
145) *Ibid.* 女子差別撤廃条約は、14 条 2 項(h)において、「適当な生活条件を享受する権利」のなかでも特に重要な要素として、「水の供給」を規定している。
146) CESCR General Comment No. 15, 2002, para. 4.
147) McCaffrey, S. C., 2005, pp. 96-107; Winkler, I. T., 2012, pp. 49-65.
148) Winkler, I. T., 2012, pp. 64-65, 106-107; Benvenisti, E., 2012, p. 819, para. 27; 石橋可奈美 2014、16-20 頁。
149) 水への権利の慣習国際法化を消極的に解する見解として、たとえば、Winkler, I. T., 2012, pp. 73-97; McCaffrey, S. C., 2016, p. 232 が、他方、それを積極的に解する見解として、たとえば、Bates, R., 2010, p. 293 がある。水への権利における慣習国際法の性質に関する広範な検討として、Busby, K., 2016, pp. 11-19 を参照。

困者や先住民及び生態系への水の融通が後回しにされている現状に対する迅速な法的対応の認識の高まりにある[150]。そうした水アクセスの困難を克服するためには、生命に対する権利や食料に対する権利など既存の人権による対応では不十分なのである。

(ⅱ) 水への権利の内容

　国際人権法上のあらゆる権利は、水への権利が満たされていることを前提として成立している。つまり、いかなる人権も、水への権利の権利性を認めずには存在し得ないのである[151]。それゆえ、水への権利には明白に権利性が認められなければならない。一般的意見第15は、水への権利を、「すべての者に、個人的及び家庭内での使用のための十分で安全な、受け入れられる、物理的にアクセス可能かつ経済的に負担可能な水への権利」[152]と定義する。それでは、水への権利は、具体的にどのような内容をもつか。このことに示唆を提供し得るのは、ウィンクラー（I. T. Winkler）による次のような分類である[153]。すなわち、水への権利は、人の生命及び健康の維持の観点から重要度が高い順に、①「生命維持レベル」(the survival level)、②「中核レベル」(the core level)、③「人権の完全実施レベル」(the level of full realization of human rights)、④「人権保障を超えるレベル」(the level beyond human rights guarantees)、の4つに分類可能であり、各レベルにはそれぞれ異なる機能がある[154]。つまり、水への権利の権利性は、上記①の「生命維持レベル」において最も強固となり、②、③の順に弱まっていき、最終的に、④「人権保障を超えるレベル」では、その権利性が否定される。

　人間の生存の不可欠な水の保障を要求する上記①は、生命の維持が保障されなければ、それ以外のすべての人権は意味を失うのであるから、いかなる人権

---

150)　*See*, Tarlock, A. D., 2010, p. 371.
151)　*See*, Elver, H., 2002, p. 272；石橋可奈美 2014、13頁、34-35頁、38頁。
152)　CESCR General Comment No. 15, 2002, para. 2.
153)　Winkler, I. T., 2012, p. 153.
154)　*Ibid.*

よりも高い優先順位が与えられなければならない[155]。これには生存に必要な飲料水、生きていくために必要な食料、及び厳しい気象条件下での衣服生産用の水、が妥当する[156]。国家は、このレベルに該当する水を即時に確保する義務を負う。ここでは、水への権利は、「最低限の中核的義務」（minimum core obligation）として認識でき[157]、すべての人権において最も強い権利性が与えられる。

中核レベルに位置する上記②は、生命の維持にとどまらず、個人が尊厳を保って生活することができるだけの水の確保を意味する[158]。すなわち、「人間の基本的ニーズ」（basic human needs）の充足である。ここでは、個人の衛生状態を維持するために必要不可欠な水、適度な食料を収穫したり手に入れたりするために必要となる水、外界から身を守り通常の社会生活を営むために必要となる衣服生産用の水、さらには、先住民が文化的な生活様式を維持するために必要とされる水、を即時的に確保することが国家に義務づけられる[159]。

完全実施レベルに位置する上記③では、国家は、上記①及び②とは異なり、即時的に実現する義務を負わない。つまり、この段階において、国家は、水への権利の完全な実現を漸進的に達成する義務を負い、十分な資源をもたない場合は、国際的な援助及び協力を通じて行動することが求められる。ここでは、相当な生活水準を達成するために十分な水（洗濯を行うための水）、相当な生活水準を達成するために必要となる（バランスやバリエーションに配慮した）食料、文化的・宗教的な習慣のために使用される水等の確保が国家に要求されることになる[160]。

人権保障を超えるレベルに分類される上記④は、相当な生活水準よりも厳し

---

155) *Ibid.*
156) *Ibid.*, pp. 157, 160-161, 169, 204-205.
157) *Ibid.*, p. 125.
158) *Ibid.*, p. 153.
159) *Ibid.*, pp. 153, 157, 161, 169, 205.
160) *Ibid.*, pp. 153, 157, 161-163, 189-190.

い基準での水の確保を国家に要求する場合を指す[161]。これには、たとえば、レジャーのために必要となる水など、人権とは関連性を有しない水利用が該当する[162]。このレベルに該当する水の保障を要求する法律上の根拠は、存在しない[163]。

水への権利は、すべての人権同様、尊重・保護・充足という3つの型の義務を課す[164]。尊重義務は、国家は、水への権利の享受を直接又は間接に妨げないことを要求する[165]。尊重義務に含まれるのは、十分な水への平等なアクセスを否定し又は制限するいかなる慣行又は活動にかかわることをも控えること、慣習的又は伝統的な水配分の方法に恣意的に干渉することを控えること、国有の施設から出される廃棄物又は武器の使用及び実験等によって違法に水を減少させ又は汚染することを控えること、並びに国際人道法に違反した武力紛争の際などに懲罰的な措置として水の供給とインフラへのアクセスを制限し又は破壊すること、である[166]。

保護義務とは、国家は、第三者に、水への権利の享受を妨げる何らかの行為をとらせないことを要求するものである[167]。保護義務に含まれるのは、第三者が十分な水への平等なアクセスを否定すること、天然資源、井戸及びその他の水配分システムを含む水資源を汚染し又は不均衡にそこから取水することを制限するために必要な立法その他の措置をとること、である[168]。

充足義務とは、国家は、各人が水への権利を享受できるように必要な措置を講じることを要求するものである[169]。この義務には、とりわけ、できれば立法の実施によって、国内の政治体制及び法制度においてこの権利に十分な認知

---

161) *Ibid.*, p. 207.
162) *Ibid.*
163) *Ibid.*, p. 153.
164) CESCR General Comment No. 15, 2002, para. 20.
165) *Ibid.*, para. 21.
166) *Ibid.*
167) *Ibid.*, para. 23.
168) *Ibid.*
169) *Ibid.*, para. 26.

を与えること、この権利を実現するための国内的な水戦略及び行動計画を採択すること等が含まれる[170]。

(3) 水への権利及び人間の死活的ニーズの域外的性質
（ⅰ）社会権規約委員会における水への権利の域外的性質の承認

　ここで立ち止まって考える必要があることは、水への権利と人間の死活的ニーズは、単純に比較可能であるかという点である。要するに、ここで検討しておく必要があるのは、水への権利が域外的（extraterritorial）性質、つまり域外性（extraterritoriality）を有するかという問題である[171]。換言すれば、A 国が国際水路を利用するに当たり、B 国領域内の住民に対して B 国が負う水への権利を侵害してはならないのであろうか。つまり、A 国が負う水への権利を実現する要請は、A 国の自国領域内に居住する住民にのみ向けられるものであり、B 国に居住する住民にまで及ぶのでないとすれば、水への権利は域外性を有しないことになる。仮にそうだとすれば、水路国に対して他国の住民の死活的ニーズの侵害の回避を要求する人間の死活的ニーズの概念と、水への権利とを同一平面上で捉えることは不可能になる。実際にも、申惠丰が指摘するように、国際的な人権規範の域外適用は、国外で活動する私人や私企業が国家の命令や指示の下で行動することにより、国家の行為と同視できる場合を除き、一般的に認められないと解されている[172]。

　しかし、社会権規約委員会による一般的意見第 15 の次のような文言から、水への権利の域外適用性、すなわち、他国に居住する住民の水への権利を侵害しないように適切な立法、行政、司法上の措置を講じる義務が認められると考

170）*Ibid.*
171）こうした水への権利の域外的性質に関する問題は、Weiss, E. B., D. B. Magraw, S. C. McCaffrey, S. Tai & A. D. Tarlock, 2015, p. 755 でも取り上げられているが、この問題に対する答えが示されているわけではない。
172）申惠丰 2016、149 頁。*See also*, McCaffrey, S. C., 2005, pp. 112-114.

える[173]。社会権規約委員会は、「水への権利に関連する国際的義務を遵守するため、締約国は、他国におけるこの権利の享受を尊重しなければならない。国際的協力は締約国に、他国における水への権利の享受に直接又は間接に干渉する行動を控えることを要求する。」[174]（傍点・鳥谷部加筆）として他国における水への権利の保障を求め、また、「締約国はいかなる場合においても、水、並びに水への権利の確保に不可欠な財及びサービスを阻害する制裁又はその他の措置を課すことを控えるべきである。」[175]として、他国の水への権利を侵害しないことを要求した。

　このことは、締約国の管轄下で行われる活動により、他国の管轄下にある人々が水への権利の実現を阻害されてはならないことを要求しているから、水への権利の域外性の明白な肯定を意味している[176]。

　水への権利の域外的性質への肯定的理解は、社会権規約委員会だけにとどまらず、水への権利という人権の特殊性からも導かれる。つまり、国際水路の上流国の国内で行われる利用であっても、場合によっては、その結果が下流国の住民の水への権利に悪影響を及ぼす可能性があるし、また、国境河川において、その沿岸国のうち一国が水の過剰利用を行ったり汚染を生じさせたりすれば、不可避的に、それ以外の沿岸国の水への権利に悪影響を及ぼすおそれがある[177]。このような場面において、水路国は、他の水路国が自らの領域内の住民に対して負うことになる尊重・保護・充足義務としての水への権利を直接的又は間接的に侵害することがないように、国際水路を利用又は管理することが要求される[178]。このように水への権利は、国際水路との関係において、国家

---

173) Filmer-Wilson, E., 2005, p. 231; McIntyre, O., 2015 (b), pp. 359-360; 申惠丰 2016、149 頁。
174) CESCR General Comment No. 15, 2002, para. 31.
175) *Ibid.*, para. 32.
176) A/68/264, 2013, para. 46; A/HRC/25/53, 2013, para. 64. *See also*, McCaffrey, S. C., 2005, pp. 112-114; 奥脇直也 2015、41-42 頁。
177) Benvenisti, E., 1996, pp. 406-407; Chávarro, J. M., 2015, p. 301.
178) McCaffrey, S. C., 1997 (a), p. 54; Chávarro, J. M., 2015, pp. 300-301, 312.

に、自国領域内の住民の水への権利だけでなく、他国の住民の水への権利の保障をも要求する域外的性質をもった権利として把握されなければならない[179]。

(ⅱ) 社会権規約委員会における人間の死活的ニーズの域外的性質の肯定

前記一般的意見第 15 のパラグラフ 31 は、人間の死活的ニーズとの関係について、次のような注を付している。「委員会は、国連水路条約が、水路の衡平な利用の決定に当たっては、社会的及び人間的ニーズが考慮される必要があること、並びに締約国は、引き起こされた重大な損害を防止するために措置をとり、さらに紛争時には、人間の死活的ニーズの要求に特別の配慮が払われなければならないことを要求していることを注記する」[180]。このように、社会権規約委員会が、水への権利の域外的性質を肯定するパラグラフで、あえて人間の死活的ニーズにも言及したということは、人間の死活的ニーズも同様に域外的性質を有していることを前提としていると考えるのが自然な理解であろう。

現に、人間の死活的ニーズを規定する国連水路条約 10 条 2 項は、国際水路の利用に当たり、当該利用国の住民だけでなく、他国の住民に対しても、その生命を維持するための飲料水及び食料生産のために必要とされる水が行き渡るように特別に配慮しなければならないことを意味しているから、水への権利と同様、域外的性質を帯びる概念であると考えられる[181]。

(4) 水への権利と人間の死活的ニーズとが対立する場面

しかし、水への権利と人間の死活的ニーズとが対立する場面が存在することには留意が必要である。たとえば、次のような場面を想定してみよう。A 国政府は、A 国領域内に居住する住民の水への権利を保障する義務と、水への権利の域外性により、B 国の住民の水への権利を侵害しない義務を負うことにな

---

179) Benvenisti, E., 1996, pp. 406-407 ; McCaffrey, S. C., 2005, pp. 112-114 ; Benvenisti, E., 2012, pp. 812-813, para. 5.
180) CESCR General Comment No. 15, 2002, para. 31, n.25.
181) McCaffrey, S. C., 1992, p. 22.

る。このうち、後者の場合には、上述のように、A 国政府が B 国住民に対して負う水への権利の保障と、A 国政府が B 国住民に対して負う人間の死活的ニーズへの特別の考慮とが抵触することはない。これに対して、前者の場合、すなわち、A 国政府が A 国住民に対して負う水への権利の保障と、A 国政府が B 国住民に対して負う人間の死活的ニーズへの特別の考慮は、特に水不足に陥り易い乾燥地域では衝突する可能性がある[182]。A 国政府が A 国住民の水への権利を十分に保障すると、A 国政府は B 国の人間の死活的ニーズを侵害するおそれがあり、反対に、A 国政府が B 国の人間の死活的ニーズを優先的に考慮すれば、A 国政府は A 国住民の水への権利を侵害するおそれが出て来る。この問題は、本書の検討範囲を超えるものであることから、これ以上立ち入ることはしない。

---

182) Versteeg, M., 2007, p. 368.

第4章　重大損害防止規則

第1節　事後救済の法（国家責任法）と重大損害防止規則との区別

重大損害防止規則は、重大な損害を生じさせることを防止するために「相当の注意」を払う義務である[1]。同規則は、汚染損害のみならず取水損害をも規制する規則であると解されてきた[2]。

重大損害防止規則は、国家責任法が適用される事後救済の法とは明確に区別されなければならない。事後救済の法の根拠として、「何人もその隣人を害するような方法で自己の財産を用いてはならない」(*sic utere tuo ut alienum non laedas*) というローマ法上の法諺が引かれることがしばしばである[3]。国際水路法（より広くは国際環境法）の事後救済の法は、1941年のトレイル溶鉱所事件判

---

1) *E.g.,* UN Watercourses Convention, 1997, Article. 7; Handl, G., 1986, p. 428; Handl, G., 1991, p. 76; Bourne, C. B., 1997, pp. 223-225; McCaffrey, S. C. & M. Sinjela, 1998, p. 100; Tanzi, A. & M. Arcari, 2001, pp. 142-160; 児矢野マリ 2006、231頁; McCaffrey, S. C., 2007, p. 406; McIntyre, O., 2007, pp. 87-92; Birnie, P., A. Boyle & C. Redgwell, 2009, p. 551; 堀口健夫 2012、172頁; Leb, C., 2013, pp. 100-102; Brunnée, J., 2016.
2) Utton, A. E., 1996, p. 639; McCaffrey, S. C., 2007, p. 409; McIntyre, O., 2007, p. 92.
3) Rest, A., 1987, pp. 166-167; Bruhács, J., 1993, p. 122; Caflisch, L., 1994, p. 122; McCaffrey, S. C., 2007, p. 415; Fitzmaurice, M., 2010, p. 34; Islam, N., 2010, p. 143; Murase, S., 2016, p. 6, para. 13; Duvic-Paoli, L-A., 2018, p. 16.

決を契機として[4]、国家はその管轄下の領域を自ら使用し又は私人等に使用させるに当たり、他国の国際法益を侵害してはならない、という原則として確立するに至った[5]。わが国において「領域使用の管理責任」と呼ばれる原則はこの事後救済の法に相当する[6]。事後救済の法は、国際水路の利用に則して言えば、国際水路の利用国が、他国に重大な損害を実際に生じさせ、かつその際に、すべての適当な措置を適切に行使しなかった（＝「相当の注意」を払わなかった）という場合に、国家責任法の適用により、被害国が加害国に対し損害賠償責任の追及を可能にするものである[7]。

他方、重大損害防止規則が規律の対象とするのは、事後救済の法（国家責任法）が及ばない場面である。それは、次の2つに分類可能である。第1に、国際水路の利用国が、他国に重大な損害の発生の重大な危険を生じさせる場合に、すべての適当な措置をとる（＝「相当の注意」を払う）ことを当該利用国に要求する規則である。第2に、国際水路の利用国が、他国に重大な損害を実際に生じさせたが、当該利用国はすべての適当な措置を適切に行使した（＝「相

---

4) トレイル溶鉱所事件判決が事後救済の法を確立させたと理解されている判示は、次の箇所である。「国際法の諸原則及びアメリカの法によれば、事態が深刻な結果を伴い、侵害が明白かつ説得的な証拠により確定される場合には、国家は他国の領域又はそこにある国民の身体と財産に対して、煤煙による侵害を引き起こすような方法で、自国領域を使用したり又は使用させる権利を有しない。」（Trail Smelter Case, 1941, p. 1965）。本件でカナダは予め自国の賠償責任を認めていたが、上記判決に裏打ちされる事後救済の法は、国家の「相当の注意」義務の違反に基づく責任を意味すると解されている（さしあたり、以下を参照。臼杵知史 2012、366 頁；萬歳寛之 2015、78 頁）。
5) 臼杵知史 2012、365-366 頁。
6) 山本草二 1982、104-139 頁；兼原敦子 1994(b)、48-49 頁；兼原敦子 1998、179 頁、187 頁。
7) 領域使用の管理責任原則は、ストックホルム国連人間環境宣言 21 原則を契機に、①国家の自国領域内の活動だけでなく、自国の管轄又は管理下の活動一般にまで拡大し、②他国の環境又は国の管轄外の地域の環境を保護の対象とする性質をもつ、「管轄・管理の責任原則」（越境環境損害防止義務）へと発展を遂げている。兼原敦子 2001、31-33 頁；Kiss, A. C. H. & D. Shelton, 2004, pp. 188-191；児矢野マリ 2006、231-232 頁；McCaffrey, S. C., 2007, pp. 424-426；一之瀬高博 2008、63 頁、73 頁；松井芳郎 2010、77 頁；遠井朗子 2012、273 頁。

当の注意」を払った)という場合、かかる損害を除去し、また、それが不可能なときには「重大な」のレベルを下回るように損害を緩和するために、すべての適当な措置をとる(「相当の注意」を払う)ことを当該利用国に要求する規則である。

本書では、便宜的に、上記第1の規則を、「事前の」重大損害防止規則と呼び、上記第2の規則を、「事後の」重大損害防止規則と呼ぶこととする[8]。つまり、「事前の」重大損害防止規則は、重大な損害が現実に発生する前の「重大な危険」が認識される時点で適用される規則、すなわち「重大な損害発生の重大な危険を防止するための相当の注意」義務である。これに対し、「事後の」重大損害防止規則は、他国に重大な損害を実際に発生させた後に適用される規則、すなわち「損害の除去・緩和のための相当の注意」義務である。

重大損害防止規則は、事後救済の法たる国家責任法とは次の2点において異なる。第1に、「事後の」重大損害防止規則は国際水路の利用国が「相当の注意」義務を適切に履行した(「相当の注意」義務の違反がない)場合に適用される規則であるのに対し、国家責任法は「相当の注意」義務の違反が認定された後に適用されるという点で異なる。したがって、国家責任法の適用場面は、「相当の注意」義務の違反が存しない「事後の」重大損害防止規則のそれとは明確に区別されなければならない。つまり、「相当の注意」義務に違反していないのであれば、国家責任法ではなく、「事後の」重大損害防止規則が適用される。もっとも、「事後の」重大損害防止規則(=「損害の除去・緩和のための相当の注意」義務)の違反が認められる場合には、国家責任法によって処理されることになる。

第2に、国家責任法は、国際水路の利用によって重大な損害を現実に生じさせたこと、すなわち実害の発生をその適用の前提条件としているが[9]、「事前

---

8) 重大損害防止規則を「事前の」(*ex ante*) それと「事後の」(*ex post*) それに分けて理解する方法は、Shigeta, Y., 2000, pp. 173-177 でもとられている。

9) Handl, G., 1975(b), pp. 66-69;山本草二 1982、39-40頁;兼原敦子 1994(a)、165-166頁;西村弓 1996、53-56頁;高島忠義 2001、17頁;河野真理子 2001、58頁、62-63頁。

の」重大損害防止規則は、実害が未だ発生していない、重大な損害発生の重大な「危険」の段階を規制する点において異なる。「事前の」重大損害防止規則の生成の契機は、事後救済による被害者の法的救済だけでは不十分であり、損害の発生源を事前に規制する必要があるとの認識に基づいている[10]。こうしたことから、国家責任法は、重大な損害を現実に発生させていない段階では適用される見込みは低い。

ここまで、重大損害防止規則と国家責任法との関係について見てきた。以下では、事前と事後の重大損害防止規則が、それぞれいかなる法的基盤を有するかを明らかにしていく。

第2節　重大損害防止規則の法的基盤

1　「事前の」重大損害防止規則

(1) 法的基礎

「事前の」重大損害防止規則は、重大な損害を他国に現実に発生させた場合に適用される「事後の」重大損害防止規則とは異なり、重大な損害が現実に発生するよりも以前、すなわち、重大な損害の発生の「重大な危険」が認められる時点で適用される規則である。「事前の」重大損害防止規則は、重大な物理的損害が実際に発生する前のおそれ段階において、国際水路の利用国の行為を規制しようとするところにその特徴がある[11]。

「事前の」重大損害防止規則の萌芽は、1972年のストックホルム国連人間環境宣言に見出される。同宣言の原則21によれば、「各国は、国連憲章及び国際

---

10) Lefeber, R., 1996, p. 315.
11) Draft Articles on Prevention of Transboundary Harm, 2001, general commentary; Brent, K. A., 2017, p. 41.

法の原則に従い、自国の資源をその環境政策に基づいて開発する主権的権利を有し、また、自国の管轄又は管理下における活動が他国の環境又は自国の管轄の範囲外の地域の環境に損害を与えないように確保する責任を負う」[12]と謳う。同宣言は、重大な損害が現実に発生してからの対処では不十分であり、事前防止の考え方が重要であるとの認識から、「事後の」重大損害防止規則に加えて、新たに「事前の」重大損害防止規則の生成を基礎づける文書として高い価値を有する[13]。

もっとも、「事前の」重大損害防止規則は、1941年のトレイル溶鉱所事件で裁判所が引用した、米国最高裁判決の1つであるジョージア州対テネシー銅会社及びダックタウン硫黄・銅・鉄会社事件における次のような判示にすでに見て取ることができる。「衡平法の常に考慮している点を排除することなく、……主権者の領域上空の大気が大規模に亜硫酸ガスにより汚染されてはならないこと、山林が、その良し悪しに拘わらず、また、どのような破壊を州内で受けてこようと、主権者のコントロールが及ばない私人の行為により一層破壊され、又は脅威にさらされてはならないこと、及び自領の丘陵地にある作物と果樹園が同様な汚染源により危険にさらされてはならないことは、主権者としては、公平かつ合理的な要求である。」[14]。ここでは、「脅威にさらされ」(threatened)や「危険にさらされ」(endangered)という言葉が使用されていることから、そうした国内判例を引用したトレイル事件判決は、「事後の」重大損害防止規則だけでなく、損害が現実に発生する前の段階での対応を求める「事前の」重大損害防止規則の生成を意図しているように読める。

事後救済の限界とそれに伴う事前防止の必要性の認識は、1997年のガブチコヴォ・ナジマロシュ計画事件判決の次のような判示に表される。「環境保護の分野においては、環境に対する損害がしばしば回復不可能な性質をもつこと

---

12) Stockholm Declaration, 1972, Principle 21.
13) *See*, Dupuy, P. M., 1977, pp. 355-356; Handl, G., 1980, pp. 536, 540, 564; Handl, G., 1986, pp. 429-430; Duppuy, P. M., 1991, pp. 63-65; Lefeber, R., 1996, pp. 63-64; Trouwborst, A., 2006, p. 44; 兼原敦子 2006(a)、245頁; 児矢野マリ 2007、91-93頁。
14) Trail Smelter Arbitration, 1941, p. 1965.

及びこうした損害の補償のためのメカニズムには限界があることを考慮すれば、警戒と防止が必要である」[15]。また、2015年のサンファン川事件判決は、「重大な越境損害を防止する際に相当の注意を払う国家の義務は、他国の環境に潜在的な悪影響を及ぼす活動を開始する前に、重大な越境損害が存在するか否かを明らかにすることを当該国家に要求している」[16]と判示した。以上の2つの判例は、重大な損害が実際に発生する以前の「おそれ」段階であっても、とりわけ環境の保護に関し、重大損害防止規則の履行が義務づけられることを示したものと考えられる。つまり、重大な損害が生じる重大な危険の段階での対処を要求するこの義務は、「事後の」重大損害防止規則とは明確に区別されなければならないのである。さらに、こうした判例の傾向は、環境に重大な損害を生じ得る開発が行われる場合にかかる損害を防止し少なくとも軽減する義務があると述べた鉄のライン川事件判決及びキシェンガンガ事件最終判決にも引き継がれている[17]。

「事前の」重大損害防止規則は、国際文書のうえでは、UNEPが作成した「共有天然資源に関する環境法の指針及び原則」[18]の第3原則にも表れている。同原則によれば、各国は、共有天然資源の利用が、とりわけ、(a)他国の資源利用に影響を及ぼし得る環境損害を生じさせ、(b)共有再生可能資源の保全を脅かし、(c)他国の人の健康を危険にさらすかもしれない場合には、その悪影響を可能な限り回避し、また最小限減少させる必要がある[19]、と規定した。このように、「得る」(could)、「脅かす」(threaten)、「危険にさらす」(endanger)及び「かもしれない」(might)といった言葉が使用されたことは、損害が現実に発生する前に予め何らかの防止策をとることを要求するものであり、そこに「事前の」重大損害防止規則の片鱗を窺うことができる。

その後、「事前の」重大損害防止規則は、国連の「環境と開発に関する世界

---

15) Gabčíkovo-Nagymaros Project Case, 1997, para. 140.
16) San Juan River Case, 2015, para. 153.
17) Iron Rhine Case, 2005, para. 59; Kishenganga Case, Final Award, 2013, para. 112.
18) UNEP's Principles on Shared Natural Resources, 1978.
19) *Ibid.,* Principle 3, para. 3.

委員会」(WCDE) 専門家グループが 1986 年に提出した最終報告書[20]で、より明確にされた。10 条で、国家は、国境を越えるあらゆる環境上の妨害又は実質的な損害を生じさせる重大な危険を防止し若しくは防除すると規定し、「重大な危険」(a significant risk) への対処を要求した[21]。

　「事前の」重大損害防止規則の詳細な条文化は、2001 年の ILC 越境損害防止条文草案を待たねばならない。本草案は、一般的注釈において、「防止とは、損害への補償では、しばしば出来事や事故が発生する以前の一般的な状態に回復することができないから、望ましい策がとられなければならない。」[22]と述べ、重大な損害や、損害が現実に発生する事態に先行する段階での法的対応の必要性を認識する。そして同草案は、3 条で、「起源国は、重大な越境損害を防止し又はいかなる場合にもその危険を最小化するためのすべての適当な措置をとる」[23]との規定を置いた。3 条が、「事前の」重大損害防止規則を体現していることは、同条の「危険」という言葉や、同条注釈の「〔重大な〕損害を防止するために『すべての適当な措置をとる』か又はその危険を最小化する義務は、このような危険を伴うものとしてすでに正当に評価されている活動」[24]（〔　〕内・鳥谷部加筆）にまで及ぶとの記述から明白である[25]。

　「事前の」重大損害防止規則は、国連水路条約 21 条 2 項にも表れている。国連水路条約は、「重大な損害を生じさせ得る」（傍点・鳥谷部加筆）国際水路の汚

---

20) WCED Experts Group Report, 1986.
21) *Ibid.,* Article. 10.
22) Draft Articles on Prevention of Transboundary Harm, 2001, general commentary, para. (2).
23) *Ibid.,* Article. 3.
24) *Ibid.,* commentary to Article. 3, para. (5).
25) 越境損害防止条文草案における「事前の」重大損害防止規則の起源は、1980 年に開催された「国際法によって禁止されない行為から生じる有害結果に関する国際責任」と題する ILC の法典化作業における特別報告者 Q・バクスター (Quentin-Baxter) の報告書にある（臼杵知史 1989、17-20 頁を参照）。バクスターは、「領域管理責任原則をもっぱら伝統的国家責任体系内での禁止規則としてのみ適用することは現代国際社会の現実に鑑み不適切であるとし、国際法によって特に禁止されないにせよ、重大な越境損害をもたらす（可能性のある）危険活動の自由は……国際協力義務（交渉義務）によって制限されなければならない」とする（臼杵知史 1989、19 頁）。

染を防止し、軽減し、かつ、制御することを国家に要求した。同項条項がmayを用いたことは、重大な損害が発生する前に（防止すべき損害のレベルが「重大な」に達する前に）、汚染の防止・軽減・制御を利用国に要求することを示唆する[26]。こうしたことから、同条同項は、重大な損害発生の重大な危険が観取される段階で利用国に課せられる義務、すなわち、「事前の」重大損害防止規則を明文化したものと解せる。

1992年のヘルシンキ条約は、2条1項で、「締約国は、いかなる越境影響をも防止し、規制し及び削減するためにすべての適当な措置をとる。」[27]と規定したうえで、次いで、同条2項で、「締約国は、特に、次の目的のために、すべての適当な措置をとる。(a)越境影響を生じさせ又は生じさせるおそれのある水汚染を防止し、規制し及び削減する。(b)……」[28]と規定した。同条同項は「おそれのある」（likely to）の表現を用いていることから、損害発生前の危険段階での防止対応を要求するものと言える。

2003年の「タンガニーカ湖の持続的発展に関する条約」[29]は、6条2項で、「締約国は、その管轄下又は管理下の悪影響に関する原因又は潜在的な原因に対処し、悪影響を防止し、並びに防止することのできない悪影響を軽減し、それによって越境悪影響の危険及び大きさを減少するために、適当な措置をとる。」[30]と規定した。このように、悪影響の「潜在的な原因」（potential causes）への対処及び悪影響の「危険」（risk）の減少という言葉の使用は、損害発生前の危険段階で防止義務が課せられることを示すものである。

実行では、1988年のフラットヘッド鉱山開発計画事件[31]が、国境水条約4

---

26) McCaffrey, S. C., 2007, pp. 451-452.
27) Helsinki Convention, 1992, Article. 2(1).
28) *Ibid.,* Article. 2(2).
29) Lake Tanganyika Convention, 2003.
30) *Ibid.,* Article. 6(2).
31) Flathead River IJC Case, 1988.

条2文³²⁾の解釈・適用に当たり、当該規定が、「事前の」重大損害防止規則としての性格を有することを認めた。本件で米加国際合同委員会（IJC）は、計画中の事業が4条2文に違反して越境影響の危険を生じさせたというためには、その危険が開発の進展を妨げるに十分なものでなければならない³³⁾。この原則は、両当事国が、かかる越境汚染の危険を受け入れることに合意しない限り、その危険がたとえ確実性を伴っていなくとも適用される³⁴⁾。IJCはこのように述べて、国境水条約4条2文の汚染に関する防止規則が、①重大な損害が実際に発生する前の重大な危険が観取される時点でも適用される規則であること、②危険の判断は予防的アプローチに依ることを、示した。このように本件事例は、「事前の」重大損害防止規則の存在を正面から認める実行であると言える³⁵⁾。

「事前の」重大損害防止規則の存在は、学説上も、多くの論者によって指摘されている。アレチャガ（Aréchaga）は、本書にいうところの「事後の」重大損害防止規則とは異なる重大損害防止規則の「もう1つの側面は、損害を防止し、損害発生前に適切な措置をとることに合意する義務である。」³⁶⁾と述べた。

山本草二は、トレイル溶鉱所事件が示した事後救済法理の限界を次のように指摘した。「判決では、損害が重大な結果をもたらすものであるばかりか、『明白で人を納得させるに足る証拠』により立証される損害だけを対象にしている。いわば各産業のこれまでの経験に基づく慣行の集積（good industry practice）

---

32) 国連水路条約4条2文は、次のように汚染防止規則を規定した。「国境水と定義される水及び国境を越えて流れる水は、他国の側で健康又は財産に侵害をもたらすような程度まで、いずれの側においても汚染されてはならないことが、含意される。」。Boundary Waters Treaty, 1909, Article. 4(2).
33) Flathead River IJC Case, 1988, p. 9.
34) *Ibid.*
35) IJCの実行は、本件以外にも、ガリソン転流計画事件及びポプラー川火力発電所建設計画事件において、国境水条約4条2文が「事前の」重大損害防止規則としての性格をもつことを認めたと解すことのできる勧告を行っている。Garrison Diversion IJC Case, 1977, pp. 121-122; Poplar River IJC Case, 1981, pp. 197-198.
36) Aréchaga, E. J., 1978, p. 195.

で十分に発生が予見できる損害に限るのである」[37]。事後救済法理の不備の埋め合わせを行うべく山本は、続けて次のように指摘する。「しかし、今日の科学技術起因の損害の多くは、そのような予見と先例を越えたところで発生する危険性がむしろ高いのであり、したがって、これを規制するためには、別個の法理が構成されなければならない」[38]と述べて、「事前の」重大損害防止規則に注意が向けられるべきことを示唆した。山本の指摘が国際水路法にも当てはまることは、「今日では、学説、実行上もしだいに、……一国の措置によって他の沿河国の水利権に実質的な損害（航行を害するほどの水面低下をもたらす水流の変更、有害な汚染、灌漑・発電量を害する水量の変更、他国に洪水をもたらす河川工事等）をもたらすことのないよう回避する義務を設定するようになっている。」[39]との記述からも窺える。

臼杵知史は、越境損害の防止に関し国際協力義務を提唱したQ・バクスターの報告書について次のような評価を与えている。「現代国際社会における領域管理責任原則の適用は、これまでのように事後の違法行為責任を核とする伝統的な国家責任の法体系に委ねるだけでは不十分であるというのである。とりわけ、Q・バクスターにおいては、本条約案の関心の1つは事後救済よりも『可能なときはいつでも損害の惹起を回避すべき義務』を優先させることであるとされる。」[40]と述べ、臼杵は、バクスターの報告書のなかに「事前の」重大損害防止規則生成の基礎を見出す。続けて臼杵は、「今日、いかなる国家も越境リスクを生み出すことなしにはその領域内で創造的活動を行うことはできず、科学技術の進歩に伴う越境損害発生の可能性は日毎に増加している。このような

---

37) 山本草二 1982、122 頁。
38) 同上。
39) 山本草二 1981、236 頁。山本はその後の著作で、「事後救済の対象となる環境損害（environmental damage）」と、「蓋然性（probability）・予見可能性に基づく事前防止の対象となる環境危険（environmental risk）」とに大別したうえで、「環境危険については、その防止や除去のための新しい国際協力が必要となる」として、本書にいうところの「事前の」重大損害防止規則の生成可能性を示唆している。山本草二 1993、146 頁。
40) 臼杵知史 1989、17-18 頁。

状況で加害行為の違法性の認定が不可能あるいは困難であるとして他国ないしその国民（innocent victim）に対する重大損害の発生ないし危険を無視することは、現代国際社会における国家主権とそれに対応する国際義務の間に致命的な間隙（fatal gap）をのこすであろうと〔バクスターは〕いう。これは、伝統的責任論に依拠して、（潜在的）加害国が回復不能な損害発生の脅威を事前または事後に予見・回避の不可能な損害発生として放置するような事態に対して新たな国際的規則の必要性を強調する見方といえよう。」41)（〔 〕内・鳥谷部加筆）と述べる。このように臼杵は、バクスター案が「事前の」重大損害防止規則の生成の1つの基礎となり得ることを指摘する。

「事前の」重大損害防止規則の存在は、ラマースによって、より明確に指摘されている。ラマースは、「他の沿岸国に実質的な損害を生じさせる越境水汚染を防止し又は抑制するために妥当な配慮を払う義務は、当然、かかる損害を生じさせる越境水汚染の重大な危険を伴うあらゆる状況を防止し又は抑制する義務をも示唆する。」42)（強調原文）と述べて、重大な損害が発生する前の重大な危険が観取される場合にも水路国の行為を規制する法規則が存在することを指摘するのである。さらにラマースは、その後の論文で次のように述べて、かかる規則が重大損害防止規則であることを明確にした。「一国の領土外への相当な損害を防止する国家の義務が妥当な配慮又は相当の注意の義務であるという事実は、国家がかかる損害を引き起こすことの重大な危険を伴う活動を防止し又は抑制しなければならないことをも含意する。」43)（強調原文）44)。

重大損害防止規則が重大な損害の発生に先立つ重大な危険を規制する規則であることは、ノルケンパーによる次のような記述にも表れている。「相当な損害を防止する義務の構成要素が危険であることに疑いの余地はない。国家は、実際に相当な損害を生じさせる場合だけでなく、かかる損害を生じさせる可能

---

41) 臼杵知史 1989、18-19頁。
42) Lammers, J. G., 1984, p. 351.
43) Lammers, J. G., 1991, p. 119.
44) *See also*, Sadeleer, N., 2002, p. 80.

性が高い場合にも、越境水汚染を防止する義務を負う。……国家は相当な損害の重大な又は相当な危険を伴う汚染を防止する義務を負うことになろう。相当な損害を防止する義務は、危険自体が相当なものである限りで危険を取り入れるのである。」[45]（強調原文）。ノルケンパーは以上のように述べて、「事前の」重大損害防止規則の成立をなかんずく汚染損害について明確に認めるのである。

ルフェバー（R. Lefeber）は、ストックホルム宣言の原則21に依拠して、重大な損害を生じさせる「環境妨害」（environmental interference）から国家が守られるべきことをその内容とする「越境環境妨害を防止し及び防除する義務」（the obligation to prevent and abate transboundary environmental interference）を導く[46]。ルフェバーは、「越境環境妨害を防止し及び防除する義務」は、「活動に伴う危険を最小化することにより危険の具体化を防止する義務」に言い換え可能であると述べる[47]。そのうえで、ルフェバーは、かかる義務が、潜在的被影響国の同意を得、また潜在的被影響国と交渉の結果妥結に至ることを活動国に要求するものではないにせよ、その管轄又は管理の範囲を超えて危険を及ぼすような活動の潜在的な影響の考慮を要求する性質の義務であると解する[48]。このように、ルフェバーは、重大な損害の発生の危険の段階でかかる危険を最小化する義務が活動国に課されることを指摘しているから、「事前の」重大損害防止規則の法的基礎を成すものと解し得る。

バーニー、ボイルとレッジウェル（P. Birnie, A. Boyle & C. Redgwell）は、「国際法は、国家に対し、その領域内又は管轄下若しくは管理下において、地球規模の又は国境を越える汚染若しくは環境上の損害に関し、重大な危険を引き起こす活動を規制し管理することを要求している。これは重大な損害の危険を可能な限り防止し又は最小化するべく適当な措置をとる義務である。」[49]と述べ、

---

45) Nollkaemper, A., 1993, p. 51.
46) Lefeber, R., 1996, pp. 19-25.
47) *Ibid.,* p. 30.
48) *Ibid.*
49) Birnie, P., A. Boyle & C. Redgwell, 2009, p. 143.

「事前の」重大損害防止規則の明確な成立を指摘した。それだけでなく、この規則は、今日、慣習国際法法として結晶化しているとまでいう[50]。

この他にも、「事前の」重大損害防止規則の存在を示唆する見解として、繁田泰宏は、「従来、慣習国際法上は、越境損害の発生があって初めて、越境損害防止義務の違反が問われることになっていた。しかしながら、……越境損害が実際に発生していなくとも、慣習国際法上の越境損害防止義務の違反が問われ得ることになる」[51]と述べた。

また、サンファン川事件で、ドノヒュー（Donoghue）判事は、「計画段階において、重大な越境環境損害を防止するために相当の注意を払うことを怠ることは、影響を受けるおそれのある国への物理的損害がなくとも、起源国の責任を生じさせ得る。」[52]と述べて、「事前の」重大損害防止規則の存在を暗に認める見解を示した。

「事前の」重大損害防止規則の存在は、このほかにも、キス（A. Kiss）[53]、ハンドル[54]、タンチとコリオプーロス（A. Tanzi & A. Kolliopoulos）[55]、デューヴィック・パオリ（L-A. Duvic-Paoli）[56]等によって指摘されている。

(2) 機能

「事前の」重大損害防止規則の機能は、重大な損害発生の阻止・回避機能である。つまり、「事前の」重大損害防止規則は、重大な損害発生の重大な危険が観取される段階での事前的対処を要求することにより、重大な損害の現実の発生を阻止又は回避しようとするものである[57]。

---

50) *Ibid.*
51) 繁田泰宏 2013、69 頁。
52) San Juan River Case, 2015, Separate opinion of Judge Donoghue, para. 9.
53) Kiss, A., 1986, p. 1076.
54) Handl, G., 1991, p. 76.
55) Tanzi, A. & A. Kolliopoulos, 2015, p. 137.
56) Duvic-Paoli, L-A., 2018, p. 184.
57) *See*, Draft Articles on Prevention of Transboundary Harm, 2001, general commentary, paras. (1)-(2).

「事前の」重大損害防止規則の違反の結果に対しては、実害がない以上、国家責任法に基づく救済措置が受けられる可能性はやはり低い。このような場合には、もはや、国家の国際違法行為（国家による国際法上の義務違反=「相当の注意」義務違反）の存在を前提とした国家責任法では救済が不十分である。そこで、今日の科学技術起因の損害については、その社会的な危険に対する国際法上の「保証」として、科学技術の開発と利用を許可し管轄する国に対し、直接に無過失責任を課すべきとする危険責任主義の導入が説かれてきた。その代表的論者である山本草二は、本書がいうところの「事前の」重大損害防止規則の下では、国家責任法に基づく国際違法行為の認定が困難であるから、原因行為と切り離して、重大な危険の発生（原因行為の結果）それ自体を違法と見なし、そのうえで、原因国の「相当の注意」の不履行を責任発生の要件に加える必要性を指摘される[58]。このように、危険責任主義は、国際違法行為が発生していなくても、重大な危険の発生それ自体を責任発生の根拠とする考え方であるから、義務違反に対する救済は、国家責任法のように二次規則ではなく、一次規則内で行われることになる[59]。

　本書は、危険責任主義を導入すべきか否かの議論の詳細に踏み込む余地はないが、国家責任法及び危険責任主義のいずれに依るにせよ、「事前の」重大損害防止規則に関し、その違反認定に際して、原因行為の違法性をどのように判断するかが1つの重要なポイントとなることを強調しておく必要があろう。

　また、「事前の」重大損害防止規則の違反を争点とする紛争が国際裁判所に付託された場合の現実的な救済手段としては、違反宣言判決や、危険の削減・最小化を目的とした紛争当事国間での交渉義務命令であろう。違反宣言判決は、裁判所が「事前の」重大損害防止規則の違反認定を行うことで、同一事案における実害の発生の抑止効果が期待できる[60]。また、違反宣言判決は、類似の事案において違反行為の発生を防止する役割も果たし得る。他方、交渉義務

---

58) 山本草二 1994、28 頁。
59) Dupuy, P. M., 1992, p. 336.
60) 宣言判決の抑止機能の指摘として、玉田大 2003、27-28 頁も参照。

命令は、「事前の」重大損害防止規則の違反を主張しても原因行為の違法性が認められない場合の救済手段として重要な意味をもつ[61]。

さらに、「事前の」重大損害防止規則違反に対する新たな救済方法として、生じさせた危険性を当該原因国自身が「重大な」のレベル未満に引き下げるまでの間、当該原因活動に対する許認可付与行為や施設の運転を一時的に停止することを命じる決定を裁判所が言い渡すという差止めによる救済可能性が1つの方法論として有益である。

2 「事後の」重大損害防止規則

(1) 法的基礎

「事後の」重大損害防止規則は、国際水路の利用国（原因国）が他国に対し現実に重大な損害を引き起したが、一方で、「相当の注意」については適切に払ったという場合に、損害を除去し、又は「重大な」のレベルを下回るよう損害を緩和する義務である。

もっとも、本書は、「事後の」重大損害防止規則には、補償の支払又は補償問題検討のための「相当の注意」義務を含まないものと解する。その理由は、2008年のILCの越境帯水層条文草案の注釈にも言及があるように、補償の問題は国家責任や国際法によっては禁止されない活動に関する国際ライアビリティの制度枠組で扱われるべき問題であり、重大損害防止規則によって規律される必要性に乏しいからである[62]。

「事後の」重大損害防止規則の法的基礎は、1941年のトレイル溶鉱所事件判決の次のような判示から導かれる。「事件の諸状況に鑑み、裁判所は、カナダ自治領はトレイル溶鉱所の行為に対して国際法上責任があると判示する。したがって、仲裁協定における約定はさておき、本判決において決定されるようなカナダ自治領の国際法上の義務に溶鉱所の行為を合致させるよう注意を払うこ

---

[61] 河野真理子 2001、63頁。
[62] *See*, Transboundary Aquifers Draft Articles, 2008, commentary to Article. 6, para. (5).

とは、カナダ自治領政府の義務である。それゆえ、裁判所は、第二の問題に対して以下の通り答える。すなわち、<u>(2)コロンビア川渓谷における現在の状態が続く限り、トレイル溶鉱所は、煤煙によりワシントン州内においていかなる損害も生じさせないよう要請される。</u>」[63]（下線・鳥谷部加筆）。本判決は、とりわけ上記下線部より、原因国が、深刻な損害を生じさせた場合には、かかる損害を除去・緩和する義務が課せられることを示すものと言える。もっとも、本判決は、「相当の注意」義務の不履行事案であると一般的に解されているから、「事後の」重大損害防止規則を基礎づけるための根拠としてはやや弱いことに留意が必要である。

ルフェバーは、前述の「越境環境妨害を防止し及び防除する義務」から、「事前の」重大損害防止規則のみならず、「事後の」重大損害防止規則をも導く。ルフェバーは、同義務が機能する場面を、当該活動の計画段階、実施段階及び終了段階の3つの局面に分類し、そのうち、実施段階について、次のように述べる。「重大な損害の発生は、影響を受けた国に、差止めを請求する権利を自動的に与えるものではない。損害の量を合理的な期間内に重大な損害の敷居を下回る程度まで減少させることが可能であることが証明されれば、問題の活動は継続可能である。……起源国はかかる妨害の結果を防除すべく軽減措置を講じなければならない。このため起源国は、潜在的な損害を防止し又は最小化するための浄化及び抑制措置を講じ、また、実際の損害を除去し又は緩和すべく浄化措置を講じ、さらに、適当な場合には緊急対策を実施しなければならない。」[64]。以上から、ルフェバーは、事業活動の結果、他国に重大な損害を実際に生じさせた場合には、かかる損害を除去又は緩和する義務が当該活動国に課せられることを指摘したものと解される。

また、広瀬善男は、「一般に環境保全関係の条約では、損害の発生の『防止（prevention）』（ないし予防＝precaution）が重要な法（条約）目的となるだけに、関係国による損害防止（予防）のための『相当の注意』を払うべき義務履行が特

---

63) Trail Smelter Case, 1941, pp. 1965-1966.
64) Lefeber, R., 1996, pp. 44-45.

第 2 節　重大損害防止規則の法的基盤　159

別に要求されることが少なくない」[65]と述べて、本書がいう「事前の」重大損害防止規則に論及し、続けて、「もとよりその上で、損害発生後において、生じた損害の除去や軽減更には必要な場合における賠償の解決のためにも、『防止ないし予防』措置とは異質の『相当の注意』を払うべき義務があるとするのが一般である。」[66]（強調原文）と述べて、本書がいう「事後の」重大損害防止規則の成立を認める。

　国際水路法の分野では、国連水路条約 7 条 2 項が「事後の」重大損害防止規則を明文化した。同条同項は、原因国が重大な損害を現実に発生させた後であって、かつ、「相当の注意」を適切に履行したという場合に、「その損害を除去し又は緩和するために……すべての適当な措置をとる」[67]と規定した[68]。

　2006 年に ILC が採択した「危険活動から生じる越境損害の際の損失配分に関する諸原則」[69]（以下、「損失配分原則草案」という。）は、原則 5 において、「越境損害をもたらすか又はもたらすおそれのある危険活動に関係する出来事が発生する場合には、……(d)越境損害によって影響を受けたか又は受けるおそれのある国は、当該損害の影響を緩和し及び可能であればそれを除去するためにすべての実行可能な措置をとる。」[70]（傍点・鳥谷部加筆）との定めを置く。ここで同草案が「受けた」（affected）として過去形を用いていること、また、同草案の注釈において「本原則草案においては、防止義務に基づく相当の注意の義務は履行されたものと考える。したがって、本原則草案の焦点は、相当の注意義務が履行されたにもかかわらず生じた損害に向けられる。」[71]と述べられていることから、本草案の緩和・除去義務は、「事後の」重大損害防止規則の法的

---

65) 広瀬善男 2009、205-206 頁。
66) 広瀬善男 2009、206 頁。
67) UN Watercourses Convention, 1997, Article. 7(2).
68) また、ILA ベルリン規則が 8 条で環境損害の最小化を明文化したことも、損害の除去・緩和義務を導く際の 1 つの根拠となろう。ILA Berlin Rules, 2004, Article. 8.
69) Draft Principles on the Allocation of Loss, 2006. 本草案と注釈全文の和訳は、臼杵知史 2009、1-40 頁を参照。
70) Ibid., Principle 5(d).
71) Ibid., commentary to Principle 1, para. (8).

基礎となる。

　さらに、損害の除去・緩和義務は、ILC が現在法典化作業を進めている大気の保護に関し、特別報告者を務める村瀬信也委員が提出した第 3 報告書にも表される。それによれば、「*sic utere tuo* 原則のコロラリーとして、防止の原則（防止措置をとる国家の義務）は、越境大気汚染の場合に慣習国際法の規則として承認されている。この原則は 2 つの異なる義務で構成されるものと考えられる。その一は、実際の汚染又は悪化が生じる前に『防止』する義務であり、他の一は、汚染又は悪化がすでに発生した後に『除去』及び『補償』する義務である。」[72]とされ、「事前の」防止義務とは区別された「事後の」損害除去義務の存在が指摘されている。

(2) 機能

　このように、「事後の」重大損害防止規則は、国際水路の利用国が重大な損害を実際に発生させたが「相当の注意」義務は適切に履行したという場合に、かかる重大な損害の除去又は緩和義務を課すことをその内容とする。同規則の下では、原因国には「相当の注意」義務違反が存在しないことから、事後救済の法（国家責任法）に基づく損害賠償責任の追及は難しい[73]。

　しかし、現実に発生した重大な損害、及び将来に亘って継続して生ずる可能性がある重大な損害を生じさせた原因国がその責任から免れ、他方で、重大な損害を被害国にすべて受忍させることは、言うまでもなく不均衡である。そこで、こうした事態に対処すべく発達を遂げてきたのが、「事後の」重大損害防止規則なのである。同規則は、発生させた重大な損害を除去し又は緩和するために「相当の注意」義務の履行を原因国側に新たに賦課している。原因国が、かかる「損害の除去・緩和のための相当の注意」義務にも違反したときは、国家責任法によって処理されることになる。

---

72) Murase, S., 2016, p. 7, para. 15.
73) Boyle, A., 2010, p. 98.

また、問題が国際裁判所に付託された場合の違反宣言判決や交渉義務命令による救済は、「事前の」重大損害防止規則と同様、ここでも効果的と考えられる。

さらに、「事前の」重大損害防止規則違反の箇所での指摘と同様、発生させた損害を当該原因国自身が「重大な」のレベル未満に引き下げるまでの間、当該原因活動に対する許認可付与行為や施設の運転を一時的に停止することを命じる決定を裁判所が言い渡す、差止と同様の救済可能性も今後議論の余地があろう。

第3節　重大損害防止規則の違反の認定に当たり検討されるべき要素

前節では、重大損害防止規則が「事前の」それと「事後の」それとに分類可能であることを明らかにした。本節では、それら重大損害防止規則について、その違反が成立するためには、どのような要素が満たされなければならないかを考察する。

重大損害防止規則とは、「事前の」それは、重大な損害発生の重大な危険を生じさせないように相当の注意を払う義務であり、他方、「事後の」それは、重大な損害が発生した後に損害を除去し緩和する義務であった。

ここから、重大損害防止規則の違反が成立するために検討されなければならない共通の要素としては、重大な損害発生（の重大な危険）、「相当の注意」基準の充足、原因国の行為と重大な損害発生（の重大な危険）との間の因果関係、の3点が挙げられる。以下で、それぞれの要素を掘り下げて検討することとする。

なおその前に、この3つの要素が互いにどのような関係にあるかについて言及しておく必要がある。具体的には、各要素は独立して存在するものであるか、あるいは、「相当の注意」義務のなかに他の2つの要素が包含されると解すべきか、である。この点に関し、パルプ工場事件判決が一定の示唆を有する。

本件でICJは、1975年のウルグアイ川規程41条[74]に規定される汚染防止規則の違反の検討に入る前に、同条の一般的性格について若干の所見を述べるとして、次のように判じた。「『水環境を保全し、また、とりわけ、適切な規則及び措置を定めることにより汚染を防止する』義務は、各当事国の管轄下及び管理下でなされるすべての活動に関して、相当の注意を払って行動する義務である。……それゆえ、1975年規程に当事国の責任は、当事国が相当の注意を払って行動しなかったこと、つまり、自国の管轄下の公的又は民間事業者に対し関連する規則を実施するためのすべての適当な措置をとらなかったことが示された場合に生じるのである。」[75]。以上の判示からは、防止規則の違反の有無の判断に際して「相当の注意」義務の違反の有無だけが問題とされており、汚染損害の発生という要素は「相当の注意」義務に包摂されると解することができそうである[76]。

しかしながら、仮にこうした理解が正しいとしても、そのことは、防止規則の違反の判断に際して汚染損害発生（の重大な危険）や因果関係の問題が検討されなくてもよいということを意味しない。前記パルプ工場事件判決は、現に、汚染損害の発生及び因果関係の問題について詳細な検討を行っている[77]。こうしたことから、重大損害防止規則について、「相当の注意」義務、損害発生及び因果関係の各要素を独立の要件として捉えるのではなく「相当の注意」義務に一元化されるとする考え方に立つにせよ、その違反の成立に当たっては、結局のところ、各要素の中身の検討が不可避となる。そのため以下では、重大な損害発生（の重大な危険）、「相当の注意」基準の充足、因果関係の証明

---

74) 同規程41条（汚染を防止し水環境を保全する義務）は、「水環境を保護し保全すること、また、とりわけ、適用可能な国際協定に従い、かつ、適切な場合には、国際的な専門家の団体の指針や勧告に合致する、適切な規則及び措置を定める〔適切な規則を定め措置を採択する〕ことにより、その汚染を防止すること」と規定する。Pulp Mills Case, 2010, para. 190.
75) *Ibid.,* para. 197.
76) 坂本尚繁 2016、15-16頁。
77) *See*, Pulp Mills Case, 2010, paras. 229-259.

の各要素を順番に掘り下げて検討していくこととする。

1　重大な損害発生（の重大な危険）

　重大損害防止規則の違反の認定に当たり検討の俎上に載せられる要素の1つは、「事後の」重大損害防止規則の場合には、重大な損害が現実に発生しているか否かであり、他方、「事前の」重大損害防止規則の場合には、重大な損害が現実に発生する前の段階において重大な危険が存することである。本書では、こうした事前と事後の両方を指し示す場合の表現の仕方として、「重大な損害発生（の重大な危険）」と表記する。

　まず、重大損害防止規則における重大な損害の発生（の重大な危険）の要素がどのような内容をもつものであるかを明らかにするためには、次の3点を考察する必要があると考える。第1に、越境損害という言葉がどのように定義されるべきかという越境損害の定義の問題、第2に、防止規則が規制する「重大な」のレベルはどのようにして決定されるかという防止すべき損害の程度の問題、第3に、「事前の」重大損害防止規則の下で重大な危険はどのように判断されるべきかという重大な危険の判断方法の問題である。以下では、この3点を、順を追って明らかにする。

（1）越境損害の定義

　国際水路法の重大損害防止規則における「越境損害」（transboundary harm）は、次の4つの特徴を有する。第1に、損害は人間の活動から生じるものでなければならないこと、第2に、損害は人間の活動に起因する物理的な結果から生じるものでなければならないこと、第3に、当該物理的影響が国境を越えて生じていること、第4に、現実に発生したか又は発生し得る損害が「重大な」というレベル以上のものであること、である[78]。

　それでは、「損害」（harm）はどのように定義されるか。国連水路条約の第二

---

78) Schachter, S., 1991, p. 464.

読条文草案の注釈によれば、損害とは、「事実としての、利用に対する現実の損傷、健康若しくは財産に対する侵害又は水路の生態系に対する有害な影響」[79]をいうとされる。ここにいう「損害」は、読んで字の如く「事実上の損害」(factual harm) を指し、法的意味合いを有する「侵害」(injury) 又は「法律上の損害」(legal damage) とは明白に区別される[80]。harm を「事実上の損害」と捉える見解は、2001年の越境損害防止条文草案の注釈でも採用されている。すなわち、2条の注釈によれば、「損害は、たとえば、他国における人間の健康、産業、財産、環境又は農業のような事物に対して現実の決定的な影響を及ぼすものでなければならない。このような決定的な影響は、<u>事実上の及び客観的な基準によって評価できるものでなければならない。</u>」[81]（下線・鳥谷部加筆）とされる。

また、「事実上の損害」の発生は、主権侵害のような「精神的損害（非有体損害）」(moral damage) では不十分であり、「物理的損害（有体損害）」(material damage) が存在していなければならない[82]。物理的損害には、人の健康、生物資源、生態系、有形の財産、アメニティ、自然資源の合法的使用又は環境への毀損が含まれる[83]。すなわち、損害であるためには、人、財産又は環境への事実上の害

---

79) A/43/10, p. 27, para. 138.
80) *Ibid.*
81) Draft Articles on Prevention of Transboundary Harm, 2001, commentary to Article. 2, para. (4).
82) Handl, G., 1975(b), pp. 65-69. 72. もっとも、損失配分原則草案は、harm を、現実に損害が発生する前の危険段階における被害を意味するのに対し、damage を、かかる被害が現実に発生したものとして把握する (Draft Principles on the Allocation of Loss, 2006, commentary to Principle 1, para. (11))。しかし、こうした区別が、実行上、明確に受け入れられているかと言えば必ずしもそういうわけではない (*see*, Zemanek, K., 1991, pp. 189-190; 柴田明穂 2011、274 頁; Duvic-Paoli, L-A., 2018, pp. 180-181)。それゆえ本書は、harm と damage とを明白に区別しない。つまり、harm には、現実に損害が発生する前の危険段階における被害だけでなく、かかる被害が現実化した場合も含まれると解する。ただし本書は、harm を、主権侵害や干渉、国家の威信・名誉といった「精神的損害（非有体損害）」ではなく、「物理的損害（有体損害）」を指し示す点において、damage と区別する。
83) Lammers, J. G., 1991, p. 118.

(=実害)の発生が必要となる。

　事実上の損害の例としてどのようなものが想定できるのであろうか。たとえば、取水損害としては、上流国の転流によって下流国の水量が減少し原子力発電施設の冷却に支障を生じる場合や、上流国での灌漑利用によって下流国への十分な水の供給が困難になる場合等が想定されるし、他方、汚染損害としては、工場から排出される廃液により生じる汚染や、利用後の灌漑用水に溶け込んだ肥料や農薬が下流国にもたらす汚染被害等がある[84]。実際、サンファン川事件では、コスタリカが道路建設作業の実施に当たり、サンファン川に投棄された土砂の影響により、ニカラグアに「重大な」損害（水中の土砂濃度の増加、地形の変化、航行権の侵害、水中の生態系に対する悪影響及び水質の悪化等）を生じさせたか否かが争点の1つとなった[85]。

　なお、物理的な損害には、必ずしも国際水路の直接的な利用だけでなく、森林伐採による洪水の発生のように水路の利用とは直接関係しない活動も含まれる[86]。

(2) 防止すべき損害の程度

　それでは、重大損害防止規則が規制する「重大な」(significant) 損害の程度は、どのように決定されるのであろうか。この点、「重大な」のレベルを決定するための明白かつ客観的な基準は存在しない。ゆえにそのレベルは、各事案の個別具体的な状況に応じて、相対的に決定されるよりほかない。国連水路条約の第二読条文草案によれば、「重大な」という敷居は、「僅かなもの」(trivial) や「取るに足りない」(inconsequential) よりは重く、かなりの規模と量を意味する「深刻な」(serious) や「実質的な」(substantial) よりは軽いとされる[87]。また、2001年の越境損害防止条文草案では、「重大な」とは、「検出できる」(detectable) よ

---

84) See, Burunnée, J. & S. J. Toope, 1994, p. 49; McCaffrey, S. C., 2007, p. 409.
85) San Juan River Case, 2015, paras. 177-217.
86) McCaffrey, S. C., 2007, p. 409.
87) A/49/10, commentary to Article. 3, para. (15).

りも厳しいが、「深刻な」(serious) 又は「実質的な」(substantial) よりは低いとされる[88]。判例及び実行は、以前は、「深刻な」の敷居を満たさなければならないという立場をとっていたが[89]、現在の慣習国際法は、防止規則によって禁止される損害の程度を「重大な」にまで引き下げている[90]。確認しておくべきは、重大損害防止規則は、損害が「重大な」と同一かそれを上回る場合を規制する規則であり、「重大な」未満の損害を規制する規則ではないということである[91]。

今日、防止すべき損害の敷居が「重大な」のレベルであることに広範な一致が見られるとしても、何が重大な損害であるかの判断は、結局のところ多かれ少なかれ個別具体的な状況に応じて決定されるほかない[92]。その意味で、損害の重大性の判断には国家に大幅な裁量の余地を残すことになる[93]。重大損害防止規則における損害の重大性の可変性を適切に言い表したのが、越境損害防止条文草案である。同草案は2条の注釈で次のように述べた。「『重大な』という言葉は、事実上の及び客観的な基準によって決定されるが、特定の状況に左右される価値決定及び当該決定が行われる時期にも関係する。たとえば、その時点における価値の剥奪は、その時点において特定の資源に関する科学的知識又は人間の評価が当該特定の資源に多くの価値を認めていなかったという理由で『重大な』とは考えられない場合がある。しかし、その後のいずれかの時期に、見解が変化し、同一の損害が『重大な』ものと考えられるようになる場合があ

---

88) Draft Articles on Prevention of Transboundary Harm, 2001, commentary to Article. 2, para. (4).
89) Trail Smelter Case, 1941, p. 1965; Lake Lanoux Case, 1957, p. 129.
90) San Juan River Case, 2015, paras. 177-217; Duvic-Paoli, L-A., 2018, pp. 183-184.
91) *See*, Lefeber, R., 1996, p. 44; Duvic-Paoli, L-A., 2018, p. 184.
92) Duvic-Paoli, L-A. & Viñuales, J. E., 2015, p. 117; Tanzi, A. & A. Kolliopoulos, 2015, p. 136. なお、「重大な」の敷居に達しているか否かは、被害を受ける対象物によっても変化し得る。たとえば、一般的に、水路に比べ帯水層のほうがその脆弱性に鑑み損害の重大性が認められ易いということが言えよう (Duvic-Paoli, L-A., 2018, p. 187)。また、原因となる活動の影響が環境にのみ及ぶ場合に比べ、人の健康及び安全にも及ぶ場合のほうが、当然、損害の重大性が認められ易いと言える (*ibid.*, p. 188)。
93) *E.g.*, Nollkaemper, A., 1993, pp. 36-37.

る」[94]というものである。

(3) 危険の意味及び危険の重大性の判断方法
（ⅰ）危険の意味
「重大な危険」(significant risk) の判断方法を論じる以前の問題として、ここでの危険とはどのような概念であるか確認しておく必要がある。法概念としての risk は、①重大な越境損害を、すでに確立している科学的知見を基礎として抑制すること、②重大な越境損害を、現在の科学的知見によっては未だ解明されていない不確実性を伴った場合であっても、国家として何らかの対応をとること、を指すものと解されてきた。この場合、通常、上記①の risk は「危険」、上記②の risk は「リスク」(潜在的危険) と呼ばれる。重大損害防止規則は、後述するように、原因国の行為と重大な損害の発生前の重大な risk との間の因果関係を、原則として、原因国が十分な科学的証拠に基づいて証明する責任を負っている。このように、国際水路法は、上記①の意味における「危険」概念を基礎に発展してきたことが明らかであるから、本書では、risk の訳語として、「危険」の語をあてる。

重大損害防止規則が危険の検討を要求する場面は、「事前の」重大損害防止規則であり、「事後の」重大損害防止規則ではない。「事前の」重大損害防止規則の違反が成立するには、重大な損害発生の重大な危険の存在が条件となるが、「事後の」重大損害防止規則の下では重大な損害がすでに発生していることが前提となっているから、危険は問題となり得ない。

「事前の」重大損害防止規則の下で重大な危険の存在が認められるには、正当な知識や情報を有する観察者が、原因となる活動から生じるおそれがある重大な損害を、客観的に知っていたか又は知るべきであったとされる状態が存在していなければならない。そのことは、越境損害防止条文草案の次のような記述から明らかである。「『危険』の要素は、明らかに将来の可能性に関係するた

---

94) Draft Articles on Prevention of Transboundary Harm, 2001, commentary to Article. 2, para. (7).

め、危険の評価又は認知のいくつかの要素を含意する。ある活動の結果として損害が生じるという単なる事実は、適切な情報をもつ観察者が、当該活動が実施された時点で、当該危険を知らなかったか又は知り得なかった場合には、当該活動は危険を伴うものであることを意味しない。他方、当該活動の実施に責任を負う者が当該危険を過小評価するか又はそれを知らなかったとしても、ある活動は重大な越境損害を引き起こす危険を伴うことがある。ゆえに、危険の**概念**は、適切な情報をもつ観察者が知っていたか又は知るべきであった活動から生じる損害についての評価を示すものと客観的に理解されなければならない。」[95]。以上から示唆されるように、国際水路の利用国の活動から生じ得る損害の危険の有無は、当該利用国の予見可能性に大きく左右される。つまり、原因国が当該活動から生じる損害の危険を予見し得ない場合には、重大損害防止規則の下での危険は存在しない。

(ⅱ) 危険の重大性の判断方法

　それでは、原因国の重大な危険に対する予見可能性を判断するにはどのような方法に依るべきか。ここでも、越境損害防止条文草案が有益な指針を提供し得る。同草案は、「重大な越境損害を生じさせる危険」とは、「重大な越境損害を生じさせる高度の蓋然性と、大災害となる越境損害を生じさせる低い蓋然性、という形態をとる危険を含む」[96]とする。つまり、重大な越境損害の危険の存否は、①危険が生じる蓋然性と、②危険が実現した場合の損害の大きさ、という2つの要素を総合的に考慮して決定される[97]。その結果、重大な越境損

---

95) *Ibid.*, commentary to Article. 1, para. (14).
96) *Ibid.*, commentary to Article. 2(a).
97) こうした危険の重大性の判断方法は、多くの論者によって支持されている。Lammers, J. G., 1984, pp. 351-352; Handl, G., 1986, p. 429; WCED Experts Group Report, 1986, comment to Article. 10, p. 78; Lammers, J. G., 1991, p. 119; Nollkaemper, A., 1993, p. 51; 山本草二 1993、146頁; 兼原敦子 1994(a)、179頁; Lefeber, R., 1996, p. 29; 高村ゆかり 2005、3-4頁; Trouwborst, A., 2006, p. 27; Jaeckel, A. L., 2017, p. 38; Duvic-Paoli, L-A., 2018, pp. 181-182.

害の危険が肯定される活動とは、第1に、危険が生じる蓋然性が低くても、危険が現実化したときの損害がきわめて大きい活動、すなわち、高度に危険な活動（大災害を生じさせるような活動）であり、第2に、危険が生じる蓋然性が高く、かつ危険が現実のものとなった場合の損害が高度に危険な活動であるとまでは言えないが、重大と認められる活動ということになる[98]。上記①②が低い又は小さい場合には、被影響国は当該活動の危険を受忍しなければならないのに対し、上記①②が高い又は大きい場合には、活動国は行為の実施を差し控えなければならない[99]。もっとも、越境損害防止条文草案は、計画活動が上記①②について、高い又は大きいとも、低い又は小さいとも言えない場合を、防止規則の規制範囲から明らかに除外していることに注意を要する[100]。

以上に見た危険の重大性の判断方法はラヌー湖事件判決が依拠するところでもある。すなわち、本判決は、次のように判示して、まず損害の大きさについて高度に危険な活動とまでは言えない旨判断した。「提案された事業が、相隣関係又は水の利用において『異常な危険』をもたらすことを明確には肯定できない。すでに見たように、水の返還のための技術上の保証は、可能な限り満足のいくものである。『予防措置』がとられたにもかかわらず、事故により水の返還に支障が生じた場合には、そのような事故は偶発的なものであるし、また〔水路の適正利用を定めるバイヨンヌ条約議定書〕9条の違反を構成しない」[101]（〔 〕内・鳥谷部加筆）。

次いで、本判決は、「計画された事業が、今日世界中で見られる同種の他の事業とは別の特徴を備え又は危険を伴うものであることが主張されなかっ

---

98) *See*, WCED Experts Group Report, 1986, comment to Article. 10, pp. 78-79; Draft Articles on Prevention of Transboundary Harm, 2001, commentary to Article. 2, para. (3). これによれば、越境損害を生じさせる蓋然性が低く、かつ危険が実現した場合の損害の重大性が高度に危険（大災害を生じさせる）とまでは言えない活動や、越境損害を生じさせる蓋然性が高いが、危険が実現した場合の損害の大きさが「重大な」に達していない活動は、重大損害防止規則の適用を受ける「重大な越境損害の危険」とは言えない。
99) Duvic-Paoli, L-A., 2018, p. 182.
100) *Ibid.*
101) Lake Lanoux Case, 1957, pp. 123-134.

た」[102]と判示し、本件活動が内包する危険の蓋然性を低いものと解した。以上、本判決は、「事前の」重大損害防止規則の重大な危険の存在を否定した事例と見なすことができる。

　「危険」を明らかにする際のもう1つの重要な問題は、たとえば、原子力発電所、大型のダムや、水力発電所など、危険を伴うものとしてすでに正当に評価されている活動に限定してしまってよいかという点である。つまり、大型の事業では、その規模が大規模で、かつ範囲が広範囲に及ぶおそれがあるから、他国に重大な損害を引き起こす危険があるかどうかの審査対象となるが、小規模事業では、危険性判断の対象にすらならないことがある。当初は危険が伴わない活動であっても、何らかの出来事又は発展の結果として危険を伴うことがある[103]。たとえば、完全に安全なダム貯水池も、地震の結果、危険性を帯びる[104]。そこでは、貯水池の継続的な操業が危険を伴う活動となる可能性が生じる[105]。他方、科学的知識の蓄積により、故障又は崩壊の危険をもたらす構造上の欠陥や物質上の固有の弱点が明らかになることもある[106]。このように、時間の推移に伴う知見の変化により、従来は危険であると認知されなかった活動が、時間の経過に伴い新たにその危険性が認知される場合もある。こうした事態に対処すべく、越境損害防止条文草案では、危険の判断に当たり、事前の重大損害防止規則の規制範囲を、危険を伴うものとしてすでに正当に評価されている活動のみならず、ある活動がそのような危険を伴う活動であるか否かを確認するために適切な措置をとることにまで拡張すべきであると述べる[107]。

---

102) *Ibid.*

103) Draft Articles on Prevention of Transboundary Harm, 2001, commentary to Article. 1, para. (15).

104) *Ibid.*

105) *Ibid.*

106) *Ibid.*

107) *Ibid.,* commentary to Article. 3, para. (5).

(4) 重大な損害発生（の重大な危険）の認定に伴う国際流域委員会の役割の重要性

国際水路をめぐる国家間紛争の大部分は、国際流域委員会[108]のレベルで解決が図られている[109]。オーデル川国際委員会事件、マース川転流事件、ラヌー湖事件、ガット・ダム事件、ガブチコヴォ・ナジマロシュ計画事件、パルプ工場事件など、これまで国際裁判所に係属してきた国際水路関連紛争の多くが、国際裁判所への提訴前に国際流域委員会での紛争解決を模索してきた[110]。

学説上、国際流域委員会が、紛争解決機能、わけても事実認定機能の効果的な発揮を期待する動きが少なからず存在する。たとえば、マッカフリーは、国際水路の利用に関して紛争が発生した場合に、一般に事実調査を実施するために最良の設備を整えているのは各分野の専門家で構成される共同委員会であり、国際水路に関する紛争は、調査及び報告を求めて懸案事項を同委員会に付託することによって、最も効果的に回避又は解決され得るという[111]。また、安藤仁介も、国際水路の利用に伴う汚染に起因する紛争の効果的な防止策として、国際流域委員会が果たす役割に期待を示した[112]。ILA が 1966 年に採択したヘルシンキ規則は、31 条の注釈において、国際河川紛争の性格として事実関係が複雑かつ高度に専門化する可能性が高いことを指摘し、各分野の専門家

---

108) 国際流域委員会の定まった定義は存しないが、ここでは、国際流域委員会とは、国際水路の一部又は全部の管理、利用又は保全を目的とし、二又はそれ以上の国の間で条約等により設立される地域的な国際機関と定義する。国際流域委員会の活動内容は、条約によって異なるが、一般的な任務としては、条約義務の実施、日常的な対話の促進及びデータ・情報交換、流域の継続的監視、流域の複合的かつ総合的な開発の計画・立案、流域の利用及び保護に関する決定の提案・実施、汚染その他環境への影響に関する警告及び管理制度の提案・実施、事実調査及び紛争解決等である。*See*, A/CN.4/427 and Add.1, p. 48, Article. 26. McCaffrey, S. C., 1998, pp. 744-746.
109) Ochoa-Ruiz, N., 2005, p. 360.
110) Romano, C. P. R., 2000, pp. 222-225, 235-237 ; Williams, P. R., 2000, p. 65 ; Ochoa-Ruiz, N., 2005, pp. 359, 361.
111) McCaffrey, S. C., 2007, p. 511 ; A/CN.4/427 and Add.1, p. 69, para. 57.
112) Ando, N., 1981, p. 351.

で構成される国際流域委員会で解決が図られることが望ましいとする[113]。

実際上、事実認定機能を含む紛争解決の権限が条約によって付与された国際流域委員会には次のようなものがある。北米では、1909年の国境水条約により米加間に設立されたIJC[114]、1944年のコロラド川、ティフアナ川及びリオ・グランデ川利用条約により米墨間に設立された国際国境及び水委員会（IBWC）[115]等がその代表例である。他方、南米には、1973年のラプラタ川条約によりウルグアイとアルゼンチンの間に設立されたラプラタ川管理委員会[116]、1975年のウルグアイ川規程により同国間に設立されたウルグアイ川管理委員会（CARU）[117]等が存する。アジアでは、1960年のインダス川条約によりインドとパキスタンの間に設立されたインダス川委員会（PIC）[118]、1995年のメコン川協定によりカンボジア、ラオス、タイ及びベトナムの間に設立されたメコン川委員会（MRC）[119]、1996年のガンジス川水配分条約によりインドとバングラデシュの間に設立された合同河川委員会[120]、同年マハカリ川総合開発条約によりネパールとインドの間に設立されたマハカリ川委員会[121]等がある。

---

113) Bogdanović, S., 2001, p. 139. また、このことは最近の判例からも支持される。その代表的な判例はパルプ工場事件である。つまり、最適かつ合理的な水利用の達成というウルグアイ川規程の目的は、「ウルグアイ川管理理事会」（CARU）を通じて確保されなければならず、CARUはその目的を達成するための不可欠の「共同機関」（the joint machinery）であり（Pulp Mills Case, 2010, para. 281）、また、両当事国は、CARUを通じて共同して活動することにより、ウルグアイ川の管理及びその環境の保護において真の利益・権利の共同を確立してきたのであり、両当事国は、CARUという共同のメカニズムを通じてウルグアイ川規程に合致するように活動を調整し、これまで司法的解決に訴えることなく、その枠組で両国の見解の不一致に適切な解決策を見出してきた（ibid.）とのICJの判示に表される。
114) Boundary Waters Treaty, 1909, Articles. 9, 10.
115) Colorado River Treaty, 1944, Articles. 24(d), 25.
116) Río de la Plata Treaty, 1973, Article. 68.
117) Uruguay River Statute, 1975, Article. 58.
118) Indus Waters Treaty, 1960, Articles. 9, paras. 1 and 8, para. 4(b).
119) Mekong River Agreement, 1995, Article. 34.
120) Ganges Waters Treaty, 1996, Article. 7.
121) Mahakali River Treaty, 1996, Article. 9(3)(e).

ヨーロッパでは、1966年のコンスタンス湖取水規制協定によりドイツ、オーストリア及びスイスの間に設立された協議委員会[122]、1960年の境界紛争解決協定によりフィンランドとソビエト連邦（当時）の間に設立された境界委員会[123]、1964年の水路協定により同国の間に設立された水路委員会[124]、1994年のダニューブ川の保護及び持続的利用のための協力条約の下で設立された国際委員会[125]等がその代表例である。最後に、アフリカでは、1964年のチャド流域条約によりカメルーン、チャド、ニジェール及びナイジェリアの間に設立されたチャド流域委員会[126]等が挙げられる。

　上記のなかでもIJCは、防止規則が規制する防止すべき損害の程度について優れた事実認定を行っている。米国がカナダの国境水条約4条2文の違反を主張してIJCに付託されたポプラー川火力発電所建設計画事件が特筆に値する。本件は、1973年にカナダの電力会社がカナダ領域内に建設を計画した火力発電所について、米国は、当該計画の進行に際して環境影響評価が適切に実施されなかったことを挙げ、モンタナ州を流れるポプラー川の水質及び生態系に悪影響を与えるおそれがあるとして、同計画に異議を申し立てた事件である[127]。IJCは、次のように結論づけた。4条2文は、一切の越境汚染を禁止しているのではなく、汚染から生じる「侵害」（injury）の禁止を要求するものである[128]。同条同文の違反を生じさせる「汚染」の程度についての一般的なルールは未だ存在していない[129]。もっとも、本件計画を実施することで生じる水量の減少はポプラー川の生物群集の維持管理に悪影響を及ぼすおそれがある[130]。しか

---

[122] Lake Constance Agreement, 1966, Article. 8(1).
[123] Finnish-Soviet Frontier Agreement, 1960, Article. 32(1).
[124] Finland-Soviet Watercourses Agreement, 1964, Article. 19.
[125] Danube River Convention, 1994, Article. 24(1).
[126] Chad Basin Convention, 1964, Article. 7.
[127] Poplar River IJC Case, 1981, pp. 1-3.
[128] Ibid., p. 190.
[129] Ibid., pp. 190-191.
[130] Ibid., p. 197.

し、水量の減少は、同条同文が規定する汚染の問題ではない[131]。現在及び将来の影響を評価する際に生じる不確実性を考慮すれば、当該プラントの操業を延期する必要はない[132]。以上のように、本件は水量の減少という取水損害を、国境水条約4条2文に規定される汚染と見なすことができるかが中心的争点となった事案である。上述のように IJC はこれを消極的に解したことから、本件において防止されるべき汚染の程度が問題となることはなかった。なお、本件において、仮に水量の減少の汚染該当性が肯定されるとしても、IJC の他のケースとの比較において本件では4条2文の汚染防止規則の違反が成立する可能性は低い。なぜなら、国境水条約4条2文は禁止すべき汚染損害の程度を明らかにしていないが、IJC の先例である 1977 年のガリソン転流計画事件[133]において、同条同文が禁止する汚染損害のレベルとして、「深刻かつ回復不可能な損害」(severe and irreversible damage)[134]を要求したことに比べて、本件で認定された汚染のレベルは生態系への「悪影響」にとどまるものであったからである[135]。こうした IJC の実行は、重大損害防止規則における損害の重大性の判断において、国際流域委員会の事実認定が有効に機能することを示している[136]。

---

131) *Ibid.*
132) *Ibid.,* p. 198.
133) Garrison Diversion IJC Case, 1977.
134) *Ibid.,* p. 121.
135) *See,* Carroll, J. E., 1983, p. 182. 国境水条約4条2文が禁止する汚染のレベルは、IJC の実行である 1988 年のフラットヘッド鉱山開発計画事件において、「きわめて深刻な結果の侵害」(an injury of most serious consequence) と措定され、厳格な敷居が維持された。Flathead River IJC Case, 1988, p. 9.
136) もっとも、国際流域委員会の事実認定機能は、ここで指摘したように、重大損害防止規則における重大な損害発生(の重大な危険)の認定のみならず、衡平利用規則における利用の衡平性及び合理性の決定に当たってもその効果を発揮することが期待される。

2 「相当の注意」基準の充足

(1)「すべての適当な措置」と「相当の注意」の語義の類似性

　重大損害防止規則の違反が成立するために満たさなければならない2つ目の要素は、重大な損害（の危険）を防止するために「すべての適当な措置をとる」に合致するかどうかである。「すべての適当な措置をとる」は、「相当の注意」を払う義務に読み替え可能であるとの理解が支配的である[137]。こうした理解は、「相当の注意」を払って防止する義務を規定したと解されている環境保護関連諸条約が、「実行可能なあらゆる措置」（[shall] take all practicable steps）[138]、「適当な措置をとる」(shall take appropriate measures)[139]、「適当な努力を払う」（shall exert appropriate efforts）[140]のように、「すべての適当な措置をとる」と類似の表現を用いていることにも裏づけられる[141]。

　また、バーニー、ボイルとレッジウェルも、次のように述べて、「すべての適当な措置」と「相当の注意」を同義に解する。「国際法が要求しているのは、

---

137) 「すべての適当な措置をとる」と「相当の注意を払う」との意味上の類似性を肯定する見解として、以下を参照。A/49/10, commentary to Article. 7, para. (6); Tanzi, A., 1998, p. 462; Shigeta, Y., 2000, p. 174; Tanzi, A. & M. Arcari, 2001, p. 153; Kaya, I., 2003, p. 160; McCaffrey, S. C., 2007, pp. 437-438; McIntyre, O., 2007, p. 98; Tanzi, A., A. Kolliopoulos & N. Nikiforova, 2015, pp. 122-123. なお、国連水路条約7条は、「すべての適当な措置をとる」という言葉を採用しているが、これは、起草作業終盤の国連総会第6委員会全体作業部会で、「相当の注意を払う」という言葉から修正されたものである。このような文言変更の意図としては、一部の下流国から「相当の注意を払う」との言葉の削除が要求されたことを受け、それに対処するため、一方で、「相当の注意を払う」との言葉を完全に削除することなく、他方で、原因国側の義務を強調することで、上流国と下流国双方に配慮した言葉として、「すべての適当な措置をとる」が採用されたことにある。See, Shigeta, Y., 2000, p. 174.
138) London Convention, 1972, Article. 1.
139) Vienna Convention, 1985, Article. 2(1).
140) CRAMRA, 1988, Article. 7(5).
141) Pisillo-Mazzeschi, R., 1991, p. 19; Tanzi, A., 1998, p. 462; Tanzi, A. & M. Arcari, 2001, p. 153.

国家が自国領域内において又は自国の管轄下にある越境損害の原因を管理し規制するために適切な手段をとる、ということである。このように定式化された義務は、徹底的な禁止というよりもむしろ行為の義務、すなわち相当の注意の義務である」[142]。続けて、バーニー、ボイルとレッジウェルは、国連水路条約7条1項は、「国際水路を利用する際に、他の水路国に対する重大な損害を防止するためにすべての適当な措置をとる一般的義務を法典化しているが、この規定は、同義務を、あらゆる損害の絶対的禁止としてではなく、相当の注意の義務として認めるものである。」[143]と述べる。

このように、重大損害防止規則が要求している「すべての適当な措置」とは、「相当の注意」を払うことと同視される[144]。重大損害防止規則を体系的に理解するには、「相当の注意」の基準を明らかにする必要がある。

---

142) Birnie, P., A. Boyle & C. Redgwell, 2009, p. 550.
143) Ibid., p. 551.
144) 重大損害防止規則は、「重大な損害」を絶対的に禁止する規則ではなく、かかる損害を防止するために「相当の注意」を払う義務であるとする見解が、今日、圧倒的多数を占める（Pulp Mills Case, 2010, paras. 101, 265; A/CN.4/412 and Add.1 & 2, pp. 238-239, para. 6, p. 242, para. 17; A/43/10, p. 29, para. 160, pp. 30-31, para. 166; Dupuy, P. M., 1980, p. 373; 山本草二 1982、94-99 頁; Lammers, J. G., 1984, pp. 342, 348; Handl, G., 1986, p. 429; WCED Experts Group Report, 1986, comment to Article. 10, p. 79; 臼杵知史 1989、17 頁; Handl, G., 1991, p. 76; Pisillo-Mazzeschi, R., 1991, pp. 19-35; Lammers, J.G., 1991, p. 118; Pisillo-Mazzeschi, R., 1992, pp. 38-40; 繁田泰宏 1992、108 頁; Nollkaemper, A., 1993, p. 40; Brunnée, J. & S. J. Toope, 1994, p. 63; 薬師寺公夫 1994、100-107 頁; Lefeber, R., 1996, p. 64; Wouters, P., 1996, pp. 423, 438; Tanzi, A., 1998, p. 462; Tanzi, A. & M. Arcari, 2001, pp. 154, 160; Sadeleer, N., 2002, p. 63; 兼原敦子 2006(b)、331 頁; McCaffrey, S. C., 2007, p. 445; McIntyre, O., 2007, p. 119; Rieu-Clarke, A., 2008, p. 658; Craik, N., 2008, pp. 65-66; Birnie, P., A. Boyle & C. Redgwell, 2009, pp. 217, 551; Islam, N., 2010, p. 154; 松井芳郎 2010、67 頁; Koivurova, T., 2012, p. 238, para. 11, p. 239, para. 15; Bulto, T. S., 2014, p. 213; Tanzi, A. & A. Kolliopoulos, 2015, p. 144; Tanzi, A., A. Kolliopoulos & N. Nikiforova, 2015, pp. 123-124; Jong, D. D., 2015, p. 126; Brunnée, J., 2016; Brent, K. A., 2017, pp. 39-44; Bremer, N., 2017(a), p. 87; Duvic-Paoli, L-A., 2018, p. 200; Dupuy, P. M. & J. E. Viñuales, 2018, p. 64)。ガブチコヴォ・ナジマロシュ計画事件におけるハンガリーの主張も同様（Gabčikovo-Nagymaros Project Case, 1997, Counter-Memorial of the Republic of Hungury, Vol. I, para. 6.134.)。したがって、重大損害防止規則の違反の認定に当たり、原因国による重大な損害の発生に加え、「相当の注意」を払ったかどうかが検討されることになる。

(2)「相当の注意」の性質

重大損害防止規則は、あらゆる重大な損害の発生（の重大な危険）がないことを保証する義務（結果の義務）ではなく、損害（の重大な危険）を最小化する

もっとも、トレイル溶鉱所事件判決については、「事態が深刻な結果を伴い、侵害が明白かつ説得的な証拠により確定される場合には……」との判示に照らし厳格責任に依ったと解する見解も存するが（Goldie, L. F. E., 1970, pp. 306-307; Kelson, J. M., 1972, pp. 236-237; 広瀬善男 2009、253 頁）、今日では、本判決は、損害の発生のみをもって責任を課すのではなく、「相当の注意」の履行を要求するものであるとの理解が一般的である（*e.g.*, Dupuy, P. M., 1980, p. 370; 山本草二 1982、121-122 頁; 村瀬信也 1994、143 頁; 兼原敦子 1994(a)、170-171 頁; 繁田泰宏 1994、33 頁; 兼原敦子 1998、185 頁; Shigeta, Y., 2000, p. 159; 一之瀬高博 2008、89-90 頁; Birnie, P., A. Boyle & C. Redgwell, 2009, p. 217; 石橋可奈美 2011、165 頁; 加藤信行 2011、127 頁）。本判決がいずれの見解に依拠するか、判決文を読む限り決定的な根拠を見出すことはできない。けれども、本判決は、以下の 3 つの理由から相当の注意説を支持するものと考えられる。第 1 に、本判決が、「……カナダ自治領政府の義務は、本判決において決定されるようなカナダ自治領の国際法上の義務に溶鉱所の行為を合致させるよう注意を払うことである。」（…it is, therefore, the duty of the Government of the Dominion of Canada to see to it that this conduct should be in conformity with the obligation of the Dominion under international law as herein determined.）と述べて（Trail Smelter Case, 1941, pp. 1965-1966. なお、本判決の訳出に当たっては、岩間徹 1985、389 頁を参照。）、カナダに注意義務を払うことを要求した点、第 2 に、本判決は、領域内の私人が他国に損害を与えることを防止する義務を国家が負うとした先例として、領域国の「相当の注意」義務を認めたアラバマ号事件判決を引用した点（Trail Smelter Case, 1941, p. 1963）、第 3 に、「相当の注意」の履行又は不履行の判断基準として示した米国の州間の大気汚染事例であるジョージア州対テネシー銅会社及びダックタウン硫黄・銅・鉄会社事件最高裁判決（206 U.S. 230）を参照した点（Trail Smelter Case, 1941, pp. 1964-1965）である。もっとも、前記第 3 の点に関し、トレイル事件判決は、ジョージア対テネシー事件判決が「相当の注意」に言及した箇所を判決文中で直接引用しているわけではない。けれども、トレイル事件で裁判所が本判決に言及したことは、暗に、カナダに「相当の注意」の支払いを要求したとも解せなくはない。参考までに、ジョージア州対テネシー事件判決の「相当の注意」に関する判示は次の通りである。「自己の領土上の空気が、亜硫酸ガスによって大規模に汚染されてはならないということ、自領の山々の森林が……自己の統制の範囲外にある人たちの行為によって、さらに破壊され、又は脅威にさらされてはならないということ、自領の丘陵の上の穀物と果樹が、その同じ淵源から危険に陥らしめてはならないということは、主権国家としては、公正で妥当な要求である。……ジョージア州は、懈怠の罪を犯していることが論ぜられた。……なぜなら、われわれの見解をもってすれば、<u>相当の注意（due diligence）</u>が払われたことが明らかにされているからである。」（206 U.S. 230, pp. 238-239）（下線・鳥谷部加筆）。ただし、国内裁判例で示された「相当の注意」が国際法平面でもそのまま妥当し得るかについては、別途慎重な検討を要する。

ために可能な限り最善の努力を尽くす義務（行為の義務）である[145]。換言すれば、原因国（起源国）が「相当の注意」を払った場合には、重大損害防止規則の違反は成立しない。

「相当の注意」は、一般的に、「予見可能なものとして熟慮された手続に関係づけられる事実上の又は法的な構成要素を自ら知り、そしてそれらの要素を時宜に適した方法で扱うために適切な措置を講じるという国家の合理的努力」[146]として理解される。国家の合理的努力とは、アラバマ号事件が示すように、その対象の大きさ及びそれを行使する権限をもつ権力の強さと尊厳に比例する注意、すなわち、国内の懸念事項において政府が通常用いる程度の配慮を意味する[147]。国家に要求される注意の程度は、善良な政府に期待される注意の程度である[148]。政府は活動を管理し監視するために適切な管理装置を維持する法制度と十分な資源を確保しなければならない[149]。しかし、十分に発展した経済と人的・物的資源、高度に発展した統治の制度と構造をもつ国（たとえば先進国）に求められる注意の程度と、そうでない国（たとえば途上国）に求められるそれは異なる[150]。つまり、要求される「相当の注意」の程度は、各国の経済的・技術的・財政的能力、及び重大な損害が発生する危険の重大性に比例する。すなわち、活動国の能力が高ければ高いほど、また、当該活動の危険が重大であればあるほど要求される注意義務は厳しいものとなる[151]。

---

145) Draft Articles on Prevention of Transboundary Harm, 2001, commentary to Article. 3, para. (7); Tanzi, A. & M. Arcari, 2001, p. 154; Murase, S., 2016, p. 9, paras. 17-18.
146) Draft Articles on Prevention of Transboundary Harm, 2001, commentary to Article. 3, para. (10).
147) Alabama Case, 1872, pp. 572-573.
148) Draft Articles on Prevention of Transboundary Harm, 2001, commentary to Article. 3, para. (17).
149) Ibid.
150) WCED Experts Group Report, 1986, comment to Article. 10, p. 80; 繁田泰宏 1993、78頁; Lefeber, R., 1996, pp. 68-69; Draft Articles on Prevention of Transboundary Harm, 2001, commentary to Article. 3, para. (17); Tanzi, A. & M. Arcari, 2001, p. 155; McCaffrey, S. C., 2007, pp. 439-440; Islam, N., 2010, p. 153; Koivurova, T., 2012, p. 240, para. 19; 岡松暁子 2015、724頁; Harrison, J., 2017, pp. 28-29.

もっとも、このことは、活動国の能力が相対的に低い場合であっても、注意義務を一切払わずに済むことを意味しない。原因国の防止能力の格差にもかかわらず、すべての国に対して、自国領域内における危険活動への警戒、インフラ整備及び監視が要求される[152]。また、原因国は、防止措置に伴い、社会的・経済的コストが多額にのぼることや、技術的に実現可能な措置を一切とることができないことを、損害の発生又はその継続の言い訳として用いることは許されない[153]。

　「相当の注意」は、一度きりの履行では足りず、計画活動の実施後も、当該活動が存続する限り必要に応じて継続的に履行されなければならない[154]。「相当の注意」の懈怠の有無は、「事前の」重大損害防止規則では、重大な損害の危険が発生した時点で判断されるのに対し、「事後の」重大損害防止規則では、重大な損害が実際に発生した後の時点で問題となる[155]。

(3)「相当の注意」の内容

　「相当の注意」は予め決まっているわけではなく、水路の個別具体的な状況に応じて変化するものであると解されている[156]。それゆえ、「相当の注意」の内容を正確な言葉で書き表すことは容易ではない[157]。「相当の注意」は時代によって変わり得るのであり、ある時代には十分に注意を尽くしているとされていた措置が、たとえば新たな科学技術の知見に照らすとその注意が十分でなく

---

151) Draft Articles on Prevention of Transboundary Harm, 2001, commentary to Article. 3, paras. (11), (18) ; Handl, G., 1986, p. 429 ; Pisillo-Mazzeschi, R., 1992, p. 45 ; Nollkaemper, A., 1993, pp. 51-52, 57 ; Sadeleer, N., 2002, p. 80 ; Koyano, M., 2011, p. 116 ; Tanzi, A. & A. Kolliopoulos, 2015, pp. 140-141 ; Tanzi, A. & A. Kolliopoulos & N. Nikiforova, 2015, p. 126.
152) Draft Articles on Prevention of Transboundary Harm, 2001, commentary to Article. 3, para. (17).
153) Lammers, J. G., 1984, p. 352 ; Nollkaemper, A., 1993, p. 45.
154) Murase, S., 2016, p. 12, para. 25.
155) 臼杵知史 1989, 17-19 頁も参照。
156) *E.g.,* Tanzi, A. & M. Arcari, 2001, p. 154.
157) Seabed Activities Responsibility Case, 2011, para. 117. 本勧告的意見の全訳として、佐古田彰 2015 を参照。

なることがある[158]。

　他面において「相当の注意」の内容の一般的かつ共通の要因を抽出する作業が学界を中心に行われてきた。その結果、今日では、「相当の注意」の内容として、予見可能性（予見義務）と結果回避可能性（結果回避義務）の要素を定式化できる[159]。以下では、これらの要素がどのような内容を有しているかを見ていく。

（ⅰ）予見可能性（予見義務）
　予見可能性とは、起源国の管轄下で行われる活動の結果として、他国に重大な損害を現実に生じさせたか、あるいは生じさせる重大な危険があることを、当該起源国が、十分な科学的証拠に基づいて客観的に認識していたか又は認識すべきであることをいう[160]。すなわち、重大な損害（の重大な危険）の発生を予見することができなければ、「相当の注意」を怠ったと判断することはできない[161]。予見可能性の要素が「相当の注意」に内在していることは、越境損害防止条文草案で、「相当の注意とは、熟慮された手続に予見可能なものとして関係づけられる事実上の及び法的な構成要素を自ら知り、そしてそれらの要素を時宜に適した方法で扱うために適切な措置を講じるという国家の合理的な努力として示される」[162]、「一般に、防止の文脈で、起源国は、本条文案の範

---

158) *Ibid.*; Draft Articles on Prevention of Transboundary Harm, 2001, commentary to Article. 3, para.（11）, Article. 1, para.（14）; Birnie, P., A, Boyle & C. Redgwell, 2009, p. 153; Murase, S., 2016, p. 12, para. 25.

159) Draft Articles on Prevention of Transboundary Harm, 2001, commentary to Article. 3, para.（5）; Handl, G., 1985, pp. 58-59; Pallemaerts, M., 1988, pp. 208-209; Pisillo-Mazzeschi, R., 1992, p. 44; 薬師寺公夫 1994、101 頁; 堀口健夫 2003、60 頁; 湯山智之 2005、74 頁; 湯山智之 2006、69 頁; 一之瀬高博 2008、91 頁; Bremer, N., 2017(a), p. 87.

160) A/CN.4/412 and Add.1 and 2, p. 238, para. 9; Lammers, J. G., 1984, p. 349; WCED Experts Group Report, 1986, comment to Article. 10, p. 79; Wouters, P., 1996, p. 423; Lefeber, R., 1996, pp. 34-35, 67; Nollkaemper, A., 1996, p. 59; Murase, S., 2016, pp. 9-10, para. 20.

161) Dupuy, P. M., 1977, p. 374; 山本草二 1982、95 頁; Islam, N., 2010, p. 153; Harrison, J., 2017, p. 28.

囲内の活動により影響を受けるおそれのある国家との関係で、予見できない結果の危険を負担しない」[163]との記述に表される。さらに、「相当の注意」の要素としての予見可能性は、コルフ海峡事件判決が、慣習国際法たる重大損害防止規則によって履行しなければならない相当の注意とは、「他国の権利に反する行為について、それを認識しつつ自国領域の使用を許可してはならないすべての国の義務である」[164]と判示したことにも裏づけられる[165]。

このように、「相当の注意」の基準を、原因国の予見可能性の有無に照らして判断すべきなのは、客観的に見て、損害（の重大な危険）を認識することができない活動について、その責任を原因国に負担させることは適切でないからである。「相当の注意」は、原因国に対して、その能力に応じた「すべての適当な措置」（結果回避措置）をとらせることにあるが、重大な損害（の重大な危険）の発生という結果を予見できなければ、そもそも講ずべき回避措置の内容を知る由もない。したがって、「相当の注意」の懈怠の認定には、原因国側に予見可能性が存在していることが条件となる。

予見可能性は、環境影響評価（EIA）を実施する義務[166]と密接な関連性を有する[167]。なぜなら、EIA の実施は、問題の活動の越境影響を計画国が事前に予測・認識し得たか否かを判断する際の有力な基準又は客観的な証拠となり得るからである。

もっとも、予見可能性について留意しなければならないのは、原因国の予見可能性を証明する責任が、原則として、被害国又は潜在的被影響国の側にあることである。被害国又は被影響国には予見可能性の立証について高いハードル

---

162) Draft Articles on Prevention of Transboundary Harm, 2001, commentary to Article. 3, para. (10).
163) *Ibid.,* para. (5).
164) Corfu Channel Case, 1949, p. 22.
165) 兼原敦子 1994(a)、185 頁 ; Lefeber, R., 1996, pp. 34-35 ; 繁田泰宏 1993、66-67 頁も参照。
166) 環境影響評価を実施する義務の詳細は、本文中 2(5)を参照。
167) Lefeber, R., 1996, p. 37 ; Hanqin, X., 2003, pp. 162-168 ; Murase, S., 2016, p. 10, para. 21 ; Bremer, N., 2017(b), p. 161, Duvic-Paoli, L-A., 2018, p. 271.

が課せられている[168]。

　最近では、こうした予見義務の立証責任の負担を軽減するために、活動国は予防的アプローチに則って重大損害防止規則（特に「相当の注意」）を履行すべきであるとの見解が主張されている[169]。予防的アプローチとは、将来の損害の発生について科学的になお不確実なところがあるが、損害が発生してからでは回復が困難であり、問題が深刻化すればするほど対策が困難になるとの理由から、危険の予測になお不確実なところがあっても、予防的見地からできるだけ早期に対策に取り組むべきであるという考え方である[170]。すなわち、予防

---

168) *See*, Lammers, J. G., 1984, p. 349; Pallemaerts, M., 1988, p. 209; Lefeber, R., 1996, pp. 34-35; 一之瀬高博 2008、92 頁; Islam, N., 2010, p. 153; A/49/10, commentary to Article. 7, para.（8）.

169) *E.g.*, Duvic-Paoli, L-A., 2018, pp. 231-232. 越境損害防止条文草案は、重大損害防止規則について、「たとえ完全な科学的確実性が存在しなくとも、深刻又は回復し難い損害を回避し又は防止するために十分な用心を怠ることなく適切な措置をとることを意味し得る。これはリオ宣言の原則 15（予防的方策）の中に十分に定式化されている。」と述べた（Draft Articles on Prevention of Transboundary Harm, 2001, commentary to Article. 3, para.（14））。この言明は、重大損害防止規則の「相当の注意」の履行に当たり予防的アプローチに従うべきことを示唆するものである（高村ゆかり 2005、23 頁; 加藤信行 2005、23 頁）。また、予防的アプローチに従った「相当の注意」の履行を肯定的に解する見解は、2001 年の深海底活動責任事件でも示された。すなわち、本件で ITLOS は、相当の注意「義務は、当該活動の範囲と潜在的に有害な影響に関して科学的証拠が不十分であるが、ある程度信頼性のある潜在的な危険の兆候がある状況において適用される。……このような危険を看過すると、相当の注意義務を履行したことにはならない。」（Seabed Activities Responsibility Case, 2011, para. 131）と述べる。ただし、本意見にいう予防的アプローチとリオ宣言の原則 15 が定式化する予防的アプローチが同一の意味合いを有するか定かではない。本意見は、リオ宣言の原則 15 よりも予防概念の適用条件を引き下げたとも読める（堀口健夫 2015、680 頁）。いずれにせよ、本意見が国際水路の利用にもそのまま妥当するかどうかの問題が存する。

170) その典型例は、リオ宣言の原則 15 の次のような規定である。「環境を保護するため、予防的アプローチは、各国により、その能力に応じて広く適用しなければならない。深刻な又は回復し難い損害のおそれが存在する場合には、完全な科学的確実性の欠如を、環境悪化を防止するうえで費用対効果の大きい措置を延期する理由として用いてはならない。」（Rio Declaration, 1992, Principle 15）。なお、予防の概念を表す用語として、「予防的アプローチ」の他に「予防原則」という言葉が用いられることがあ

的アプローチは、利用国の行為と重大な損害の危険とを結びつける科学的証明が困難であっても、「深刻な又は回復し難い」（serious or irreversible）損害のおそれがあり、かつ環境悪化を防止するためにとられる費用対効果の大きい措置がある場合には、各国の能力に応じて、行動をとるべきことを要求する手法である[171]。こうした予防的アプローチの導入は、重大な損害（の重大な危険）の発生について、科学的不確実性が残る場合であっても、国際水路の利用国の予見可能性を首肯すること、すなわち「相当の注意」基準の引き下げること（厳格化）を示唆する[172]。

しかし、そうした「相当の注意」基準が緩和される場面は、現段階では限定的である。なぜなら、①予防的アプローチに従った行動は、損害（の重大な危険）の程度が重大損害防止規則が要求するところの「重大な」（significant）よりも厳しい場合、すなわち、「深刻な又は回復し難い」（serious or irreversible）場合（多くの環境条約はこのタイプである）や、②予防的アプローチに基づいてとられることが要求される措置の内容が、費用対効果の大きい措置でない場合や、当該措置の内容が当該国家の能力を超えると判断される場合、には要求されないからである[173]。

(ⅱ) 結果回避可能性（結果回避義務）

国際水路の利用国が「相当の注意」を払ったかどうかを判断するためのもう1つの因子である結果回避可能性（結果回避義務）は、十分に統治された国が、現在及び将来世代の健康や生活に対する急迫かつ深刻な危険を回避するために払うべき注意義務である[174]。では、結果回避可能性とは、具体的にどのよう

るが、国際法上、両者は厳密に区別されることなく発展してきたから（see, Hey, E., 1992, pp. 303-304；高村ゆかり 2005、3 頁）、本書でも両者を特段区別しない。
171) Seabed Activities Responsibility Case, 2011, paras. 128-129.
172) 兼原敦子 1994(a)、173 頁；兼原敦子 2006(b)、333 頁も参照。
173) Jong, D. D., 2015, pp. 130-131.
174) Gabčíkovo-Nagymaros Project Case, 1997, Memorial of the Republic of Hungary, Vol. I, on 2 May, 1994, p. 293, 10.39.

な内容をもつものであろうか。パルプ工場事件判決によれば、「適当な規制を制定し、適当な措置を講じることだけでなく、その実施に当たり一定水準の警戒を行い、かつ公的な運用者と民間の運用者に適用される行政的管理を行うことであり、運用者が行う活動を監視することを含む」[175]と言い表される。つまり、本判決によれば、結果回避可能性の有無の判断に際して、原因国がその能力に応じて当該活動を計画又は実施するために必要な法律や規則を整備し適切に執行したかどうかや、原因国が当該活動実施後も適切な監視を怠ったか否かが考慮されることになる[176]。けれども、単にこうした措置をとっただけでは「相当の注意」を履行したことの十分な証拠とはなり得ない。整備された法及び規制は、科学的知見の発達に伴い更新されていかなければならない[177]。

　一国内でとられた結果回避措置の妥当性を判断するためにあり得る1つの方法として、「利用可能な最善の手法／技術」(best available techniques / technologies: BAT)[178]や「環境のための最善の慣行」(best environmental practices: BEP)[179]等の国

---

175) Pulp Mills Case, 2010, para. 197.
176) Draft Articles on Prevention of Transboundary Harm, 2001, commentary to Article. 3, paras. (6), (13), (17); Lammers, J. G., 1984, p. 352; Nollkaemper, A., 1993, pp. 44-51; Lefeber, R., 1996, p. 61; Boyle, A., 1999, p. 83; Tanzi, A. & M. Arcari, 2001, p. 154; Hanqin, X., 2003, p. 164; McCaffrey, S. C., 2007, p. 440; Kulesza, J., 2016, p. 224; . Duvic-Paoli, L-A., 2018, p. 208.
177) Duvic-Paoli, L-A., 2018, p. 209.
178) BATとは、排出物、放出物及び廃棄物を制限するための特定の措置の実際の適合性を示す過程、施設又は運用方法の最新の発展段階を示す概念であり、「排出、放出及び廃棄を制限するための特定の措置の実際的な適合性を示す、運転のプロセス、設備又は方法の開発の最新の段階」をいう（OSPAR Convention, 1992, Appendix）。BATは、ローカル・レベルで一般的に受け入れられつつある国際基準であり、結果回避可能性の基準を具体化・透明化する役割を担う（see, Lefeber, R., 1996, p. 42; Fitzmaurice, M. & O. Elias, 2004, p. 52; Kulesza, J., 2016, p. 104; Seabed Activities Responsibility Case, 2011, para. 136）。実際にも、計画国の採用する技術水準がBATに適合しているか否かが争いとなったのがパルプ工場事件である。原告アルゼンチンは、被告ウルグアイが建設及び稼働したオリオン工場におけるパルプの生産工程でBATを用いなかったため汚染を防止するためにあらゆる措置をとること（＝相当の注意）を怠ったと主張したのに対し、ウルグアイはBATを採用したとしてこれに反論した（Pulp Mills Case, 2010, para. 220）。ICJは、オリオン工場が採用した漂白クラフトパルプ化工程は、技

際基準が条約等によって作成されている場合には、これらの国際基準が重要な指針となり得る。

　国際水路の利用国が結果回避義務を不履行したかどうかを判断するための手法として、①越境損害の「危険の程度」、②「損害の大きさ」、③「防止措置をとるために必要なコスト・費用」という3つの因子の比較衡量が有益である。こうした手法は、越境損害防止条文草案に窺える。同草案は、上記①を、問題の活動が内包する危険性が高度なものか、あるいはそうではないかという一定の幅をもつものとして把握し[180]、上記②について、損害の程度が重大であればあるほど、それに比例して損害防止に要求される注意の程度が大きくなるとし[181]、さらに、上記③について、活動を実施する事業者と起源国が適切な防止措置をとるためにどれだけのコストや費用を負担すべきかという因子の存在を是認する[182]。上記①と②が大きければ大きいほど国際水路の利用国の結果回避義務の不履行の認定可能性が高まるのに対し、上記③が大きければ大きいほどその義務の不履行の認定可能性は低くなる。たとえば、計画又は実施された活動が高度に危険な活動であって、当該活動によって危険が実現した場合の損害の大きさが重大である一方、防止措置をとるために必要なコスト・費用の負担がその国の財政能力に照らして相当の範囲内にあるという場合には、結果回避義務の不履行の認定可能性がきわめて高くなる。

　こうした結果回避義務の不履行の判断の定式化は、理論上、重要であるが、実際に上記①から③の各因子を個別具体の事例に当てはめを行う際、数値化できるかなど困難な問題が生じる。また、水路の性格上、紛争には科学的又は技

術的基準として両当事国によって参照された2001年の「パルプ製紙業におけるBATに関する欧州委員会の総合的汚染防止管理文書」(IPCC-BAT)によれば、当時、世界のパルプ生産の約8割を占めるものであり、ゆえに、最も多用されている化学パルプ化工程であるとして (ibid., para. 224)、アルゼンチンの主張を退けた (ibid., para. 225)。
179) *E.g.*, Helsinki Convention, 1992, Article. 3(1)(g) and Annex II.
180) Draft Articles on Prevention of Transboundary Harm, 2001, commentary to Article. 3, para. (11).
181) *Ibid.*, para. (18).
182) *Ibid.*, para. (15).

術的な問題が複雑に絡み合うことも珍しくない。こうしたことから、上記定式化が実際の紛争解決にどれほど役立ち得るか不透明な部分がある。もっとも、こうした事情を考慮し、国際水路法では、国際流域委員会の基準定立機能に期待が寄せられている[183]。国際流域委員会による基準の設定は、「科学技術的視点から活動の設計、構造、運用の基準、具備すべき条件等を多少とも数量的に定めかつこれを更新していくから」[184]、結果回避義務の懈怠の判断に内在する主観性・不透明性を払拭することにもなる。

けれどもその際、各国の技術的な水準や財政状況等を十分に考慮することなく、その能力以上の基準を設定すれば、ライン川の汚染防止に関し当事国が経験したような条約の機能不全を引き起こすことも懸念される[185]。それゆえ、履行すべき基準の定立に当たり[186]、当該水路における個別具体的な状況や各水路国の能力等を慎重に見極めながら、実行可能な水準に合意がなされる必要がある。

---

183) パルプ工場事件において ICJ は、ウルグアイがオリオン工場の建設地を現在の場所（フライ・ベントス）に決定するときに、廃水を希釈する河水の受入れ能力を考慮したかどうかというウルグアイ川規程 41 条の義務の不履行の検討に際して、次のように判示した。①CARU は河水の受入れ能力や敏感性を考慮に入れて水質基準を設定しなければならなかったのにそれを行わなかった（Pulp Mills Case, 2010, para. 214）。②CARU による基準設定は不十分であり、CARU の水質基準が河川の地形学的及び水文学的特徴並びに異なる形態の排出に対する河水の分散・希釈能力を十分に考慮していないと考える場合に、両当事国は CARU が設定した水質基準を再検討すべきであるし、またそのような基準が河川の特徴を正確に反映し河水及び生態系を保護するものでなければならない（ibid.）。③継続的義務として両当事国には、環境を保護しつつも河川の衡平利用を促進するために必要な手段を CARU が考案できるようにする法的義務がある（ibid., para. 266）。
184) 薬師寺公夫 1994、103 頁。
185) 1976 年のライン川化学汚染防止条約は、規制基準を詳細に規定し過ぎたため、当初の期待通りには機能せず、ライン川保護国際委員会（ICPR）の下で汚染の削減が本格化したのは、1986 年のサンドツ化学工場爆発事故を契機として、より現実的な目標値を設定した 1987 年のライン川行動計画の実施を待たねばならなかった。Wierils, K. & Schulte-Wülwer-Leidig, A., 1997, p. 155.
186) 国際水路の規制基準の設定の役割を担う機関の 1 つとして、国際流域委員会が注目に値する。See, Birnie, P., A. Boyle & C. Redgwell, 2009, p. 572.

以上が「相当の注意」の内容に関する基本的な理解である。もっとも、こうした「相当の注意」の基準の不明確性及びその判断方式の抽象性に鑑み、最近では、「相当の注意」の客観化が進行している。そこで以下では、「相当の注意」の客観化の例として、最低水量確保義務と、環境影響評価（EIA）を実施する義務を扱う。最低水量確保義務は、「相当の注意」の実体的レベル（結果回避可能性の要素）の客観化と位置づけられる。他方、EIA を実施する義務は、「相当の注意」たる予見可能性の要素を手続面から客観化するものである。以下では、この2つの義務の性質及び内容を明らかにする。

(4)「相当の注意」の実体的レベルの客観化——最低水量確保義務
(i) 最低水量確保義務の性質
　最低水量確保義務とは、上流国による無制限の水利用を禁止し、上流国が下流国に対し「最低限の水量を確保する義務」（duty to ensure a minimum flow）のことをいう[187]。同義務は、後述するように、2013 年のキシェンガンガ事件判決で明示的にその存在が認められた。同義務は、国際水路法において圧倒的な支持を得ている制限主権論[188]に内在している[189]。

　最低水量確保義務は、重大損害防止規則における「相当の注意」の基準を実体面から客観化する役割を担う。同義務は後述する環境影響評価（EIA）を実施する義務と並んで、取水損害に関する重大損害防止規則の中心をなす。以下では、最低水量確保義務の法的基盤を、ILA 決議、条約、判例及び実行をもとに明らかにする。

(ⅱ) ILA 決議文書
　最低水量確保義務の法典化の試みは、ILA を中心に行われてきた。その嚆矢

---

187) Utton, A. E. & J. Utton, 1999, pp. 7-37; Leb, C., 2013, pp. 170-176; Boisson de Chazournes, L., 2013, pp. 24-25; Ziganshina, D., 2014, p. 104.
188) 制限主権論については、序章第1節1(5)(ⅰ)を参照。
189) Boisson de Chazournes, L., 2014, p. 296.

は、1978年8月27日から9月2日までの間マニラで開催された第48回会議で採択された、「国際水路における水流の規制」と題する条文草案である[190]。1条は、「以下の諸条文の適用上、『規制』とはあらゆる保護的又は便益的な目的のために、国際水路の水流の制御、調節、増加又は変更を意図する継続的な措置を意味する。かかる措置には、ダム、貯水池、堰及び運河による貯水、放水及び転流が含まれる」[191]と規定した。すなわち、本条には、水生生態系の保護保全及び汚染軽減のための最低限の水量確保が含意されている[192]。

本条文草案2条では、「流域国は、衡平利用規則を考慮に入れて、規制の必要性を評価し可能性を調査し及び計画を作成する際に、誠実及び善隣の精神で協力しなければならない。適当な場合には、当該規制を共同で実施する」[193]との規定を置く。つまり、同条では、最低水量を確保するための措置が流域国の「義務」にまでは至らないものの、当該措置の必要性の評価、可能性の調査及び計画の作成に際して、流域国が協力して行動することが要請されている。

同草案3条は、「必要な場合には、共同の機関又は委員会を設立し、当該規制に関連するあらゆる側面を管理する権限を付与しなければならない」[194]と規定して、国際流域委員会の枠組で最低水量を確保するための措置を実施する可能性を示唆した。このように本条文草案は、間接的ではあるが、最低水量の確保の必要性を認めた。

またILA水資源委員会は、2000年に開催したロンドン会議に提出した第2報告書において、「衡平利用規則に合致して、流域国は、個別に又は必要に応じて他の流域国と協力して、河口域を含む国際水路の生物学的、化学的、物理

---

190) ILA Manila Report, 1978. 同草案は、1980年のベルグラード会議でほぼそのまま採択された。See, ILA Belgrade Report, 1980.
191) ILA Manila Report, 1978, Article. 1. See, ILA Belgrade Report, 1980, Article. 1.
192) Utton, A. E. & J. Utton, 1999, p. 31.
193) ILA Manila Report, 1978, Article. 2. See, ILA Belgrade Report, 1980, Article. 2.
194) ILA Manila Report, 1978, Article. 3. See also, ILA Belgrade Report, 1980, Article. 3. 同条の注釈においても、当該調整の継続的管理のフォーラムとして国際流域委員会の役割の重要性が指摘されている。ILA Manila Report, 1978, comment to Article. 3, pp. 230-232.

的健全性を保護するために十分な河川水量を確保するために、あらゆる合理的な措置をとるものとする」[195]と規定し、生態系保全を目的とする最低水量確保義務を流域国に課した。

2004年のILAベルリン会議は、1966年にILAが採択したヘルシンキ規則から約40年の時を経て、国際水資源に関する新たな規則（ベルリン規則）を完成させた[196]。24条は、「国家は、河口水域を含む流域の水の生態系の健全性を保護するために十分な水量を確保するためにあらゆる適切な措置をとる」[197]と規定し、生態系の保全を目的とした最低水量確保義務の、より積極的な条文化・定式化を図った。

(ⅲ) 条約
(a) 国連水路条約

最低水量確保義務の法的基盤は、国連水路条約をはじめ、世界各地の個別条約に見出される。国連水路条約は21条2項で、水路国が「重大な損害を生じさせ得る国際水路の汚染」の防止、削減及び制御の対象として、「水路の有益な目的のための使用若しくはその生物資源に対する害」を含めることにより、最低限の水量の確保の要請を読み込む余地を残した。また、生態系の保全を規定する20条にも、最低水量確保義務が内在している[198]。また25条1項で、「水路国は、適当な場合には、国際水路の水流を規制する必要又は機会に対応するために協力する」[199]と規定し、同条3項で、「本条の適用上、『規制』とは、水流事業又はその他継続的な措置であって、国際水路の水流を変化させ、変更し又はその他の方法で制御するためにとられる措置をいう」[200]と定義した。水流の規制とは、通常、ダム、貯水池、堰、運河、堤防等の整備により、洪水及

---

195) ILA London Conference, 2000, Article. 10, p. 6.
196) ILA Berlin Rules, 2004.
197) *Ibid.,* Article. 24.
198) Utton, A. E.& J. Utton, 1999, p. 26.
199) UN Watercourses Convention, 1997, Article. 25(1).
200) *Ibid.,* Article. 25(3).

び渇水を防止し、河岸の深刻な浸食を防ぎ、あるいは、汚染を許容範囲内におさめるべく水の十分な供給を確保し、以って灌漑及び発電のための水利用の強化、沈泥の減少、マラリア蚊の繁殖抑制、漁業の持続、を達成することを目的とする[201]。こうした目的の達成には、最低限度の水量の確保が必要不可欠である。したがって、25条は最低水量確保義務生成の有力な根拠となる[202]。

(b) 地域的条約
(b-1) メコン川協定

1995年にカンボジア、ラオス、タイ及びベトナムの間で締結されたメコン川協定[203]は、明文で最低水量確保義務を規定した。すなわち、同協定は、6条で、歴史的に深刻な干ばつや洪水の場合を除き、乾季のメコン川本流の「許容最低月自然流量」(acceptable minimum monthly natural flow) を確保することを義務づける。26条では、それに関連する「水利用及び流域間転流のための規則」(Rules for Water Utilization and Inter-Basin Diversions) の策定権限を「合同委員会」(Joint Committee) に、18条Bでは、同規則の決定権を「理事会」(Council) に、それぞれ授権した[204]。合同委員会には、策定された規則の「監視及びその維持に必要な措置をとる」任務が付与された[205]。

---

201) A/49/10, commentary to Article. 25, para. (4). 本条の起草は、シュウェーベルの第3報告書に遡る。A/CN.4/348 and Corr. 1, p. 162, para. 382.
202) A/CN.4/421 & Corr.1-4 and Add.1 & 2, p. 124, paras. 129-130; Utton, A. E. & J. Utton, 1999, pp. 29-31; Tanzi, A. & M. Arcari, 2001, p. 218; Leb, C., 2013, p. 171.
203) Mekong River Agreement, 1995.
204) しかし、この規則はまだ策定されていない (Pichyakorn, B., 2005, p. 186; Gao, Q., 2014, pp. 46-47)。ただし、メコン川協定の実施に関しては、法的拘束力を有しない非公式手続が一定の役割を果たしている。理事会は、2006年6月22日、「本流の水量維持のための手続」(The Procedures for Maintenance of Flows on the Mainstream) を承認した。同手続では、メコン川協定6条及び26条が規定する本流の水量の維持及び管理をメコン川委員会及び加盟国が実施できるようにするため、技術的指針、制度、情報の提供を目的とし (Procedure 2)、加盟国及び委員会事務局と協力しつつ、河川の利用に係るモニタリングの効率性、費用対効果及び透明性を確保するため、モニタリング制度を構築する権限を合同委員会に付与すること (Procedure 4) が承認された。

またメコン川協定は、最低水量確保義務を実体面だけでなく、手続面から補強したところにその特徴がある。すなわち、メコン川を本流と支流とに分け、本流の利用については、同川流域内での水利用を意味する「流域内利用」(intra-basin use) と、同川流域の水を他の流域に流すことを意味する「流域間転用」(inter-basin use) とに分類した。そのうえで、「流域内利用」について、本流の乾季の場合には、締約国に、合同委員会での合意達成を目的とした事前協議を義務づけ[206]、また、本流の雨季の場合には、合同委員会への通報を義務づけた[207]。他方、「流域間転用」については、本流の乾季の場合には、原則として、締約国に、事業ごとに合同委員会における合意を要するものとし、例外的に、「すべての当事国の利用計画を上回る利用可能な余剰水量の存在が、合同委員会によって検証され、かつ、全会一致で確認されるような場合には」、事前協議で構わないとした[208]。他方、本流の雨季の「流域間転用」の場合には、乾季の「流域内利用」の場合と同じく、合同委員会において合意を目指して事前協議を実施することを締約国に義務づけた[209]。なお、支流については、流域内利用であるか流域間転用であるか、また乾季であるか雨季であるかにかかわらず、合同委員会への通報を義務づけるにとどめた[210]。つまり、5条は、流域内利用よりも流域間転用で、また、雨季よりも乾季で、より厳格な手続を課した。

このように、メコン川協定は、最低水量確保義務の実効性を手続面から確保することを試みた点で注目に値する。ただし、雨季と乾季の定義が明らかにされていないことや、通報、事前協議及び合意に関する各要件が不明確であるなど課題を残す[211]。

---

205) Mekong River Agreement, 1995, Article. 6.
206) *Ibid.,* Article. 5B(2)(a).
207) *Ibid.,* Article. 5B(1)(a).
208) *Ibid.,* Article. 5B(2)(b).
209) *Ibid.,* Article. 5B(1)(b).
210) *Ibid.,* Article. 5A.
211) Browder., G. & L. Ortolano, 2000, p. 521.

(b-2) ガンジス川水配分条約

1996年にインドとバングラデシュの間で締結されたガンジス川水配分条約[212]は、水量の減少が顕著となる1月1日から5月31日までの期間について、河川流量に応じた4つの枠組を設けることにより、ファラッカ堰におけるガンジス川の水の利用可能量を、以下のように具体的に規定した[213]。すなわち、①75,000 cusec を超える場合には、インドが40,000 cusec の配分を受ける権利を有し、残余をバングラデシュに配分する[214]。②70,000 cusec から75,000 cusec の場合には、バングラデシュが35,000 cusec の配分を受ける権利を有し、残余をインドに配分する[215]。③連続する10日間の水量が70,000 cusec 以下の場合には、両国は、3月11日から5月10日の間、10日間ずつ交互に、一方が優先的に35,000 cusec の配分を受け、他方が残余の配分を受ける権利を有する[216]。④連続する10日間の水量が50,000 cusec 未満となる場合には、両国は、衡平利用規則及び防止規則に従い、緊急時に調整を行うことを目的として、直ちに協議を行う[217]。このような水配分の監視は合同河川委員会が行う。具体的には、同委員会は、ファラッカ堰とその下流に位置するハーディング橋にて日々の水量を監視・記録し、両政府に報告しなければならない[218]。

このようにガンジス川水配分条約は、ファラッカ堰における一方当事国の他方当事国への、最低水量の確保を詳細に規定したことから、そこに最低水量確保義務成立の契機を見出すことができる。けれども、これら諸規定には法の欠缺も存する。たとえば、3月11日から5月10日の間に、ファラッカ堰の利用可能水量が50,000 cusec 未満となる場合に、上記③及び④は重畳的に適用されるのか、つまり35,000 cusec の水量の保障と協議の両方を同時に担保する必要

---

212) Ganges Water Treaty, 1996.
213) *Ibid.,* Article. 1 and Annexure I, II.
214) *Ibid.,* Article. 2(1), Annexure I.
215) *Ibid.*
216) *Ibid.,* Article. 2(1), Annexure I, II.
217) *Ibid.,* Article. 2(3).
218) *Ibid.,* Article. 4.

があるのか、あるいは、いずれか一方が優先的に適用されることになるのか依然として不明瞭である。また、もし上記④が優先的に適用されるとしても、協議期間中又はそれによって合意に達するまでの間、どのように水の配分がなされるべきかも明らかでない[219]。

(b-3) マハカリ川総合開発条約

1996年にインドとネパールの間で締結されたマハカリ川総合開発条約[220]は、ネパールが、サラダ堰から、雨季（5月15日から10月15日）には1,000 cusecの水の配分を、乾季（10月16日から5月14日）には、150 cusecの配分を受ける権利を認め、インドに対して最低水量確保義務を課した[221]。この水量を変更する場合には、当事国の合意によらなければならない[222]。

(b-4) ライン川保護条約

1999年のライン川保護条約[223]は、ライン川の生態系の持続可能な発展を目的として、ライン川の水の自然的機能を維持し、改善し及び回復すること、流量の管理が固形物の自然の水量を考慮に入れ、河川、地下水及び沖積地間の相互作用を促進すること、並びに沖積地を自然の氾濫原として保全し、保護し及び活性化すること、を掲げた[224]。こうした目標規定は、固形物が川に沿って流れるだけの水量の確保、すなわち最低水量の確保を当事国に要求するものである。

---

219) Subedi, S. P., 2003, pp. 490-491. また、3月11日から5月10日の期間外に70,000 cusec未満となる場合も、水の配分割合について法の欠缺を抱える。
220) Mahakali Treaty, 1996.
221) *Ibid.,* Article. 1(1).
222) *Ibid.,* Article. 7. なお、インドは、サラダ堰下流域の生態系の維持及び保存の目的で、これまで慣行として、350 cusecの流量を確保してきた。Subedi, S. P., 2003, p. 458.
223) Rhine Protection Convention, 1999.
224) *Ibid.,* Article. 3(1)(c).

(iv) 判例
　(a) 最低水量確保義務を黙示的に認める判例
　1937年のマース川転流事件は、オランダとベルギーがマース川からの取水により運河を航行的利用に供していたところ、石炭産業の発展に必要な工業用水の需要増に伴い、両国ともに十分な取水ができなくなったとして、1863年に両国の間で締結された条約の解釈・適用が争われた事件である。本件紛争の焦点は、両国が運河を満たすべく追加的に実施した取水事業が、1863年条約に違反しているかどうかであった。
　PCIJは、両国のいずれの行為も1863年条約の違反を引き起こさないと判断したが[225]、その際、次のように述べて、双方に一定流量の維持を要求した。「当該人工運河及び水路について、両国は、ザウト・ウィレムスファールト（Zuid-Willemsvaart）における通常の水位及び水量を維持するための転流及びそれにより排出された水量に影響を及ぼさないことを条件として、自国領域内で当該水路を変更し改変し満たす自由を有し、また新たな水源に水路を通じて水量を増加させる自由を有する」[226]。
　1997年のガブチコヴォ・ナジマロシュ計画事件判決は、次のように述べて、他の水路国の生態系の保全のために最低限度の水量が確保されるべきことを示唆した。すなわち、チェコスロバキアによるヴァリアントC（ダニューブ川の水の転流工事）は、「ダニューブ川本流に水を還流する前に、その80〜90％をもっぱら自らの利用及び利益のために充当していた」[227]のであって、「チェコスロバキアが一方的に共有資源を管理することでダニューブ川の天然資源の衡平かつ合理的な配分を得る権利をハンガリーから奪う――シゲトケッツ沿岸の生態系への水配分に対して継続的な影響を及ぼした――ことによって、国際法が要求する均衡性を尊重しなかったと考える。さらには1977年条約によりハンガリーがダニューブ川の転流に同意しているとはいえ、これほどの規模の転流措

---

225) Meuse Diversion Case, 1937, p. 30.
226) *Ibid.,* p. 26.
227) Gabčíkovo-Nagymaros Project Case, 1997, para. 78.

置を一方的に行うことにまで同意したものと認めることはできない」[228]。「当事国はダニューブ川の古くからの河床及び同川の両岸に放流されるべき水量について満足のいく解決を見出さなければならない」[229]。ICJ はこのように述べて、スロバキアに対し、下流に位置するハンガリーの生態系保全を目的とする、ダニューブ川本流における最低水量確保義務を黙示的に認めた。

　(b) 最低水量確保義務を明示的に認める判例――キシェンガンガ事件判決
　キシェンガンガ事件は、判例上、上流国の最低水量確保義務を正面から認めた決定として重要な意義を有する[230]。PCA は、上流国インドの水力発電計画（KHEP）の合法性及びパキスタンの水力発電計画（NJHEP）に対する優先性が認められるとしても、防止規則を定めるインダス川条約附属書 D・15 項(ⅲ)[231]、及び同附属書 G・29 項(b)[232]に基づいて参照が許される慣習国際法（PCA は、国際環境法の慣習国際法として、重大損害防止規則、持続可能な発展の原則、EIA を実施する義務、及び条約解釈の際に環境分野の「新たな規範や基準」を考慮に入

228）*Ibid.,* paras. 85-86.
229）*Ibid.,* para. 140.
230）Crook, J. R., 2014, p. 313 ; McIntyre, O., 2014, p. 91.
231）インダス川条約附属書 D・15 項（ⅲ）は、次のように規定する。「15. ……（ⅲ）発電所が、パキスタンがあらゆる農業又は水力発電の利用に供するジェラム川支流に位置する場合には、当該支流における農業又は水力発電に関するパキスタンの現在の利用に悪影響を及ぼさない限りで、当該発電所下流に放流される水を、必要に応じて、他の支流に排出することができる」。
232）インダス川条約附属書 G・29 項は、次のように規定する。「29. 両当事国の別段の合意がない限り、裁判所が適用する法は、本条約とし、またその解釈又は適用のために必要であると認められるときはいつでも、当該目的に必要な限りで、以下に掲げる順序に従う。(a)両当事国により明確に承認された諸規則を規定する国際条約、(b)慣習国際法」。また PCA は、国際環境法を含む関連する慣習国際法を考慮に入れることの根拠が、インダス川条約附属書 G・29 項のみならず、慣習規則たるウィーン条約法条約 31 条 3 項(c)の「当事国の間の関係において適用される国際法の関連規則」からも導かれることを示唆する。Kishenganga Case, Partial Award, 2013, para. 447, n.654.

れる義務[233]を参照した)[234]に鑑みれば[235]、インドにはパキスタンに対して最低水量確保義務を履行することが求められると判じた[236]。PCA による最低水量確保義務の認定は、インドとパキスタン双方の電力不足解消と、インドの水力発電計画の実施に伴うパキスタンの環境保全とを調和するための最善の策として

---

[233] 最低水量確保義務を導くために PCA は、慣習国際法として結晶化していると考えられる国際環境法上の原則の1つとして、条約解釈の際に環境分野の「新たな規範や基準」を考慮する義務を参照した(*ibid.,* para. 452)。けれども、こうした最低水量確保義務の発展的解釈は、次のような問題を伴う。すなわち、本件で PCA が、単に「新たな規範や基準」に照らしてインダス川条約を解釈しただけで、最低水量確保義務が導かれるというのであれば、最低水量確保義務を体現する規定が個別の条約の締結時には明文で規定されていないにもかかわらず、当該条約の解釈・適用が問題となる時点において、「新たな規範や基準」として最低水量確保義務を課すことができるということになり、法的安定性を損なうことが懸念される(*see,* Birnie, P., A. Boyle & C. Redgwell, 2009, p. 563 ; 鈴木詩衣菜 2015、702 頁; McIntyre, O., 2016, p. 465)。ある条約の解釈を行う際に、当該条約の後に新たに発展を遂げた規範や基準を考慮することを容認する傾向は、鉄のライン川事件にも見られる。本判決は、1839 年条約の権利又は義務の解釈に際して、新たな規範が適切に考慮されなければならないとして発展的解釈を行った。これに関し、本判決は、「新たな規範や基準」に照らした条約の発展的解釈を無条件で許容するのではなく、1839 年条約 12 条で達成されている当事国の権利又は義務の均衡の範囲内で行われることを示唆した(Iron Rhine Railway Case, 2005, paras. 84, 221 ; 高村ゆかり 2011、167 頁)。これに対しキシェンガンガ事件判決は、発展的解釈が許容される場面を特段限定していない。もし、「新たな規範や基準」という文言に照らしただけで、当該紛争の解決のために解釈・適用の対象となる個別条約には明文の規定がない義務を、当然に課すことができるということになれば、なかんずく条約関係の法的安定性の観点から問題を孕むことが予想される。このことは、鉄のライン川事件判決と同様のスタンスをとったガブチコヴォ・ナジマロシュ計画事件判決に対する河野真理子の次のような指摘にも表れている。「条約の締結時の当事者の意思を尊重し、当初予定された条約関係の安定性の維持を重視すべきなのか、あるいは条約関係はその後の社会や法の変化に柔軟に対応すべきものなのかという根本的な問題を提起している」(河野真理子 2000、120 頁)。
[234] Kishenganga Case, Partial Award, 2013, paras. 446-452.
[235] けれども、附属書 G、29 項にいう慣習国際法に照らして解釈される条約とは、条約のどの部分なのか(条約全体なのか、あるいは条約の特定の規定なのか)、条約のその部分をどのように解釈すれば最低水量確保義務が導かれるのかについて、判決では明らかにされていない。
[236] Kishenganga Case, Partial Award, 2013, paras. 445, 447.

提示されたものであった[237]。そのため、同義務は、持続可能な発展を促進させる効果をも有する。

両当事国は、インドが KHEP の実施に伴い下流の環境を保全するために最低流量を確保する義務を負うことで一致していたが[238]、インドが確保すべき最低水量の具体的な数値については見解を異にした。パキスタンは、NJHEP の実施に当たり少なくとも 80 m³/s を超える水量が必要であること、及びキシェンガンガ／ニーラム川の生態系を維持するために 10 m³/s 以上の水量が必要であることを主張した[239]。これに対してインドは、KHEP の経済的実行可能性に深刻な影響を及ぼすことがないように水量を 4.25 m³/s 以下に抑えなければならないとした[240]。

PCA は、まず、キシェンガンガ／ニーラム川におけるパキスタンの農業及び水力発電目的での利用に対する悪影響を回避しなければならないという要請があるとしても、KHEP を実施する権利をインドから奪ってはならないことに留意する[241]。そのうえで、KHEP を効果的に実施するインドの権利と、下流の環境保護及び NJHEP に対する悪影響を回避する必要性との間の均衡性を保つために、現在利用可能な証拠に基づき、最も雨の少ない月に、KHEP ダムサイトの平均流量の少なくとも半分の水量をインドに利用可能とすべきとした[242]。そこで PCA は、最低水量を仮に 9 m³/s とした場合、KEHP ダムサイトの全水量のうち、インドへの配分割合が、それぞれ 1 月には平均 51.9％、11 月及び 2 月には 60％以上、10 月及び 3 月には 75％を優に超えることが予想される[243]。他方、これに伴い、KHEP の発電量が年平均 5.7％減少することが予想されるが、それによって KHEP が経済的に実現不可能になるとは考えられ

---

237) Kishenganga Case, Final Award, 2013, para. 101.
238) Kishenganga Case, Partial Award, 2013, para. 455.
239) *Ibid.*, para. 55.
240) *Ibid.*, para. 62.
241) Kishenganga Case, Final Award, 2013, para. 108.
242) *Ibid.*, para. 109.
243) *Ibid.*, para. 114.

ない、と判断した[244]。

　その結果、PCA は、最終的に、上流のインドが下流のパキスタンに確保すべき最低水量の値を $9\,\mathrm{m}^3/\mathrm{s}$ と決定した。ただし、KHEP の直上流の日平均水量が $9\,\mathrm{m}^3/\mathrm{s}$ 未満となる場合には、例外的に、再び $9\,\mathrm{m}^3/\mathrm{s}$ を超えるまでの間、キシェンガンガ／ニーラム川の全水量を KHEP 下流に放流することをインドに義務づけた[245]。このように PCA は、「現在の利用」の地位を占める上流国（インド）の水力発電計画（KHEP）が得られる利益と、下流（パキスタン）の「将来の利用」の地位にとどまる水力発電計画（NJHEP）への妥当な配慮及びキシェンガンガ／ニーラム川におけるパキスタン領域内の環境保護の必要性にそれぞれ考慮を払い、乾季の間でも雨量が最低となる月に、当該河川の平均水量の少なくとも半分（50％）以上をインドが利用できるようにしたのである[246]。PCA は、そうした条件を満たす適切な水量が $9\,\mathrm{m}^3/\mathrm{s}$ であると決定した。

　けれども、この $9\,\mathrm{m}^3/\mathrm{s}$ という数値は、恒久的に維持されなければならないわけではなく、KHEP におけるキシェンガンガ／ニーラム川の転流開始から 7 年を経過した後に、いずれか一方の当事国が再検討する必要があると考えるときは、その要請に応じて、常設インダス川委員会（PIC）及び条約メカニズムを通じて再検討される[247]。その意味で、$9\,\mathrm{m}^3/\mathrm{s}$ という値は、暫定的な数値である。

（ⅴ）最近の実行――コロラド川における米墨国際流域委員会の取組
　（a）1944 年条約の締結と IBWC の設立
　最低水量確保義務に関する実行は、特に 1990 年代以降、世界各地の国際水路に見られるようになった。以下では、最低水量確保義務に関する先駆的な実

---

244) *Ibid.*
245) *Ibid.,* para. 116, n.166.
246) *Ibid.,* para. 109.
247) *Ibid.,* para. 119.

行として、1944年に米国とメキシコ（墨）の間で締結された「コロラド、ティファナ及びリオ・グランデ川に関する水利用条約」（以下、「44年条約」という。）[248]と、同条約に基づいて、両国の「国際国境及び水委員会」（IBWC）が締結した144の「覚書」（Minute）[249]を分析の対象とする。

IBWCは、米墨双方にオフィスを構えており、いずれも国際機関としての地位を有する[250]。米側のIBWCの本部はテキサス州エル・パソに位置し、メキシコ側のIBWCはエル・パソの国境を挟んで向かい側の都市、チワワ州シウダー・フアレスに所在する。各IBWCは、長官（1名）、主任技師（2名）、リーガル・アドバイザー（1名）、外交問題担当官（1名）で構成される[251]。IBWCの主な任務は、44年条約の解釈・適用又は実施に関して生じる紛争の解決である[252]。IBWCは、44年条約の解釈に際し、覚書を取り結ぶことができる[253]。覚書は、英語とスペイン語で記録され、IBWCは委員による署名の日から3日以内にその写しを両政府に送付し、30日以内に異議申立てがなされない場合には、条約上、政府の特別承認を要する場合を除き、正式に承認されたものと見なされる[254]。両政府の正式な承認を経た覚書は、両国を法的に拘束する。

44年条約は、コロラド川とリオ・グランデ川に関し、上流に位置する国に

---

248) Colorado River Treaty, 1944.
249) IBWCによって締結された覚書は、第323号が最新である。覚書は、1889年3月1日に正式に設立されたIBWCの前身である「国際国境委員会」（International Boundary Commission）が、1922年10月3日に締結した覚書第1号を嚆矢とする。IBC時代に締結された覚書は第1号から第179号までであり、第180号から第323号まではIBWCによって締結されたものである。すべての覚書及びその内容は、米側のIBWCのウェブサイトで閲覧可能。at https://www.ibwc.gov/Treaties_Minutes/Minutes.html（Last access 21 December 2017）.
250) Colorado River Treaty, 1944, Article. 2.
251) *Ibid.*
252) *Ibid.*
253) *Ibid.*, Article. 25.
254) *Ibid.*

最低水量確保義務を課した[255]。以下では、そのなかでも、最近、大きな進展が見られるコロラド川の実行を取り上げる。コロラド川は、全長約 2,300 km で、流域面積は 63 万 2,000 km² の河川である。同川は、米国南西部コロラド州内のロッキー山脈に起源を有し、同国南西部のコロラド高原及びグランドキャニオンを経て、メキシコ北西部のカリフォルニア湾に注ぐ国際河川であり、主として、米国南西部とメキシコ北部に水を供給する重要な水源となっている[256]。

44 年条約は、コロラド川に関して、上流国たる米国が、下流に位置するメキシコに対して、年間 150 万エーカー・フィート（acre feet：以下、「AF」という。）[257] の最低水量確保義務を負うべきことを規定した[258]。これは、コロラド川の平均流量のおよそ 90％を米国が利用する権利を承認したことを意味する。なお、「異常渇水又は重大事故」（extraordinary drought or serious accident）[259] により、米国がメキシコに対し年間 150 万 AF の水量を確保することが困難となるときは、米国は、自国領域内で減少した水量と同じ割合で、メキシコへの流量を削

---

255) コロラド川については後に詳述するとして、リオ・グランデ川について 44 年条約は、メキシコに所在する 6 本の支流（コンチョス、サンディエゴ、サン・ロドリゴ、エスコンディード、サラド、ラス・バカスアロヨ）に関し、メキシコがアメリカに当該支流の全水量の 3 分の 1（年平均 35 万 AF）以上の水量を確保する義務を課した。*Ibid.*, Article. 4B(c).
256) コロラド川はメキシコ国境手前のアリゾナ州ユマに達する際に、ユマのすぐ東側からヒラ川が合流し、ユマの下流約 32km にわたって米国とメキシコの国境となる。その後、メキシコ国内を流れる下流部最後の 153 km は、途切れがちな川となり、カリフォルニア湾手前のソノラン砂漠内で消失する。
257) 1AF は、1233.48184 m³ である。
258) Colorado River Treaty, 1944, Article. 10(a). なお、44 年条約によれば、米国は、メキシコに対して、年間最大 170 万 AF まで配分することができる（*ibid.*, Article. 10(b)）。ただし、メキシコは、150 万 AF を超える量については、配分を請求する権利を有しない（*ibid.*, Article. 10(b)）。
259) ただし、44 年条約では、異常渇水の定義はなされていない。また、どのような場合に 150 万 AF の水量の確保が困難となったといえるのか、さらには、そのことを誰が判断するのか、について、条文から明らかにすることはできない。Vener, R. E., 2003, p. 247.

第 3 節　重大損害防止規則の違反の認定に当たり検討されるべき要素　201

減することができる[260]。

(b) メキシコ北部地震への IBWC の対応

ところが、2010 年 4 月にメキシコ北部のバハ・カリフォルニア州メヒカリ峡谷で発生した地震（メキシコ北部地震）による導水管の壊滅的な破損により、メキシコは、44 年条約の上記規定に従った配分を受けることが実質的に不可能な状態に陥った[261]。そこで、こうしたメキシコ側の被害に両国が協力して対応に当たるべく双方の IBWC の間で合意に至ったのが、2012 年 11 月に締結された覚書第 319 号[262]と、同号がその規定通り 2017 年 12 月 31 日に終了するのに伴い新たに締結された覚書第 323 号[263]である。覚書第 323 号は、第 319 号の内容を概ね踏襲している。

覚書第 319 号によれば、44 年条約の上記諸規定（10 条(a)及び(b)）の解釈・

---

[260]　*See*, Colorado River Treaty, 1944, Article. 10(b). 異常渇水時又は重大事故時の対応として、44 年条約の下で、コロラド川においてアメリカに課される最低水量確保義務と、リオ・グランデ川においてメキシコに課される最低水量確保義務を比較すれば、後者により重い負担が課せられている。44 年条約は、リオ・グランデ川では、メキシコが負う最低水量確保義務の履行又は不履行を、単年度ごとではなく、5 年間の年平均値で判断する仕組みを設けているが、異常渇水又は重大事故により、5 年間で年平均 35 万 AF の水量の確保ができなかった場合には、不履行分は債務として次の 5 年間に繰り越される（*ibid.*, Article. 4B(d)）。このように、異常渇水又は重大事故の場合において、44 年条約は、メキシコにはリオ・グランデ川支流の最低水量確保義務の完全な履行を要求する一方、コロラド川においてアメリカに課される最低水量確保義務はアメリカ国内の消費水量の減少に比例して軽減される。こうした対応の違いが生じた理由について、44 年条約は何も述べていないが、考えられることとして、条約締結当時、メキシコよりもアメリカのほうが開発が進んでおり水の使用量が多かったこと、アメリカが洪水防止事業及び貯水事業に多額の投資を行っていたことな等が挙げられる（Anderson, K. J., 1972, p. 611；Umoff, A. A., 2008, pp. 75-76）。
[261]　King, J. S., P. W. Culp & C. de la Parra, 2014, pp. 88-89.
[262]　Minute No. 319. なお、覚書第 319 号における合意内容の要点については、以下を参照。Mumme, S. P., 2016, pp. 32-34；松本充郎 2017、101-106 頁。
[263]　Minute No. 323. 覚書第 323 号は、2018 年 1 月 1 日から 2026 年 12 月 31 日までの 9 年間効力を有する。

適用に影響を与えないことを条件に[264]、米国がメキシコに対して負う最低水量確保義務を、米国のミード湖[265]の貯水位が高水位である場合と、貯水位が低水位である場合とに区分した。そのうち、最低水量確保義務に関係するのは、後者の低水位の場合である[266]。そこでは、米国がメキシコに対して負う最低水量確保義務が次のように軽減された。

覚書第319号によれば、ミード湖の水位が毎年1月1日の時点で、①海抜1,050フィート以上、1,075フィート以下になることが予想される場合には、5万AFの削減を、②海抜1,025フィート以上、1,050フィート以下になることが予想される場合には、7万AFの削減を、③海抜1,025フィート未満となることが予想される場合には、12万5,000AFの削減を、それぞれ許容した[267]。さらに、覚書第319号は、メキシコに対し、2017年12月31日までの間、年間の合計配分量が150万AFを超過しないことを条件に、上記減少分を補填す

---

[264] Minute No. 319, Resolution 14.
[265] 米国南西部、ネバダとアリゾナの州境を成すコロラド川に1936年に建設されたフーヴァーダムのダム湖。貯水量は350億 m^3 を誇る米国最大の人造湖である。面積は640 km^3 で、湖面標高は372 m。竹内啓一ほか編 2013(b)、1583頁。
[266] 覚書第319号は、逆に、ミード湖の貯水位が高くなる場合には、米国のメキシコに対する配分量を次のように変更することを決定した。すなわち、ミード湖の予想水位が、毎年1月1日の時点で、①海抜1,145フィート以上、1,170フィート未満の場合には年間4万AFを、②海抜1,170フィート以上、1,200フィート未満の場合には年間5万5,000AFを、③海抜1,200フィート以上で、かつ洪水防止のための放水が不要である場合には8万AFのみ、④水位に関係なく洪水防止のための放水が必要である場合には20万AFを、増加させることを許可した（Minute No. 319, III.2）。なお、上記配分量の増加は、年間最大20万AFまでとし、年間の合計配分量が170万AFを超過してはならない（ibid., III.2.(d)）。上述の高水位時の対応は、そのまま覚書第323号によって踏襲されている（Minute No. 323, II.A）。覚書第323号で新たに決定された事項は、高水位時に上記所定の水量を放流する前に、放流の影響について米墨IBWC委員が面会し、IBWCの米側委員と墨側委員が利害関係者との間で、協議を実施することである（ibid., II.C）。
[267] Minute No. 319, III.3. なお、水位の予測は、米国内務省土地改良局（U.S. Bureau of Reclamation）の特別報告書に基づいて判断される。2017年度は1,079フィートであったため、節水措置が発動されずに済んだ。Carter, N. T., S. P. Mulligan & C. R. Seelke, 2017, p. 13.

るために、「意図的に創出されたメキシコへの配分」(ICMA)[268]、あるいは、地震により発生した延期水[269]の利用を許可した[270]。

　覚書第 319 号における渇水時の合意内容は、覚書第 323 号にも引き継がれた[271]。覚書第 323 号は、ミード湖の水位低下のメカニズムの分析や、水位低下のリスクを減少させる手法の開発等を行う、「水文学に関する二国間作業グループ」(Binational Hydrology Work Group) の立ち上げを決定した[272]。同号は、「渇水時の二国間対応計画」(Binational Water Scarcity Contingency Plan) を策定し、コロラド川に関し、渇水を理由として、米国が 44 年条約に定められた最低水量確保義務を履行できない事態を見据え、ミード湖の水位低下のリスクを減少させるために継続的に対応することや、ミード湖の水位が 1,075 フィートを下回る場合には、メキシコ政府に対してコロラド川の水利用における節水を要請すること等に合意した[273]。

　このように、コロラド川に関し、44 年条約上、米国がメキシコに対して負

---

[268] ICMA は、コロラド川の水需要の高まりと貯水容量が減少するおそれに対処するために創設されたもので、水保全事業や新規水源事業から生み出された水をメキシコのために利用することを意図したものである。メキシコは、2017 年 12 月 31 日までの間、ミード湖から洪水防止を目的とする放水が実施される場合を除き、いつでも、年間最大 25 万 AF（地震による延期水を含む）の水を同湖に貯水することができる。ただし、メキシコが 1 年間に利用することのできる ICMA は、最大 20 万 AF（地震による延期水を含む）に限定され、メキシコへの年間の合計配分量が 170 万 AF を超過することがあってはならない。なお、ミード湖の水位が本文中の①から③の低水位に該当する場合には、メキシコは、ICMA 及び地震による延期水の配分を受けることができない。Minute No. 319, III.4.
[269] 覚書第 319 号は、2010 年 12 月に締結された「2010 年 4 月のバハ・カリフォルニア州のメヒカリ峡谷における地震による、コロラド川灌漑排水路 014 の損壊の結果として、2010 年から 2013 年にかけてのメキシコへの水配分スケジュールの調整」と題する覚書第 318 号における協力措置の延長を決定し、メキシコ北部地震によって配分の延期を余儀なくされた水を、延期水として、引き続きコロラド川上流の米国領内に位置するミード湖に貯水することを許可した。*Ibid.*, III.1.
[270] *Ibid.*, III.3(b).
[271] Minute No. 323, III.A.
[272] *Ibid.*, III.G.
[273] *Ibid.*, IV.

う最低水量確保義務の履行に当たり、条約の改正又は新たな条約の締結という形ではなく、IBWC という条約の実施機関である国際流域委員会が既存の条約（44 年条約）の範囲内で、覚書の締結という、より簡易かつ簡便な手段を選択し条約締結後の激しい状況（気象条件や地理的条件等）の変化に迅速に対応したことは、とりわけ他の乾燥地域の水路の利用と保全を考える際にも参考となろう。こうした米墨 IBWC の実行は、最低水量確保義務の履行を促進する手段として、国際流域委員会が効果的な役割を担うことを示唆している。

(c) コロラド川デルタの生態系保全のための IBWC の対応

次に、IBWC による最低水量確保義務の 2 つ目の実施措置として、生態系保全への対応が挙げられる。アリゾナ州ユマ及びメキシコのメヒカリの南部、カリフォルニア湾の北部に位置するコロラド川のデルタ地帯は、米国南西部の最重要湿地であり、小型海洋クジラ、小頭ネズミイルカや、トタバなど幾種もの絶滅危惧種に加え、白頭ワシやユマ・クラッパー・レールなど、多くの希少生物の生息が確認されている[274]。さらに、北米の鳥類全体の 55％ が繁殖、越冬又は移動のために当該デルタを利用している[275]。しかし、この地域一帯は、気候変動の影響により何十年もの間、酷い乾燥に見舞われており、さらに、同川下流域の急激な人口増加及び工業化・都市化による同川からの取水量の飛躍的増加が拍車をかけ、デルタは、ほぼ年中、コロラド川の水が行き届かない状態に陥った。それゆえ、デルタに到達する水は、コロラド川全体の僅か 0.1％ に過ぎず、デルタはかつての 10 分の 1 にまで縮小した[276]。

デルタの生態系への深刻な影響が認識されるようになったのは、1990 年代半ばのことであったが、より積極的な対応の必要性が認識され始めたのは、ようやく 2000 年に入ってからのことである[277]。そのことを如実に示しているの

---

274) Umoff, A. A., 2008, pp. 90-91.
275) *Ibid.*, p. 90.
276) *Ibid.*
277) King, J. S., P. W. Culp & C. de la Parra, 2014, pp. 69-70.

が、同年 12 月に IBWC が発付した覚書第 306 号である。同号は、コロラド川国境付近とそれに関連するデルタの生態環境の調査を要請するものであり、主として、「IBWC が資源の衡平な配分の原則に基づき、共同調査を通じて両国の協力枠組を構築する」[278]こと、及び「コロラド川の流量の変化がデルタの生態系にいかなる影響を与えるかの調査を、二国間テクニカル・タスクフォースを通じて実施する」[279]ことを勧告した。同号は、調査を実施するためのメカニズムを構築し、生態系を保全するための計画が、将来的に、進化を遂げる土台を形成したところに意義がある。しかし、同号は、コロラド川デルタの生態系の調査及びそのための枠組の構築の要請にとどまっており、実際の対応は 2012 年 11 月 20 日に締結された覚書第 319 号を待たねばならなかった。

覚書第 319 号は、覚書第 306 号、並びに「ユマの脱塩プラント試験運転期間中にメキシコ及び両国の NGO がサンタ・クララ湿地に導水を実施するに当たり、米国領域内のウェルトン・モホーク迂回排水路及び必要なインフラを利用すること」と題する覚書第 316 号に留意して、水量に余裕がある限りで、コロラド川デルタの環境保護及び生態系保全を目的とした最低水量の確保を米墨双方に要請した[280]。これを実施に移すために、2013 年から 17 年までの 5 年間、試験的なプログラムとして、両政府及び両国の NGO の参加を得て、コロラド川国境地帯及びデルタに合計 15 万 8,088AF の水流を生み出す手法の検討を要請した[281]。

覚書第 319 号は、次のような内容に合意した。すなわち、第 1 に、当該試験的プログラムは、コロラド川デルタの生態環境に恩恵を与える水流を生み出し、遅くとも、2016 年までに、およそ 10 万 5,392AF のパルス流 (pulse flow) をデルタに配分すること[282]、第 2 に、インフラ及び環境事業費として IBWC

---

278) Minute No. 306, Recommendation 1.
279) *Ibid.*, Recommendation 2.
280) Minute No. 319, III.6.
281) *Ibid.* 15 万 8,088AF の内訳は、5 万 2,696AF のベース流 (base flow) と 10 万 5,392AF のパルス流 (pulse flow) である。*Ibid.*
282) *Ibid.*, III.6(e)(i).

を通じて米国がメキシコに提供することを決定した総額 2,100 万ドルの支援金の一部を、パルス流の 50％ を創出する事業に充てること[283]、第 3 に、両国は、デルタへのパルス流の到達を確保するために、各国領域内において、必要なあらゆる措置をとること[284]、である[285]。

5 年間の期限付きの試験的プログラムとして合意された覚書第 319 号は、2017 年 12 月 31 日に失効したが、同年 9 月に新たに締結された覚書第 323 号において、2018 年 1 月 1 日から 2026 年 12 月 31 日の間、事業の継続に合意した[286]。同号は、覚書第 319 号によって保全が実現した場所に加え、新たにデルタ河口部の生態系を復元するために、年平均 4 万 5,000AF の水量の確保及び復元費用として 4,000 万ドルの拠出を目標に据えた[287]。これにより、保全地域は、現在の 1,076 エーカーから 4,300 エーカーに拡大されることが期待される。

ところで、44 年条約は、コロラド川の水の配分に当たり、次のような 7 項目の利用に優先権を付与した。すなわち、①生活用及び都市用、②農業及び畜産用、③発電用、④その他工業用、⑤航行用、⑥釣り及び狩猟用、⑦その他 IBWC が有益であると判断した利用、である[288]。これに関連して、覚書第 319 号の意義として、次の点が指摘できる。すなわち、44 年条約締結当時にはコロラド川の生態系保全の重要性が認識されていたわけでは決してないが、その

---

283) *Ibid.*
284) *Ibid.*
285) パルス流の実際の放水は、2014 年 3 月 23 日、アリゾナ州とメキシコとの国境に位置するモレロスダムから昼夜を問わず 8 週間断続的に実施された。その結果、下流のデルタは、5,000 エーカーもの範囲が水で潤い、当該地域ではパルス流の影響により、以前と比べて植生が 43％ も増加したとの調査報告も出されている。さらに、コロラド川の水は、同年 3 月 15 日には、半世紀ぶりにカリフォルニア湾まで到達した。Hardberger, A., 2016, pp. 332-333.
286) Minute No. 323, VIII.
287) *Ibid.*
288) Colorado River Treaty, 1944, Article. 3. けれども、このような優先順位は、今日では時代錯誤であるとして批判に晒されている。Mumme, S. P., 1999, pp. 155-156; Hall, R. E., 2004, p. 905, Umoff, A. A., 2008, p. 84.

後の状況変化に伴い優先権を与える必要に駆られる利用について、より多くの時間と労力を要する条約の改正や新たな条約の締結ではなく、米墨 IBWC 同士の覚書の締結という方法で 44 年条約の解釈に変更を加えることにより、コロラド川デルタの生態系の悪化に対し、比較的短期のうちに、最低水量の確保に合意できた[289]。

(d) 塩度問題に対する IBWC の対応

最後に、IBWC による最低水量確保義務の 3 つ目の実施措置として、塩度問題への対応が挙げられる。元来、自然的な要因から、コロラド川の塩分濃度は他の河川に比べて高い状態にあったが、米国のアリゾナ州で灌漑事業が開始された 1960 年以降、アリゾナ州のヒラ川流域に開拓されたウェルトン・モホーク灌漑区からの塩水の排出と、グレンキャニオンダムへの貯水に伴うコロラド川下流の流量低下に伴い[290]、コロラド川下流のメキシコ領内の塩分濃度が著しく上昇し、メヒカリ峡谷に広がる農地に壊滅的な被害をもたらしてきた[291]。これにより、メヒカリ峡谷の年平均塩分濃度は 800 ppm から 1,500 ppm に上昇した[292]。メキシコは、こうした状況を懸念し、1961 年 11 月、米国に対して抗議を申し入れた。

これに対する IBWC の最初の対応は、1965 年に締結された覚書第 218 号であった。そこでは、塩分濃度を減少させるために、ウェルトン・モホークの導

---

289) Mumme, S. P., 2016, pp. 36-37.
 ただし、こうした IBWC を通じた最低限の水量の確保の試みを、暫定的ではなく、恒久的な制度とするためには課題も多い。その一例として、国ごとに統治機構、法制度、経済発展のレベル、習慣等が大きく異なること、情報を管理するための責任が一国のなかでも、水に関する部門間や、連邦や州間に分散していること、流域委員会内での調整や協力が十分に行われていないこと等が挙げられる。Bennett, V. & L. A. Herzog, 2000, pp. 978-979.
290) Verner, R. E., 2003, p. 248 ; King, J. S., P. W. Culp & C. de la Parra, 2014, p. 63.
291) Umoff, A. A., 2008, p. 78.
292) King, J. S., P. W. Culp & C. de la Parra, 2014, p. 63.

水路の拡張が米国に対して要請された[293]。しかし、その後も塩度問題は一向に解決の糸口を見出すことができず、1971年、メキシコは米国に ICJ への提訴を諮るまでに事態は悪化した[294]。こうしたことから米国は、国際社会からも好ましからざる注目を浴びる結果となり、1972年に、ようやく、覚書第241号で、塩度問題の解決策を打ち出すことに合意した[295]。

翌年、この問題は、「コロラド川の塩度に関する国際問題の恒久的かつ最終的解決」と題する覚書第242号によって解決が図られた。同号では、「メキシコ上流のモレロスダムに送水されるおよそ136万 AF の水について、年平均塩分濃度が、ユマのインペリアルダムに比べて、115 ± 30 ppm よりも上昇しないように確保するための措置をとる」[296]こと、及び塩害の被害を受けたメヒカリ峡谷一帯の農地を再生するために無償援助を提供する[297]ことが、米国に要求された。

さらに、1974年には、「コロラド川流域塩度制御法」（Colorado River Basin Salinity Control Act）が制定され、ユマに世界最大規模の逆浸透脱塩装置の建設及び高濃度の塩水の還流を防止するためのバイパス工事の実施が承認され、これら費用の全額が米国の負担とされた[298]。このようにして、上流に位置する米国は、IBWC を通じて、コロラド川の塩度上昇を抑制するための措置を講じることによって、44年条約に規定された最低水量確保義務の実効性を確保したのである。

---

293) Minute No. 218, Recommendation 1.
294) Umoff, A. A., 2008, p. 79 ; King, J. S., P. W. Culp & C. de la Parra, 2014, p. 63.
295) Minute No. 241, para. 1. 覚書第241号では、メキシコのモレロスダムから下流のコロラド川に、ウェルトン・モホーク灌漑区からの塩分濃度の高い水3万4,000AFを放流し、それに代わり、同ダム上流に塩分濃度の少ない水を放流することにより、メヒカリ峡谷の農地を塩害から保護することが約束された。Brownell, H. and S. D. Eaton, 1975, pp. 255-260 ; 月川倉夫 1979、75-76 頁。
296) Minute No. 242, Resolution 1(a).
297) *Ibid.,* Resolution 7. *see,* Smedresman, P. S., 1973, pp. 515-516.
298) Verner, R. E., 2003, pp. 248-249. なお、塩度問題に関しては、2012年の覚書第319号でも対応が合意された。Minute No. 319, III. 5.

第 3 節　重大損害防止規則の違反の認定に当たり検討されるべき要素　209

けれども、覚書第 242 号は、コロラド川の塩度問題が明るみに出てから 10 年以上が経過した後に締結されたものであり、この問題に対する IBWC の対応の遅さは批判されるべきである。その後、コロラド川の塩分濃度は劇的に減少したものの、塩度問題への対応は今も引き続き行われている。そのことは、覚書第 319 号及び第 323 号でも認識されている[299]。

(5)「相当の注意」の手続的レベルの客観化
　　——環境影響評価 (EIA) を実施する義務
(ⅰ) EIA を実施する義務の性質
　計画国は、他国の環境に影響を及ぼす決定を行う際には、その影響を十分に把握しておく必要がある。そのための効果的な手段が EIA である。すなわち、EIA とは、計画中の活動が環境に「重大な悪影響をもたらすおそれ」（重大な越境損害の危険）があると考えられる合理的な理由がある場合に[300]、当該活動が環境に及ぼす潜在的な影響を計画実施前に評価する手続をいう。計画国に対して EIA の実施を要請することは、重大な越境損害の発生又はその危険の発生の防止に資する。
　ここでは、EIA の実施に関する次の 4 つの手続を総合して、「EIA を実施する義務」と呼ぶ。詳細は後述するが、EIA を実施する義務は、① EIA を行うことが必要かどうかを判断する「危険確定義務」、② EIA の実施が必要と判断された場合に、実際に EIA 文書を準備し完成させる「危険評価義務」、③危険

---

299) Minute No. 319, III.5; Minute No. 323, VI.
300) なお、EIA を実施する義務の「重大な悪影響をもたらすおそれ」（重大な損害の危険）の敷居は、本書の「事前の」重大損害防止規則の「重大な損害発生の重大な危険」の敷居よりも低い（すなわち緩やかである）。つまり、EIA を実施する義務の下での重大な悪影響のおそれが認定されたからといって、たちまち、「事前の」重大損害防止規則の「重大な損害発生の重大な危険」が肯定されるわけではない。See, A/49/10, commentary to Article. 12, para. (2); Transboundary Aquifers Draft Articles, 2008, commentary to Article. 15, para. (7); McCaffrey, S. C., 2007, p. 473; McIntyre, O., 2007, p. 329; Leb, C., 2013, p. 129; Duvic-Paoli, L-A., 2018, p. 212; Pulp Mills Case, 2010, paras. 119, 205; San Juan River Case, 2015, Separate opinion of Judge *ad hoc* Dugard, para. 19.

の評価の結果、重大な越境損害の危険を生じさせると判断される場合に生じる「EIA の結果を通報し必要に応じて誠実に協議する義務」、④計画実施後、重大な越境危害の危険が生じたと判断される場合に実施を要求される「EIA の継続的実施の義務」に分けられる。

　EIA を実施する義務は、とりわけ 1990 年代以降に採択された条約等において、事前通報・協議義務、公衆参加を確保する義務、モニタリング義務のように、もともとは別個に存在すると考えられていた手続的規則と結合し、複合的プロセス全体が EIA として再構成されつつある[301]。本書もこうした流れに沿い、EIA を実施する義務の再構築を試みる。

　EIA を実施する義務は、手続的規則[302]に分類される[303]。なぜなら、EIA は環境に悪影響を生じるおそれのある事業活動についての意思決定の過程に関わる手続であり、当該事業活動の最終的な決定内容を直接的に規制するものではないからである[304]。EIA を実施する義務は、実体的規則たる重大損害防止規則との関係において、「相当の注意」基準の構成要素の 1 つである予見可能性（予見義務）の有無を判断するための重要な道具（ツール）となる。そのため EIA は、「相当の注意」基準の不充足の認定に際し、実際上重要な位置を占め

---

301) 児矢野マリ 2011(c)、185 頁; Epiney, A., 2012, pp. 580-581.
302) ここで手続的規則とは、損害の原因やリスクの解明、環境危険活動に関する意思決定過程での一定の手続の実施を要求する義務を指し、損害の発生防止・削減を含む環境保全それ自体を命じる義務である実体的規則とは区別される。児矢野マリ 2018、345 頁。
303) *E.g.,* San Juan River Case, 2015, paras. 101-112; Epiney, A., 2012, p. 591; Weiss, E. B., D. B. Magraw, S. C. McCaffrey, S. Tai & A. D. Tarlock, 2015, pp. 213-218; Murase, S., 2016, p. 22, para. 43; Duvic-Paoli, L-A., 2018, p. 204.
304) 児矢野マリ 2011(c)、170 頁。これに対して、パルプ工場事件判決のように、EIA を実施する義務が実体的規則に分類されることもある（Pulp Mills Case, 2010, paras. 203-219)。EIA は実行上は行政当局によって実施される場合が多いが、時として当局ではなく企業が行うこともある。そのような場合には、当局は EIA が正しい方法で行われるよう確保するためにすべての必要かつ適切な措置をとる（=「相当の注意」を払う）ことが求められる。つまり、この場合、EIA を実施する義務は、実体的規則たる「相当の注意」義務と把握できる（Epiney, A., 2012, p. 589)。

る。このことは、パルプ工場事件判決において、「河川レジーム又は河川の水質に影響を及ぼす作業を計画する当事者が、その作業の潜在的影響について環境影響評価を実施しなかった場合には、相当の注意とこの相当の注意に含まれる警戒と防止の義務が果たされたとはいえない」[305]として、EIA を実施する義務の不履行が「相当の注意」義務の違反を引き起こすことの指摘にも表される。

(ⅱ) EIA を実施する義務の内容

パルプ工場事件判決に代表されるように従来の判例は、EIA の実施を慣習国際法上の義務として認めるだけであったが、最近、EIA を実施する義務は、一定の時間的連続性を備えた複層的・重層的な義務として認識されるようになっている。その有力な根拠は、サンファン川事件判決の次のような判断に求められる。本判決によれば、①国家は、重大な越境環境損害を防止する際に相当の注意を払う義務を充足するために、他国の環境に悪影響を及ぼすおそれのある活動を開始するよりも前に、重大な越境損害の危険が存在するかどうかを確定しなければならず[306]、②もしそのような危険が認められるのであれば EIA を実施することが求められ[307]、③EIA の実施によって重大な越境損害の危険が判明した場合には、計画国は、かかる危険を防止し又は軽減するための適切な措置を決定することが必要なときは、相当の注意義務に合致するように、潜在的な被影響国に対して、通報し誠実に協議しなければならず[308]、④以後の作業について、重大な越境損害の危険が生じたときは、たとえ計画実施後であったとしても、適切な EIA を準備する義務を継続して負う[309]。

上記①では、当該計画活動が他国に重大な越境損害の危険を生じさせるかの判断を計画国に迫る。これは、EIA に先立ち、重大な越境損害の危険を確定する義務(危険確定義務)として理解できる。次に、上記②は、①によって重大

---

305) Pulp Mills Case, 2010, para. 204.
306) San Juan River Case, 2015, para. 104.
307) *Ibid.*
308) *Ibid.*
309) *Ibid.*, para. 173.

な越境損害の危険が肯定されたときに、その危険を評価する義務（危険評価義務）を計画国に課している。さらに、上記③は、②の結果、他国に重大な越境危害の危険を生じさせる場合には、当該他国に通報を行い、必要に応じて協議する義務を計画国に課す。最後に、上記④は、③の後、計画が実行に移された後であって、かつ重大な越境損害の危険を生じさせる場合に、計画国に対し、EIA を準備する義務を課した。

このように、本判決は、EIA を実施する義務を上記①から④へと時間の流れにしたがって階層性をもつ義務として認識したところに先例的価値を有する[310]。本書では、上記①から④の各種義務を、便宜的に、それぞれ次のように呼称する。すなわち、上記①の義務を「危険確定義務（スクリーニング）」、上記②の義務を「危険評価義務」、上記③の義務を「EIA の結果を通報し必要に応じて誠実に協議する義務」、上記④の義務を「EIA の継続的実施の義務（モニタリング義務）」と呼ぶこととする。

EIA を実施する義務の時間軸に沿った階層化は、本書の検討課題との関連では、とりわけ、重大損害防止規則の「相当の注意」の客観化・具体化として表れる。以下では、この４つの義務の内容を順次明らかにしていく。

(a) 危険確定義務（スクリーニング）

事業を計画する国は、常にすべての活動について EIA の実施を義務づけられるわけではない。EIA の実施に先立ち、まず計画国は、EIA の評価対象を決定しなければならない[311]。この要請を本書では危険確定義務と呼ぶ。この義務内容は、計画国が、他国の環境に重大な越境損害の危険を及ぼす活動を開始する前に、EIA の実施が必要かどうかを判断するものである[312]。これは、一

---

310) Cogan, J. K., 2016, p. 325；鈴木淳一 2018、336 頁；石橋可奈美 2018、232 頁。
311) *E.g.,* Craik, N., 2008, p. 133；Harrison, J., 2017, p. 32.
312) *E.g.,* Craik, N., 2008, p. 133；Koyano, M., 2011, p. 115. 危険評価義務を規定した水路条約として、たとえば、ヴィクトリア湖流域議定書がある。Lake Victoria Basin Protocol, 2003, Article. 12(1). なお、例外的に、南極条約環境保護議定書のように、重大な悪影響に到達するよりも前の、「軽微又は一時的な」影響の場合に EIA の必要性

般に、スクリーニングと呼ばれる手続を指す[313]。そして、同義務の結果、計画国は、他国の環境に重大な損害をもたらす危険があると判断した場合にのみ、危険評価義務を負う。危険確定義務は、その性質上、科学的証拠に依拠することは不可能であるから、予防的アプローチに則って履行されることになる[314]。

　危険確定義務の存在は、最近の判例に裏づけを有する。繰り返しを恐れずに言うと、サンファン川事件判決では、「国家は、重大な越境損害を防止する際に相当の注意を払わなければならないという義務から、他国の環境に悪影響を及ぼすおそれのある活動を開始する前に、重大な越境損害の危険が存在するかどうかを確定することを要求され」[315]、もしその危険が認められるのであれば、「関係国は、環境影響評価を実施しなければならない。」[316]と判示し、危険確定義務の存在を肯定した。以上から、計画国は、当該計画活動が他国に重大な越境損害を引き起こす危険がないことを適切な根拠を示して説明することができれば、危険確定義務を履行したことになり、危険評価を行う必要はなくなる。反対に、計画国が他国に重大な越境損害を引き起こす危険があると判断した場合には、危険評価義務の履行を免れない。計画国は、危険確定義務の実施に当たり、準備的な評価の存在に言及するだけでは同義務を履行したことにはならず、当然ながら、準備的な評価の実施が求められる[317]。

　危険確定義務は、条約でも導入されている。その代表例として、1991年にUNECEによって採択されたエスポ条約[318]が挙げられる。この条約によれば、計画国において、EIAによる危険評価が求められるのは、①一般的に大規模と見なされる附属書Ⅰに掲げられた事業（石油精製施設、火力発電所、核燃料製造・

　　の判断義務を課す文書もある。Antarctic Protocol, 1991, Article. 8(1).
313)　Craik, N., 2008, p. 133; Duvic-Paoli, L-A., 2018, p. 212.
314)　Duvic-Paoli, L-A., 2018, p. 271.
315)　San Juan River Case, 2015, para. 153. *See also, ibid.,* para. 104.
316)　*Ibid.*
317)　*Ibid.,* para. 154; South China Sea Case, 2016, para. 989.
318)　Espoo Convention, 1991.

再処理等に関する施設、精錬施設、アスベスト関連施設、化学コンビナート、高速道路、鉄道、空港、石油・ガスパイプライン、貿易港、危険廃棄物処理施設、ダム・貯水池、地下水の汲み上げ、製紙業、採鉱業、炭化水素の沖合生産、石油等の貯蔵施設、大規模森林破壊等）であって、かつ②重大な悪影響をもたらすおそれのある場合である[319]。また同条約は、EIA の必要性を判断する義務の発生場面を、上記附属書Ⅰの場合に限定していない。附属書Ⅰに該当しない事業計画であっても、重大な越境悪影響を引き起こすおそれがあり、かつ附属書Ⅰと同等のものとして扱われるべき事業についても計画国に同義務を負わせることにした[320]。

けれども、危険確定義務の履行に際して、計画国は大幅な裁量を有する。なぜなら、「重大な悪影響」という言葉は抽象性が高く、結局、その有無はケース・バイ・ケースの判断に依らざるを得ない面があり、しかもその評価の実施主体は、通常、計画国に委ねられているからである[321]。それゆえ、重大な悪影響のおそれの判断に占める計画国の恣意的判断の範囲をいかにして狭めるかが鍵となる。

これに関し、エスポ条約が、重大な悪影響のおそれの判断に当たり、前記附属書Ⅰの事業について原因国と潜在的な被影響国との間に見解の相違がある場合には、一方当事国の要請により、当事国が指名した科学又は技術の専門家から成る審査委員会に付託して意見を求めることができる制度を設けた[322]ことは、計画国による恣意的判断を回避するための方法として注目に値する[323]。

この他にも、南極条約環境保護議定書では、重大な悪影響のおそれの判断に

---

319) Ibid., Article. 2(3) and Appendix I.
320) Ibid., Article. 2(5). これに関し、何が附属書Ⅰと同等に扱われるべき事業であるかの考慮要素として、エスポ条約は、当該事業の規模、位置又は影響を挙げる。Ibid., Appendix III.
321) E.g., Craik, N., 2008, p. 133；石橋可奈美 2018、234 頁。サンファン川事件判決も、本件において、道路建設前に重大な越境損害の危険の存在を評価するのは、計画国たるコスタリカであって、ニカラグアではないとして、計画国にその判断を委ねている。San Juan River Case, 2015, para. 153.
322) Espoo Convention, 1991, Article. 3(7) and Annex IV.
323) Craik, N., 2008, p. 138.

ついて、次の3つの場面でそれぞれ異なる評価を要求することで、重大性の意味を明確化しようとする試みが見られる。つまり、科学的調査の計画に基づき実施されるすべての活動、同地域における観光並びに政府及び非政府の他のすべての活動であって、南極条約7条5項の規定に従い、事前の通告を必要とするすべての活動について[324]、①当該すべての活動を対象に、計画国の国内手続により潜在的影響の検討を要求する「準備段階の評価」[325]、②当該活動について、「南極の環境又はこれに依存し若しくは関連する生態系に及ぼす影響」の程度が、軽微又は一時的な影響を下回ることはないと判断された計画活動について要求される「初期の環境評価」(IEE)[326]、③軽微又は一時的な影響を上回る影響を伴うおそれのある計画活動について要求される「包括的環境評価」(CEE)[327]、を定立した[328]。

さらに、重大な悪影響のおそれの有無を客観的な評価基準を用いて判断しようとする傾向は、最近の判例にも観取される。サンファン川事件における「サンファン川沿いのコスタリカでの道路建設事件」判決は、計画国が道路建設を開始する前に、「あらゆる関連事情を客観的に評価することにより」[329]、重大な越境損害の危険の有無を明らかにしなければならないと述べて、客観的評価の重要性を指摘したうえで、事業の性質と規模、計画の実施状況を評価基準とした[330]。では、本判決はこの評価基準に基づいて、具体的にどのような判断

---

324) Antarctic Protocol, 1991, Article. 8(2).
325) *Ibid.,* Annex I, Article. 1.
326) *Ibid.,* Annex I, Article. 2.
327) *Ibid.,* Annex I, Article. 3.
328) 同議定書の「軽微な又は一時的な」という言葉は、1987年の南極におけるEIAガイドラインに定める「重大な」の語を明確化するために用いられたものである。したがって、「軽微な又は一時的な」という敷居は、「重大な」のそれよりも低いことを当然に意味するわけではない。Craik, N., 2008, p. 136.
329) San Juan River Case, 2015, para. 153.
330) *Ibid.,* para. 155.

を行ったのであろうか。以下では、その検討プロセスを追ってみたい[331]。

　第1に、コスタリカが建設計画中の道路は、総延長が160 kmに及び、うち108.2 kmがサンファン川に沿って敷設され、さらにその約半分が新設であるから規模は相当のものであること[332]、第2に、道路がサンファン川に沿って計画されているという立地の観点からすれば、もし当該道路が周囲の環境に損害を生じさせた場合、サンファン川に容易に影響するであろうし、ニカラグアの領土にも容易に影響するであろうこと、裁判所に提出された証拠によれば、サンファン川沿いの道路のおよそ半分が河岸100 m以内に位置し、うち約18 kmは50 m以内に位置し、なかには5 m以内の場所さえあること、当該道路がサンファン川にきわめて近接した場所にあり、しばしば斜面に建設されていることから、同川に流入する土砂が増加する危険があること、さらに、この地域において、ハリケーン、熱帯性低気圧及び地震等、有害事象によって引き起こされる自然災害の蓋然性により、堆積物による浸食の危険を増大させるおそれがあること[333]、第3に、当該道路が位置する河川流域の地理的状況として、道路はコスタリカ領内の国際的に重要な湿地を通過し、ニカラグア領内の別の保護湿地であるサンファン川禁漁区にきわめて接近した位置にあること、ラムサール条約による保護地にあっては環境への影響がとりわけ敏感であり、重大

---

331) こうした危険確定義務の違反の有無の検討に当たり、サンファン川事件で、ICJは、様々な考慮要素を示した「サンファン川沿いのコスタリカでの道路建設事件」とは対照的に、「国境地域におけるニカラグアの活動事件」では、計画された浚渫プログラムは、コロラド川の水量にも、コスタリカの湿地にも重大な越境損害の危険を生じさせるものではなく、重大な越境損害の危険が存在していないため、ニカラグアはEIAの実施を要求されないと指摘しただけで (*ibid.*, para. 105)、義務違反を否定した (*ibid.*, para. 112)。つまり、「国境地域におけるニカラグアの活動事件」では、EIAを実施する必要性がニカラグアには存しないとの結論を導くための考慮要素や判断基準が示されていない (*ibid.*, Separate opinion of Judge *ad hoc* Dugard, para. 34. 石橋可奈美 2018、233頁も参照)。このように、2つの事件においてICJが異なる扱いをしたことには疑問が残る。

332) San Juan River Case, 2015, para. 155.

333) *Ibid.*

な損害の危険が増すこと[334]。こうしてICJは、コスタリカによる道路建設が重大な越境損害の危険を生じさせたと結論し、コスタリカには危険評価義務が課されると判断したのである[335]。

以上のような諸要素の考慮は、前述のエスポ条約が採用した規模、位置及び影響という3つの要素とも概ね合致する。上記判決のように、重大性の存否を判断するために考慮要素を具体的に示すことは、状況に応じたケース・バイ・ケースの判断を基本とするにせよ、計画国の恣意的な判断の回避に一定程度寄与するものと言えよう。

しかし、上記「サンファン川沿いのコスタリカでの道路建設事件」とは反対に、「国境地域におけるニカラグアの活動事件」では、本件において提出された証拠をICJが検討した結果、計画された浚渫プログラムは、コロラド川の水量にも、コスタリカの湿地にも、重大な越境損害の危険を生じさせるものではなく、重大な越境損害の危険が存在していないため、ニカラグアはEIAの実施を要求されないとして、客観的な評価基準を示すことなく、危険確定義務の違反を否定した[336]。このような判断は、重大な越境損害の危険、すなわち重大な悪影響のおそれの有無を明らかにするうえで、客観性及び透明性を十分に担保したとは言い難く、疑問が残る[337]。

(b) 危険評価義務

(b-1) 性質

危険評価義務は、計画活動が他国に重大な越境損害の危険を生じさせる（すなわち、EIAの必要性あり）と判断された場合に、計画国が当事国となっている条約及び計画国の国内法に従い、重大な越境損害の危険を評価する義務であ

---

334) *Ibid.*
335) *Ibid.*, para. 156.
336) *Ibid.*, paras. 105, 112.
337) 石橋可奈美 2018、233頁も参照。

る[338]。つまり、危険評価義務は、EIA を実際に行い、EIA 評価書を準備し完成させる義務である。そこにおいて要求される内容は、条約や国内法によって相違するが、通例、EIA の対象となる評価項目の決定（スコーピング）、影響分析と評価書の作成、潜在的な被影響国への関連情報の通報とそれに基づく協議、公衆参加の確保[339]、EIA の最終決定等が包含される。本書は、この義務を、便宜的に、危険評価義務と呼ぶ。上記諸要素のうち常にすべての要素が考慮されなければならないのではなく、何が要求されるかは条約等によって異なる。同義務は、前述の危険確定義務と同様、事業の実施前に行われなければならない[340]。

　危険評価義務は、計画された産業活動がとりわけ共有天然資源に対して国境を越えて重大な悪影響を及ぼすような危険がある場合に行われなければならない。そのような要請は、慣習国際法化していると認識される[341]。パルプ工場事件判決は、危険評価義務の発生場面を計画国の「産業活動」(industrial activity) に限定したが、その後のサンファン川事件判決では、危険評価義務の射程が重

---

338) *E.g.,* Craik, N., 2008, pp. 139-153；児矢野マリ 2011(c)、184 頁；Koyano, M., 2011, p. 115.

339) EIA 手続段階における公衆参加の確保を要求する文書として、たとえば、1987 年の UNEP 環境影響評価目標及び原則（原則 7）、1991 年のエスポ条約、1992 年のアジェンダ 21（第 23 章）、1992 年の生物多様性条約（14 条 1 項(a)）、1999 年の世界銀行業務政策（OP 4.01-環境影響）、2001 年のオーフス条約（6 条）、2003 年のヴィクトリア湖流域議定書（Lake Victoria Basin Protocol, 2003, Article. 12(2)）等がある。公衆参加の確保は、現在のところ、慣習国際法として結晶化しているとまでは言えないが、EIA 手続に組み込まれるべきであるとの機運は以前よりも高まっている。*See,* Duvic-Paoli, L-A., 2018, pp. 230-231.

340) *E.g.,* Pulp Mills Case, 2010, para. 205；San Juan River Case, 2015, para. 161.

341) Pulp Mills Case, 2010, para. 204. 本判決では、対象を拡大される「活動」として、サンファン川下流域の航行性を改善するためのニカラグアの浚渫活動が争点となった。この浚渫活動は、ニカラグアの主権行使として行われた（しかし、ICJ は当該活動が行われた地域についてコスタリカの主権が及ぶと判断した）ものであり、狭義の産業活動と見なされるべきものではなかった。

大な悪影響を及ぼす危険のある計画活動一般にまで拡大された[342]。計画国は、重大な悪影響を及ぼすと判断する場合には、速やかに、EIA を実施し報告書を作成する義務を負う。

　危険評価義務は、計画国が危険確定義務の結果、重大な越境損害の危険があると当該計画国によって判断された場合にのみ発生する義務である。それゆえ、危険確定義務と危険評価義務の間には、一定の時間的連続性を観取できる。

　危険確定義務及び危険評価義務は、今日、慣習国際法としての性質が承認されるようになっている。両義務は、エスポ条約、南極条約環境保護議定書、ヘルシンキ条約、生物多様性条約、国連海洋法条約、ヴィクトリア湖流域議定書[343]など、数多くの多国間条約で規定されているだけでなく[344]、学説上も、同義務の慣習国際法としての性質が国際環境法全般に亘って肯定されることに疑問を呈する論者でさえ、少なくとも、国際水路法の分野において同義務が慣習国際法化していることを否定する見解はほとんど皆無に等しい[345]。また、両義務の慣習国際法としての性格は、今日、判例でも明確に承認されている。慣習国際法としての性格を肯定する判例上の端緒は、ガブチコヴォ・ナジマロ

---

342) San Juan River Case, 2015, para. 104. パルプ工場事件判決は、慣習国際法化の射程を、産業活動が「とりわけ共有資源に対して国境を越える場合」(in a transboundary context, in particular, on shared resource) に限定したが、この点、サンファン川事件判決は、共有資源の性質を有しない他国領域内の資源についても、慣習国際法としての危険評価義務の適用があるかについて、判決文からは明らかでない。なお、深海底活動責任事件勧告的意見では、危険評価義務が課される活動の範囲が、①国境を越える場合のみならず、国家管轄権の限界を越える場所における環境に影響を及ぼす活動、及び②共有資源に影響を与える場合だけでなく、人類の共同財産である資源に影響を及ぼす活動にまで拡大されるべきとの見解が示された。Seabed Activities Responsibility Case, 2011, para. 148.
343) 同議定書は、危険確定義務を 12 条 1 項で、危険評価義務を 12 条 3 項でそれぞれ規定している。Lake Victoria Basin Protocol, 2003, Article. 12(1) and (3).
344) その他の国際文書としては、さしあたり、石橋可奈美 1996、255-258 頁；Craik, N., 2008, pp. 90-108；児矢野マリ 2011(b)、77-79 頁を参照。
345) 児矢野マリ 2011(c)、178-179 頁；Koyano, M., 2011, pp. 111-114；Hanquin, X., 2013, p. 167.

シュ計画事件判決に観取される[346]。本判決は、EIA に明示的に言及するものではないが、その根底には、他国の環境に有害な影響を与えるおそれのある活動に着手する前に EIA を実施すべきことが含意される[347]。その後、両義務の慣習国際法化の動きは、パルプ工場事件判決によって一気に加速し[348]、深海底活動責任事件勧告的意見において、両義務が慣習国際法上の一般的義務であると断定的に言及され[349]、慣習国際法としての性質が明確に認められた[350]。また、こうした慣習国際法化の承認は、サンファン川事件判決でも支持されている[351]。

(b-2) 実施が要求される EIA 項目（スコーピング）

けれども、慣習国際法は、計画国が EIA 文書を準備するためにどのような項目を検討すべきかを特定し得ていない。このことは、危険評価義務の慣習国際法化を肯定したパルプ工場事件判決が、当事国の間で別段の合意がある場合

---

346) それは次のような有名な判示に裏づけられる。環境の脆弱性の認識及び環境上の危険が継続的な基礎に基づいて評価されなければならないという認識は、1977 年条約の締結以来、ここ何年かのうちに非常に強くなってきた（Gabčikovo-Nagymaros Project Case, 1997, para. 112）。ガブチコヴォ・ナジマロシュ計画が環境に与える影響とその意味は明らかに重要である。環境への危険を評価するためには現在の基準を考慮に入れなければならない。新しい科学的知見から生じる現在及び将来世代の人類への危険が意識されてくるにつれ新たな規範や基準が発展し、これらは過去 20 年の間に数多くの文書の中で定められてきた。こうした新しい規範や基準は、国家が新たに活動を企図する場合だけでなく、過去に開始され継続している活動についても適切に考慮されるとともに、新たな基準に適切な重みが与えられなければならない（ibid., para. 140）。
347) *E.g.,* Canelas de Castro, P., 1998, p. 28; A-Khavari, A. & D. R. Rothwell, 1998, p. 532; 繁田泰宏 2012、84 頁; Murase, S., 2016, p. 29, para. 53.
348) Pulp Mills Case, 2010, para. 204.
349) Seabed Activities Responsibility Case, 2011, para. 145.
350) 慣習国際法の認定方法として最近の判例は、国家の慣行と法的信念という慣習国際法成立のための二要件に言及することなく、関連する重要な多数国間条約やそれに準じる重要な国際文書の存在を後ろ盾として、いとも簡単に慣習国際法としての性格を肯定する傾向にある。田中則夫 2001、8-17 頁も参照。
351) San Juan River Case, 2015, paras. 104, 112, 162.

を除き、「各国は、個別の事案において要求される EIA の具体的な内容を、各国の国内法又は当該事業の許認可手続によって決定する」[352]しかないと述べたことにも表れている。計画国が実施すべき EIA の内容は、国際法レベルでは、共通の認識が形成されておらず、それゆえ、結局のところ、条約による規制等が無い場合には、計画国は自国の国内法制に従っていれば、危険評価義務の違反が問われることはない。

しかし、国際水路の保護及び保全の観点から、実施されるべき EIA の内容が地域的・普遍的に統一されることが国際法の安定性に照らして望ましいことは言うまでもない[353]。EIA の内容の基準化・統一化の試みは、とりわけ国際環境法において進行しつつある。たとえば、エスポ条約は、EIA に最低限含まれるべき項目として、計画活動とその目的、計画活動の合理的な代替案及び計画中止の選択、計画活動及びその代替案により重大な影響を受ける環境、その環境への潜在的影響とその重大性の評価、環境に対する悪影響を最小限に抑えるための緩和措置、予測方法、基礎とした推論、関連の環境データの明確な表示、情報収集に際しての知識・不確実性の認識、適切な場合には、モニタリングと管理計画の概略及び事業開始後の分析の計画、地図・グラフ等の視覚的表現を含む非技術的要約、を挙げる[354]。こうした項目化は、EIA を準備し完成させる義務の客観化に資する。けれども、現時点において、EIA の内容について、慣習国際法として結晶化したとまで言い得るものは存しない。

これに関連して、パルプ工場事件では、フライ・ベントスにおけるオリオン工場の立地について、代替案の検討の要否が争点の１つとなった。ICJ は、UNEP の「目標及び原則」において代替案の説明が最低限含まれるべき内容として定められていることに留意したうえで、ウルグアイがフライ・ベントスという立地の適切性を総合的に評価し、その他の候補地を考慮したと繰り返し述

---

352) Pulp Mills Case, 2010, para. 205.
353) McIntyre, O., 2010, pp. 495-496 ; Plakokefalos, I., 2012, p. 15 ; San Juan River Case, 2015, Separate opinion of Judge Bhandari, paras. 32-44.
354) Espoo Convention, 1991, Article. 4(1) and Appendix II.

べていることや、IFC が 2006 年 9 月に行った最終累積影響調査（Final Cumulative Impact Study）によれば 2003 年のフライ・ベントスへの工場立地決定に先立ち計 4 ヵ所が評価対象とされたこと等に鑑み、ウルグアイによる EIA の適切な実施を認定した[355]。国際社会には、統一的な環境基準が存在しない以上、環境保全の観点からは、EIA 及びとりわけ代替案の検討が重要性を帯びる[356]。なぜなら、それが行われなければ、潜在的被影響国が越境損害の程度を予測することが一層難しくなるからである。したがって、EIA の各種項目のうち、代替案の検討については国際的な合意が比較的容易に得られるものと予想される[357]。

なお、EIA の実施方法としては、その対象となる計画活動単体の影響評価を行うだけでは十分ではなく、他の事業活動との関連性をも考慮に入れる必要がある。つまり、当該計画活動が、他の事業活動による影響と複合的に作用した場合に、環境に対してどのような影響が生じるかを累積的な視点から評価する方法の導入が急がれる[358]。

　(b-3) EIA における予防的アプローチの採用可能性

国際法は、実施すべき EIA の項目や方法に関して未だ統一的な基準を形成し得ていないことから、EIA の実施に際しては、各国の国内法に従ってさえいれば当該国の違反を問うことはできない。しかし、こうした状況は、潜在的被影響国の側からすれば、予測可能性及び法的安定性の観点から十分であるとは言えない。計画国によって実施された EIA の適否について潜在的被影響国が十分な証拠を示して異議を申し立てることは、関連する情報の多くが計画国の手中にあることに照らして、困難である。

そこで、計画国と潜在的被影響国との間の立場上のアンバランスを解消する

---

355) Pulp Mills Case, 2010, para. 210.
356) Craik, N., 2008, p. 140.
357) 鳥谷部壌 2011、601-602 頁 ; Duvic-Paoli, L-A., 2018, pp. 228-231 も参照。
358) Craik, N., 2008, p. 141 ; Craik, N., 2015, p. 460 ; UNEP Goals and Principles, 1987, Principle 4(d).

ための1つの方法として、最近、予防的アプローチに準拠したEIAの実施を計画国に要求すべきであるとの見解が主張されることがある[359]。予防的アプローチの採用は、潜在的被影響国にどのようなかたちで有利にはたらくのであろうか。従来は、EIAの実施の場面において、重大な越境損害の危険の有無の判断は、科学的確実性を伴った証拠に基づいて行われてきた。これに対して、予防的アプローチに依拠することにより、計画国は、危険評価義務の履行に伴い、重大な越境損害の危険の判断に際して科学的に不確実な状況に置かれていても、かかる危険の有無の判断を行わなければならなくなる[360]。換言すれば、予防的アプローチの導入は、危険評価義務の履行に伴い重大な越境損害の危険の判断が迫られる場面を、未導入時よりも拡充する効果をもつ。

けれども、予防的アプローチの採用には、次のような欠点があることに留意すべきである。それは、潜在的危険への対処方策をとらない根拠として恣意的に援用されるおそれが内在していることである[361]。もし予防的アプローチがこのような用いられ方をすれば、計画国に際限のない裁量を与えることになり、法の支配を揺るがすことが懸念される[362]。また、もし予防的アプローチの採用が有意義との立場に立つとしても、それが潜在的な被影響国から計画国への立証責任の転換をも要求するのではない以上、予防的アプローチの効果も、結局は、限定的とならざるを得ない[363]。

---

359) Draft Articles on Prevention of Transboundary Harm, 2001, commentary to Article. 7, para. (4); Birnie, P., A. Boyle & C. Redgwell, 2009, p. 171; 児矢野マリ 2011(a)、257-258頁; Tanaka, Y., 2017, p. 94; Seabed Activities Responsibility Case, 2011, para. 135.
360) 高村ゆかり 2005、24頁; Koyano, M., 2008, p. 118; 児矢野マリ 2011(a)、257-258頁; 児矢野マリ 2011(c)、183頁も参照。
361) 高村ゆかり 2010、176頁。
362) 同上。
363) 児矢野マリ 2011(a)、269頁も参照。

(b-4) 事前通報・協議義務
(b-4.1) 事前通報義務

計画国は、他国に重大な越境損害の危険（≒重大な悪影響のおそれ）[364]を生じさせると判断した場合には、潜在的な被影響国に対し、EIA に関連する情報の時宜を得た通報を行わなければならない[365]。当該計画活動が他国に重大な悪影響を及ぼすおそれがあるという場合に、通報する義務（事前通報義務）が慣習国際法として賦課されることに異論はない[366]。こうした事前通報義務を明文化した条約は多数存在するが[367]、通報すべき時期及び内容を明示する条約

---

364) 事前通報義務が発生するための条件たる「重大な悪影響」という敷居は、重大損害防止規則の「重大な損害」の敷居よりも低い。A/49/10, commentary to Article. 11, para. (2).
365) *E.g.,* Bourne, C. B., 1992, p. 72; Kaya, I., 2003, p. 130; Kiss, A. C. H. & D. Shelton, 2004, pp. 197-201; Rieu-Clarke, A., 2008, p. 660; Birnie, P., A. Boyle & C. Redgwell, 2009, p. 568; Koyano, M., 2011, p. 101; Leb, C., 2013, p. 130; San Juan River Case, 2015, para. 108. ここにいう事前通報義務は、後記の「EIA の結果を通報する義務」よりも時間的に優先するという点で、明確に異なる。
366) *E.g.,* Sands, P., 2003, p. 838; Caponera, D. A., 2003, pp. 212-213; Kiss, A. C. H. & D. Shelton, 2004, pp. 197-201; Birnie, P., A. Boyle & C. Redgwell, 2009, p. 177; Koyano, M., 2011, pp. 108-111.
367) たとえば、エスポ条約は、「附属書 I に掲げる計画活動で、国境を越える重大な悪影響をもたらすおそれのあるものに関して、原因締約国は、……被影響締約国となる可能性があると原因締約国が考えるいかなる締約国に対しても、可能な限り速やかにかつ当該計画活動について自国の公衆に情報提供する場合よりも遅延することなく、通報する」（Espoo Convention, 1991, Article. 3(1)) と規定する。また、水路関連条約では、ウルグアイ川規程が詳しい。すなわち、一方の当事国が新たな水路の建設、既存の水路の実質的な修正若しくは変更、又は航行、河川レジーム若しくは水質に影響を及ぼし得るあらゆる活動の実施を計画する際に、CARU への通報が義務づけられる（Uruguay River Statute, 1975, Article. 7, para. 1)。そして、この通報を受けて、CARU は「予備的な基礎に基づき」かつ最長 30 日以内に、当該計画が他の当事国に重大な損害をもたらすおそれがあるかどうかを決定する（*ibid.*)。その際、当該計画国は、CARU によって、当該重大な損害のおそれがあると決定された場合又はそれに関する決定が得られない場合には、CARU を通じ、他の当事国に通報を行わなければならない（*ibid., Article. 7, para. 2)*。これに関しパルプ工場事件は、同条同項を次のように解釈した。すなわち、7条にいう活動を計画する国は、事業計画が他の当事国に重大な損害を引

規定はほとんどない。けれども、通報内容には、被通報国が損害の危険を評価し必要に応じて異議を申し立てることができるようにするために必要なすべての要素が含まれるべきであるから、ここには当然、EIA に関する情報も含まれることになる[368]。上記事前通報義務は、EIA を実施する義務とは別個独立して生成し発展を遂げてきたが、EIA を実施する義務の急速な発達に伴い、EIA を実施する義務の中に通報義務を再定位することによって、EIA を実施する義務を体系的に捉えることが、環境保護の実現の観点から適っている。

通報内容に、EIA に関連する情報が含まれなければならない理由として、① EIA プロセスへの被通報国の参加を促し、被通報国が当該計画とその影響に対し、より正確な評価ができるようにすること[369]、②通報の結果、互いの利害が競合する場合には、紛争当事国間での協議が有効な手段の1つとなるが、そ

き起こすおそれがあるかどうかにつき、CARU が予備的な評価を行うことを可能にするほど十分に進展した計画を保有した場合には、直ちに CARU に通報することが要求されると考える（Pulp Mills Case, 2010, para. 105）。この段階でなされる通報は、しばしば更なる時間と資源を必要とするような、事業の完全な環境影響評価を構成する必要はない（ibid.）。CARU に通報する義務は、関係当局が、初期の環境許可を得るために、当該事業を CARU に照会した段階で、かつその許可の付与の前に生じる（ibid.）。7条の通報義務の目的は、当事国が、最善の情報を基礎に計画の河川への影響を評価し、及び必要な場合には、生じるおそれのある潜在的な損害を回避するために必要とされる調整のための交渉を可能にする、当事国間の協力の条件を生み出すことにある（ibid., para. 113）。他国に重大な越境損害を引き起こすおそれのあるあらゆる計画について決定を行う際に必要とされる環境影響評価が、ウルグアイ川規程7条2文及び3文に従い、関係当事国により、CARU を通じて、他の当事国に対して通報されなければならないことに留意する（ibid., para. 119）。この通報は、評価が完全であることを確保する過程に、通報を受ける国が参加できるようにすることが意図されており、その結果、通報を受ける国は、事実の完全な知識に基づき、計画及びその影響を検討することができる（ibid.）。

368) UN Watercourses Convention, 1997, Article. 12; Pulp Mills Case, 2010, para. 119; Tanzi, A. & M. Arcari, 2001, pp. 204-207; Caponera, D. A., 2003, p. 214; McCaffrey, S. C., 2007, pp. 474-475; Koyano, M., 2011, pp. 121-122; Leb, C., 2013, p. 136.

369) Craik, N., 2008, p. 70; San Juan River Case, 2015, Separate opinion of Judge Donoghue, para. 22. なお、通報に係る潜在的被影響国の公衆参加の確保を要請する条約として、たとえば、以下を参照。Espoo Convention, 1991, Article. 3(8).

うした協議の重要な基礎を提供し得ること[370]、の2点を指摘しておきたい。なお、事前通報義務は、それによって当事国が事前に合意に達することを目的とすることにあるのではない[371]。

「時宜を得た」通報とは、後に行われるかもしれない協議や交渉を有意義なものにできるほど十分に早い計画段階での通報でなければならないことを意味する[372]。通報の主体は、計画国政府でなければならず、非政府筋はこれに含まれない。パルプ工場事件判決が指摘するように、通報は、当該計画活動が所在する国の政府が行わなければならず、関係する企業やその他非政府筋による通報では義務を履行したことにはならない[373]。

(b-4.2) 事前協議義務

計画国は、重大な越境損害の危険を生じさせる活動について EIA を含む情報を通報した後、通報を受けた国からの要請に応じて、合理的な期間、当該被通報国と誠実に協議する義務を負う[374]。事前協議義務は、その内容の詳細はさておき、慣習国際法上の義務であると解される[375]。事前協議義務は、EIA を実施する義務とは別に発展を遂げてきたが、EIA を実施する義務の発達に伴

---

370) Birnie, P., A. Boyle & C. Redgwell, 2009, p. 568.
371) この点は、ラヌー湖事件の次のような判示にも裏づけられている。「もし A 国が B 国の同意なしに予定された事業に着手することができないのであれば、A 国から B 国への事前通報の必要性は必然的に存在する」。けれども、「通報を与える義務は、通報を受けた国の合意を得るという、より一層広範な義務を含むものではない。通報の目的は、B 国に拒否権の行使を許すことに合意することとは全く異なるものであろう」。Lake Lanoux Case, 1957, pp. 131-132.
372) A/49/10, commentary to Article. 12, para. (4).
373) Pulp Mills Case, 2010, para. 110.
374) *E.g.,* Smith, H. A., 1931, p. 152; Bourne, C. B., 1972, p. 233; Kirgis, Jr., F. L., 1983, pp. 16-17, 86; Bruhács, J., 1993, pp. 176-177; Kiss, A. C. H. & D. Shelton, 2004, pp. 197-201; McIntyre, O., 2007, p. 340; Islam, N., 2010, p. 172; Koyano, M., 2011, pp. 101, 122. ここにいう事前協議義務は、後記の「EIA の結果を通報し必要に応じて誠実に協議する義務」に比べ、時間的に優先するという点において、明白に区別される。
375) *E.g.,* Sands, P., 2003, p. 838; Kiss, A. C. H. & D. Shelton, 2004, pp. 197-201; Birnie, P., A. Boyle & C. Redgwell, 2009, p. 177; Koyano, M., 2011, pp. 108-111.

い、EIA を実施する義務と関連づけて理解されるようになっている。事前協議義務を、EIA を実施する義務のプロセスの一部として位置づけることで、計画国が EIA の最終決定を行う前に、当該計画国による影響分析等の妥当性について話し合いの場を設け、かかる悪影響を除去又は軽減するための適切な措置を計画国と被影響国が協力し合って模索することが可能となる[376]。

このように、EIA を実施する義務のなかに協議義務を位置づける条約として、エスポ条約がある。同条約は、環境影響評価文書の完成後であって当該文書の最終決定を行うよりも前の段階で、計画活動の国境を越える潜在的な影響及びその影響を削減し又は除去するための措置に関し、被影響国と協議する義務を課した[377]。

それでは、協議のテーブルにつく当事者はどのような態度で協議に臨まなければならないか。当事者は、他国の権利及び正当な利益に、合理的な考慮を払い[378]、協議が単なる形式だけの行為ではなく、信義誠実の原則に従うものでなければならない[379]。ゆえに、議論の不当な破棄、異常な遅延、合意された手続の無視、対案や対立する利益の考慮の完全な拒否等の行為は、信義誠実の原則に従った協議とは見なされない[380]。

計画された活動を開始しようとする国は、通報・協議義務が進行中の合理的な期間内に、計画活動を許可し又は実施しない義務を負うとする見解が有力に主張されている[381]。もっとも、こうした要請は、現時点では、慣習国際法として義務づけられるには至っておらず、条約等で規定される場合に限られると

---

376) *See*, Nollkaemper, A., 1993, p. 165; 児矢野マリ 2006、244 頁; Leb, C., 2013, p. 136; A/49/10, p. 111, para.（4）.
377) Espoo Convention, 1991, Article. 5.
378) UN Watercourses Convention, 1997, Article. 17(2).
379) Lake Lanoux Case, 1957, p. 119. *See also*, San Juan River Case, 2015, paras. 104, 173.
380) Lake Lanoux Case, 1957, p. 128.
381) *E.g.*, Pulp Mills Case, 2010, paras. 144, 147; Bourne, C. B., 1972, p. 225; Caponera, D. A., 2003, pp. 182, 212, 215-216; 児矢野マリ 2006、194 頁; Leb, C., 2013, p. 138; Dupuy, P. M. & J. E. Viñuales, 2018, p. 133; Duvic-Paoli, L-A., 2018, pp. 221-222.

解すべきである[382]。けれども、事前通報・協議期間中、計画国に対して、計画活動の一時停止が義務づけられないのであれば、事前通報・協議義務の存在意義が損なわれてしまうから、将来的には、慣習国際法上の義務になる可能性は十分にあろう。

その際、一時停止義務が、どの範囲の計画活動にまで及ぶかが問題となる。これに関し、パルプ工場事件判決が示唆するように、当該計画の本体（本件では製紙工場そのもの）だけでなく、それと「不可分一体の」(an integral part of) 関係にある活動までが射程に捉えられるべきである[383]。

次に、協議義務は、話し合いを行う当事国に対し、合意に達することをも要求するか。この点については、条約等によって合意の達成が義務づけられる場合を除き、否定的に解される[384]。ラヌー湖事件において仲裁裁判所は、一般に、ある分野における国家の管轄権行使を両国間の合意という条件に依拠させることは、一国の主権に対して本質的な制約を課すことになるので、明白かつ説得力ある証拠がある場合にしか認められないと述べ[385]、さらに、「国家は、利害関係国間の事前の合意を条件としてのみ国際水路の水力を利用し得るという規則は、慣習としても、法の一般原則としても確立していない」[386]、と判示した。以上の判断は、危険評価義務に含まれる事前協議義務にも妥当しよう。つまり、関係水路国間で協議の結果、合意が得られなかったとしても、潜在的な被影響国は、それを理由に、EIA を準備し完成させる義務の違反を問えるわ

---

382) 条約としての規定例として以下を参照。UN Watercourses Convention, 1997, Article. 17(3).
383) Pulp Mills Case, 2010, para. 148. 本判決では、パルプ工場本体だけでなく、それに隣接する港湾ターミナルの建設に関する許認可付与も一時停止義務の対象とされた。*Ibid.*
384) Draft Articles on Prevention of Transboundary Harm, 2001, commentary to Article. 9, para. (10); 岩間徹 1981、782 頁; Kaya, I., 2003, pp. 132, 136; Hanqin, X., 2003, p. 174; Farrajota, M. M., 2005, p. 324.
385) Lake Lanoux Case, 1957, p. 130.
386) *Ibid.*

けでも、当該計画活動の中止を要求できるわけでもない[387]。

　最後に、協議と交渉の用語法の違いに付言しておく。両者は特段区別されることなく使用されることもあるが、国際水路法では、なかんずく国連水路条約の起草過程において交渉が紛争解決手続の手段の1つと見なされたのに対し、協議は紛争解決手続以前の対話のための手法と見なされる傾向にあるため[388]、両者を一応区別する必要がある。交渉は紛争解決手段の一環として認識される一方、協議は交渉よりも前の段階において紛争の発生を回避するための対話として理解される[389]。協議と交渉に関する以上のような区別は、国連水路条約において、協議が交渉よりも時間的に先行するものとして把握されていることとも符合する[390]。その際、協議は、最低限、自らの立場の表明にとどまっても構わないのに対し、紛争解決手段の一環としての交渉は、単に自らの立場の表明だけでなく、対話が合意に達するよう誠実に努力することまで求められる[391]。

　判例も、協議に比べ交渉には、対話のテーブルにつく当事者に対し、合意に達するためにより多くの努力を求めているものと解される。ラヌー湖事件判決によれば、交渉義務は、国際慣行に照らして、交渉のテーブルにつく当事国の諸利益の広範な比較を通じて、また、相互の善意によって、諸国に合意を締結するための最善の諸条件を提供し得るすべての対話を誠実に受け入れる義務として定式化される[392]。また、1969年の北海大陸棚事件でICJは、「当事国は、合意がない場合に一定の画定方法を自動的に適用するためのある種の先行条件として形式的な交渉過程を単に通過するのではなく、合意に達する目的で交渉に入る義務を負う。当事者は交渉が有意義になるように自ら行動する義務を負

---

387) Springer, A. L., 1983, pp. 150-151; 一之瀬高博 2008、30頁。
388) *See*, McCaffrey, S. C., 1995, p. 401; Tanzi, A. & M. Arcari, 2001, p. 123.
389) Aréchaga, E. J., 1978, pp. 197-199; 山本草二 1981、216頁; Lefeber, R., 1996, pp. 39-40; 児矢野マリ 2006、3頁。
390) UN Watercourses Convention, 1997, Articles. 3(5), 17(1).
391) Farrajota, M. M., 2005, p. 328. *See also*, Hanqin, X., 2003, p. 174.
392) Lake Lanoux Case, 1957, pp. 129-130.

うのであって、いずれかの当事者が自己の立場に固執しその変更を意図しないときは、交渉は有意義ではなくなる」[393]と述べた。このように、協議は、「形式的な交渉過程を単に通過する」程度であっても構わないのに対し、交渉は、当事者に「合意に達する目的で」それが「有意義になるように自ら行動する義務」を課している点で異なる。

以上から、協議と交渉は、対話のテーブルにつく当事者が合意に達する意思の強さや態度が異なると言える[394]。当然ながら、協議に比べ交渉のほうが、合意に達するために、当事者により強い意思と誠実な態度が要求されることになる。

(c) EIAの結果を通報し必要に応じて誠実に協議する義務

「EIAの結果を通報し必要に応じて誠実に協議する義務」(以下、「結果の通報・協議義務」という。)とは、危険評価義務の履行の結果、重大な越境損害の危険が観取され、かつ計画国がその危険を防止又は軽減するために適切な措置を決定する必要性があると考える場合に、潜在的な被影響国に対し、時宜を得た通報を行い、また、通報後、いずれかの国からの要請があれば、必要に応じて協議を実施しなければならない義務のことをいう。同義務の態様や内容については、前述の事前通報・協議義務の内容が類推される。計画国は、妥当な期間に及ぶ協議を経ても合意に達しない場合には、潜在的な被影響国の利益に妥当な考慮を払いつつ、最終的に自らの責任において、計画活動を進行させることができる[395]。

結果の通報・協議義務の存在が、判例上、明確にされたのは、サンファン川

---

393) North Sea Continental Shelf Case, 1969, para. 85.
394) Bourne, C. B., 1972, p. 219.
395) 山本草二 1981、239頁; Nollkaemper, A., 1993, p. 239; Lefeber, R., 1996, p. 41; Okowa, P., 1997, pp. 306, 308; Craik, N., 2008, p. 72; Draft Articles on Prevention of Transboundary Harm, 2001, commentary to Article. 9, para.(10); Pulp Mills Case, 2010, paras. 154-157.

事件判決である[396]。本件で ICJ は、「EIA の実施によって重大な越境損害の危険が存在すると判明した場合には、活動を計画している国は、当該危険を防止し又は軽減するための適切な措置を決定することが必要であれば、相当の注意義務に合致するように、潜在的影響を受けるおそれのある国に対して通報し誠実に協議しなければならない。」[397]と述べて、危険評価義務の履行の結果、計画国が重大な越境損害の危険を防止・軽減するために適切な措置を決定する必要があると計画国自身が判断した場合に限り、EIA の結果を潜在的な被影響国に対して通報し協議する義務を計画国に課した。本判決は、「1858 年の境界条約が特別な状況のもとで通報又は協議に関する義務を制限しているという事実によっても、条約又は慣習国際法上の越境損害に関するその他一切の手続的義務が排除されることはない。いずれにせよ、『危険確定義務における』重大な越境損害の危険が存しないため、ニカラグアは環境影響評価を実施する国際義務を負っておらず、同国はコスタリカに対して通報又は協議することを要求されない。」[398]（二重鍵括弧内・鳥谷部加筆）と述べたことから、結果の通報・協議義務の慣習国際法化の可能性が示唆される[399]。

サンファン川事件判決の上記判示から、危険評価義務と結果の通報・協議義務との間には、時間的連続性が認められる[400]。両義務の連続性は、越境損害

---

396) なお、結果の通報・協議義務と類似の規定を置く条約として、Espoo Convention, 1991, Article. 6 がある。また、結果の協議義務を規定する条約として、たとえば、Lake Tanganyika Convention, 2003, Article. 15(4)がある。さらに、結果の通報義務を指摘する論者として、Epiney, A., 2012, p. 589 がある。
397) San Juan River Case, 2015, para. 104.
398) Ibid., para. 108.
399) Ibid., para. 168. See also, ibid., para. 112. 結果の通報・協議義務についてはこれまで幾人かの論者によってその存在が指摘されてきた（e.g., Okowa, P., 1997, p. 279; Farrajota, M. M., 2005, pp. 315-316; Leb, C., 2013, p. 136）。また、国連水路条約 12 条の規定も同義務の規定例と見ることができる。
400) Tanaka, Y., 2017, p. 95. しかし、両義務の時間的連続性は、重大な越境損害の危険を防止・軽減するために適切な措置を決定する必要があると計画国が判断する場合に限り生じるのであり、このことは、計画国の大幅な裁量の余地を認めることになるから、時間的連続性の強度はきわめて脆弱であることを指摘しておかなければならない。

防止条文草案8条で、「第7条の評価〔環境影響評価を含む危険評価〕によって重大な越境損害を引き起こす危険が示される場合には、起源国は、影響を受けるおそれがある国に対して、かかる危険及び評価について時宜を得た通報を行う。……」[401]（〔　〕内・鳥谷部加筆）と規定されたことや、クレイク（N. Craik）が、「国際法によれば、国は、被影響国に通報し情報交換を行い誠実に協議するために、アセスメント（assessment）を実施しなければならない」[402]と述べたことにも裏づけられる。

　以下では、「EIA の結果を通報する義務」に焦点を当ててみよう。危険評価義務と結果の通報義務との関係に関し、裁判所等において、仮に危険評価義務の違反が認定できなくとも、それとは独立して、結果の通報義務の違反のみを認定することは果たして可能であろうか。この問いへの回答としては、2016年の南シナ海事件判決が示唆的である。本件で解釈・適用の対象となったのは、国連海洋法条約（UNCLOS）206 条であった。同条は、「いずれの国も、自国の管轄又は管理の下における計画中の活動が実質的な海洋環境の汚染又は海洋環境に対する重大かつ有害な変化をもたらすおそれがあると信ずるに足りる合理的な理由がある場合には、当該活動が海洋環境に及ぼす潜在的な影響を実行可能な限り評価するものとし、前条に規定する方法によりその評価の結果についての報告を公表し又は国際機関に提供する。」[403]と規定する。同条ではEIA という用語は使用されていないが、本書でいうところの危険評価義務であると解される[404]。裁判所は、206 条の「EIA の結果についての報告を国際機関に提供する義務」における中国の違反を認定したが、その前段階の危険評価義務の違反についてはその認定を回避した[405]。このように、危険評価義務の違反が認定できなくとも、「EIA の結果を公表し通知する義務」の違反だけを認

---

401) Draft Articles on Prevention of Transboundary Harm, 2001, Article. 8(1).
402) Craik, N., 2008, p. 72.
403) UNCLOS, 1982, Article. 206.
404) *E.g.,* Harrison, J., 2017, pp. 31-32.
405) South China Sea Case, 2016, para. 991.

定することができるのは、その強制性ゆえに[406]、計画国の裁量の余地を排し[407]、白か黒かの二者択一の判断が可能となるからである。

それでは、前記の問いにどのように応答すべきか。206条は、実施されたEIAの結果如何にかかわらず、「その評価の結果についての報告を公表し又は国際機関に提供する義務」を課している。これに対し、結果の通報義務は、危険評価義務を実施した結果、重大な損害の危険が認識されると判断された場合に限り発生する。つまり、206条の下ではこれら2つの義務を一応分けて検討することができるのに対し、結果の通報義務は、危険評価義務の結果を前提条件とするものであるから、両者を切り離して検討することができない。換言すれば、結果の通報義務と危険評価義務は、前者が後者の違反を前提とするところにある[408]。したがって、危険評価義務の違反が認められる場合にしか結果の通報義務の違反は成立し得ないと言うべきである。

(d) EIAの継続的実施の義務（モニタリング）

最後に、EIAの継続的実施の義務とは、計画が実施に移された後も、実施国はEIAを継続して行わなければならないことを意味する。この義務は、ガブチコヴォ・ナジマロシュ計画事件におけるウィーラマントリー（Weeramantry）判事の個別意見[409]をはじめ、多くの論者によってその存在が指摘されている[410]。同義務は、最近、判例でも頻繁に言及されるようになっている。パルプ工場事件判決は、EIAを実施する義務が継続的性質を有し、必要に応じて、

---

406) *Ibid.,* para. 948.
407) ただし、UNCLOS206条における「合理的な」や「実行可能な限り」との文言から、計画国の裁量の余地を完全に排除したとまでは言えない。
408) *See,* San Juan River Case, 2015, paras. 104, 168.
409) Gabčíkovo–Nagymaros Project Case, 1997, Separate opinion of Judge Weeramantry, p. 111.
410) Lefeber, R., 1996, p. 42; Okowa, P., 1997, p. 334; Stec, S. & G. E. Eckstein, 1998, pp. 47-49; Craik, N., 2008, pp. 153-155; Birnie, P., A. Boyle & C. Redgwell, 2009, pp. 143, 563; 松井芳郎 2010、225頁; 児矢野マリ 2011(b) 89頁。

その事業全体を通して、当該事業が環境に与える影響を監視しなければならないと判示した[411]。サンファン川事件判決も、先述のように、重大な越境損害の危険が認められるときは、たとえ計画実施後であっても、適切なEIAを準備する義務を継続して負っていると判示した[412]。ただし、同義務が慣習国際法として成立しているかどうかは、現時点では明らかでない。

　事業計画の実施国に対しEIAの継続的実施を要求する目的として、主として、次の2点が指摘できる。1つは、計画段階で行われるEIAでは、予期することができなかった影響の発生とその悪化の危険に対応すること（計画活動の再評価）であり、もう1つは、活動の許認可に含まれている条件に従っているかどうかの継続的監視である[413]。本書では、この2つの目的を合せた用語法として、「モニタリング」という言葉を用いる。モニタリングとは、認められた科学的方法によって、危険又は影響を観察し測定し評価し分析する過程のことを指す[414]。

　モニタリング義務たる、EIAの継続的実施の義務は、ガブチコヴォ・ナジマロシュ計画事件の次のような判示に示唆される。すなわち、国家が新たな活動を企図する場合だけでなく、過去に開始され継続している活動を継続する場合にも、新たな規範が考慮されなければならず、新たな基準に適切な重みが与えられなければならないのであって[415]、この場合、当事国はガブチコヴォ発電所の稼働による環境への影響をあらためて考えるべきである、との判示からである[416]。この判示は、過去に計画された活動を、その実施前に、新たな科学的知見に照らして再評価することを示すにとどまり、モニタリングの義務的性格を正面から肯定したと解することは困難である[417]。けれども、本判決は、EIA

---

411) Pulp Mills Case, 2010, para. 205.
412) San Juan River Case, 2015, para. 173.
413) Espoo Convention, 1991, Annex V；児矢野マリ2006、198頁；Birnie, P., A. Boyle & C. Redgwell, 2009, p. 165.
414) Birnie, P., A. Boyle & C. Redgwell, 2009, p. 165.
415) Gabčíkovo-Nagymaros Project Case, 1997, para. 140.
416) *Ibid.*

を実施する義務の一部として最近形成しつつあるモニタリングの法的根拠を、「新たな規範や基準を考慮する義務」として把握することを排除し得ないことから、一定の意義を有する[418]。

モニタリング義務の法的根拠は、新たな規範や基準を考慮する義務以外にも、パルプ工場事件判決が示唆したように、協力義務にも求められる。すなわちICJは、ウルグアイ川規程がその趣旨及び目的を達成するために、互いに協力する義務の下に置いており、その協力義務には本件パルプ工場のような産業施設の進行中のモニタリングが含まれると述べた[419]。学説上も、モニタリング義務の根拠を、国連水路条約8条1項に規定される協力義務に求める見解がある[420]。

さて、モニタリング義務が生じるためにはどのような条件が満たされなければならないであろうか。エスポ条約は、7条2項で次のように規定する。「関係締約国は、いずれかの締約国の要請により、この条約に従ってEIAが行われた活動の国境を越える重大な悪影響の可能性を考慮に入れて、事業開始後の分析を実施するか否か、及び実施する場合はその範囲を決定する」[421]。この規定から、モニタリング義務の発生条件として、次の2点の充足が求められていると言える。1つは、いずれかの国の要請があることであり、もう1つは、開始が予定されている事業が、他国に重大な悪影響を生じるおそれがあると当該計画活動国によって判断されること、である。これに加え、ガブチコヴォ・ナジマロシュ計画事件の個別意見で、ウィーラマントリー判事が指摘するように、事業活動の規模や範囲との関係性も条件に含めるのが適切である[422]。これによれば、事業活動の規模や範囲が大きければ大きいほど、モニタリング義

---

417) Bremer, N., 2017(a), p. 88.
418) Kishenganga Case, Partial Award, 2013, para. 121.
419) Pulp Mills Case, 2010, para. 281.
420) Fitzmaurice, M. & O. Elias, 2004, p. 45 ; Lowe, V., 2007, p. 112.
421) Espoo Convention, 1991, Article. 7(2).
422) Gabčíkovo-Nagymaros Project Case, 1997, Separate opinion of Judge Weeramantory, p. 111.

務が発生する確率が高まることになる。

　またエスポ条約は、EIA の継続的実施の義務から派生して生じる義務として、通報・協議義務の存在を指摘する。「原因締約国又は被影響国は、事業開始後の分析として、国境を越える重大な悪影響が存在するか、又はこのような悪影響をもたらすかもしれない要因が発見されたと結論づける合理的な理由を有する場合には、他の締約国に直ちに通報する。その際、関係締約国は、当該影響を削減し、又は除去するために必要な措置に関して協議する」[423]。しかし、ここに規定される通報・協議義務は、当然ながら、前述の「EIA の結果を通報し必要に応じて誠実に協議する義務」とは区別される。

　最後に、モニタリング義務の履行確保機関として、国際流域委員会の可能性に言及しておく。国際水路に関する最近の判例は、紛争当事国が締約国となる個別の水路条約に基づいて設立される国際流域委員会に対して、モニタリング義務の履行監視を委任している[424]。パルプ工場事件判決によれば、両当事国は、継続的基礎に基づく、ウルグアイ川規程上の権限、すなわち、ウルグアイ川の水質をモニタリングする任務やオリオン工場の操業が水生環境に及ぼす影響を評価する任務等の行使を、CARU ができるようにする義務を負っている[425]。両当事国は CARU を通じて協力を継続する法的義務及び環境を保護しつつウルグアイ川の衡平利用を促進するために必要な手段を CARU が考案できるようにする法的義務が存する[426]、と判示したことに裏づけられる。このように、裁判所が、モニタリングの実施を、中立の第三者的機関である国際流域委員会に委任したことは、判決の安定的な執行確保、ひいては平和的な紛争解決実現の観点から、積極的に評価できる。

---

423) Espoo Convention, 1991, Article. 7(2).
424) Pulp Mills Case, 2010, para. 266 ; Kishenganga Case, Final Award, 2013, para. 121.
425) Pulp Mills Case, 2010, para. 266. けれども、パルプ工場事件判決は、モニタリング義務を、ウルグアイ川規程上の権限と把握しているのであって、慣習国際法としての性格を認めているわけではない。Bremer, N., 2017(a), pp. 88-89.
426) Pulp Mills Case, 2010, para. 266.

3　因果関係の証明

(1) 原因国の行為と重大な損害(の重大な危険)との間の相当因果関係の科学的証明

　重大損害防止規則の違反が成立するためには、原因国の行為(すなわち、「相当の注意」基準の不充足)と発生した被害(「事前の」重大損害防止規則の場合には被害のおそれ)との間に、前者がなかったならば後者がなかったであろうという関係、つまり因果関係が存在することが求められる[427]。因果関係は、もともとは「あれなければこれなし」というように、先行事実が後の事実の条件となるという関係を意味していたが、それが広がり過ぎるところから、今日では、原因国の「相当の注意」基準の不充足と「重大な損害(の重大な危険)」との間の明確かつ断絶のない因果関係、つまり相当因果関係(sufficient causality)をいうものと解されている[428]。

　相当因果関係の証明は、十分な科学的確実性が存在することを、影響を受けたか、あるいは影響を受けるおそれがある国が証明しなければならない。すなわち、「証明することの負担は原告にかかる」(onus probandi incumbit actori)という判例法上確立した原則に従う[429]。それゆえ、因果関係の証明を十分な科学的証拠に基づいて行うことは、(潜在的)被影響国にとって重い負担となる[430]。つまり、原因国の重大損害防止規則の違反を追及する際、被影響国にとって大きな障壁となるのは、因果関係の証明の問題なのである。

　この問題は、とりわけパルプ工場事件で争点となった。原告たるアルゼンチ

---

427) Burunnée, J. & S. J. Toope, 1994, p. 54 ; Lefeber, R., 1996, p. 89 ; Bremer, N., 2017(b), p. 157.
428) Sadeleer, N., 2002, pp. 74-75.
429) Nicaragua Military Activities Case, 1984, para. 101 ; Genocide Convention Application Case, 2007, para. 204 ; Middle Rocks and South Ledge Case, 2008, para. 45 ; Black Sea Maritime delimitation Case, 2009, para. 68 ; Pulp Mills Case, 2010, para. 162.
430) *E.g.,* Hanqin, X., 2003, pp. 178-182 ; 薬師寺公夫 2016、366 頁。

ンは、ウルグアイが操業を許可した製紙工場から排出された様々な物質がウルグアイ川の水質に悪影響を及ぼしたとして、ウルグアイ川規程41条に定める水環境の保護及び保全義務並びに汚染防止義務の違反を主張した[431]。けれどもICJは、当該工場から河川に排出されたいずれの物質の河川、生物多様性又は大気への影響についても、アルゼンチンによる因果関係の証明が不十分であるとして退けた[432]。

また、ラヌー湖事件では、ラヌー湖の水をアリエージュ川に転流して発電に利用した後、同量の水をトンネルを用いてキャロル川に返還するというフランスの計画の合法性が問われたが、仲裁裁判所は、次のように述べて、当該事業の影響を主張するスペインの立証不足を指摘した。すなわち、第1に、利用者が保証されていた水の享有において被害を被らないこと、第2に、最も低水位になる場合でもキャロル川に残存している水量では、いかなる時も国境地帯において水量の減少を招くようなことがないこと、第3に、むしろ、フランスが行うアリエージュ川への還流によって水量が増加し、利益を受けるであろうこと、である[433]。続けて裁判所は、スペインが次のような方法で因果関係の証明責任を果たすことが可能であったと指摘した。つまり、返還された水がスペインの利益を侵害するような化学物質を含んだり、温度の変化を生じたり、その他の特性を帯びるおそれがあり、その結果、自国の権利が侵害されると主張すること、及び水の返還の際に用いられる測定装置や還流設備の欠陥のために、キャロル川への自然の流量に相応する水量の返還を実際上確保し得ないと主張することもできたという[434]。

以上から示唆されるように、水路紛争は、河川の地形的・自然的特徴、ダムの規模及び構造、水力発電の形状やその実施方法、河川の転流やダム建設による水量の増減、汚染の程度、生態系の破壊状況、水路への泥の堆積状況など、

---

431) Pulp Mills Case, 2010, paras. 238, 241, 251, 255, 258, 260, 263.
432) *Ibid.,* paras. 239, 242, 243, 247, 254, 257, 259, 262, 264, 265.
433) Lake Lanoux Case, 1957, p. 123.
434) *Ibid.*

様々な科学・技術上の問題が密接に関係することから、高度に専門性を帯びる傾向にある[435]。

　こうした状況に鑑み問題となるのは、裁判所に提出された専門的証拠の取扱いである。すなわち、水路紛争が国際裁判所に付託され、当事国が異なる専門的証拠を提出したときに、科学の専門家でない裁判官が、当該証拠をいかにして処理するのが相応しいかという問題である。これは、裁判所における法の解釈・適用の結果を大きく左右し得る重要な問題である。裁判所は、こうした専門的証拠の取扱いに対し、これまで必ずしも積極的に対処してきたとは言えない。ガブチコヴォ・ナジマロシュ計画事件で、ハンガリーは EIA の実施を要求したが、ICJ はその主張を、77 年条約で引き受けた作業の停止及び放棄を正式に正当化する独立の根拠として定式化することを試みたものとは判断せず、EIA の検討には立ち入らなかった[436]。

　ICJ における科学的証拠の取扱いや評価の方法は、国際司法裁判所規程 50 条に定めがある。同条は、「裁判所は、その選択に従って、個人、団体、官公庁、委員会その他の機関に、取調を行うこと又は鑑定をすることをいつでも嘱託することができる。」と規定する。専門的証拠を判定する際に、同規程 50 条に従って専門家への鑑定嘱託制度を利用することが有益であるとの指摘が、多数見受けられる[437]。こうした見解は、紛争当事国によって提出される科学的証拠が鋭く対立し得る、重大損害防止規則の重大な損害発生（の重大な危険）を判断する場面ではなおさら看過し難い。けれども、実際上は、これまで ICJ が規程 50 条の鑑定嘱託制度を利用したケースは、環境分野では確認できない。それどころか、ICJ に付託された全事案のなかでも、この制度が利用されたの

---

435) Caflisch, L., 2003, p. 236.
436) Gabčíkovo-Nagymaros Project Case, 1997, para. 41. こうした ICJ の専門的証拠の取扱いに対する消極姿勢に対しては批判も寄せられている。*Ibid.,* Separate opinion of Judge Weeramantry, p. 111.
437) Okowa, P., 1998, pp. 158-160, 167, 169; Ochoa-Ruiz, 2005, pp. 381-383; 臼杵知史 2006、86 頁、103-104 頁; Tanaka, Y., 2017, pp. 96-97.

は、ホルジョウ工場事件[438]、コルフ海峡事件（本案）[439]、コルフ海峡事件（賠償額の査定）[440]、メイン湾海洋境界画定事件[441]など決して多くない[442]。

　パルプ工場事件では、紛争当事国が個別に依頼した専門家が証拠資料の作成に深く関与したが、ICJは、「両当事国が提出した証拠やそれぞれが選任した専門家の中立性や信憑性の問題に関する一般論に踏み込む必要はない。裁判所の先例に従い、提出された証拠をもとに事実を確定し、それに対して国際法の関連諸規則を適用するのは裁判所の責任である」[443]と述べて、鑑定嘱託制度を利用しなかった。

　こうした専門的証拠の取扱いに対するICJの姿勢は、しばしば批判的に捉えられている。たとえば、アル-ハサウネ（Al-Khasawnen）判事とジンマ（Simma）判事は、本件は科学的証拠の役割について重大な問題を提起するものであり、伝統的な証拠調べの方法は本件のような複雑かつ技術的・科学的な証拠については不十分であると述べ[444]、続けて、本件で具体的に問題となった幾つかの科学的事項については鑑定人の補助なしに評価され得るものではなかったという[445]。また、ビヌエサ（Vinuesa）特任判事は、ICJ規程50条に定められるICJの職権による鑑定人召喚は、まさに本件のような事例を想定して創設されたものであるとし、当事国によって提出された文書を検証するために鑑定人の意見を求めることができたしそうすべきであったと指摘した[446]。ユースフ（Yusuf）判事も、本件において問題となった複雑な科学的・技術的資料を扱うために、ICJ規程50条に基づき鑑定人による調査を利用すべきであったとし、このような鑑定人の利用は、証拠の収集だけでなく、証拠の理解を助けるために、事

---

438) Chorzów Factory Case, 1928, p. 99.
439) Corfu Channel Case, 1949, pp. 142-150.
440) Corfu Channel Compensation Case, 1949, p. 244.
441) Main Gulf Case, 1984, para. 168.
442) これに関し、小野昇平 2012、223-225頁；深坂まり子 2015、821-826頁も参照。
443) Pulp Mills Case, 2010, para. 168.
444) *Ibid.,* Joint Dissenting opinion of Judges Al-Khasawnen & Simma, para. 3.
445) *Ibid.,* para. 4.
446) *Ibid.,* Disenting opinion of Judge *ad hoc* Vinuesa, para. 95.

実についての完全な理解を得るためのサポートとなると述べた[447]。しかし、こうした批判とは裏腹に、中立公平な立場にあるべきICJが職権的な事実解明により、一方当事者に肩入れすることは、当事者間の二辺的紛争処理という裁判目的を踏まえれば、むしろ慎重であるべきとする見解[448]があることも無視できない。

このように、紛争当事国によって提出された異なる科学的証拠を裁判所がどのように取り扱うべきであるかという問題は、国際水路法における紛争の司法的解決制度の根幹にかかわる重要な問題であり、今後、議論の蓄積が待たれる。

(2) 因果関係の証明責任負担軽減の可能性

重大損害防止規則の違反が容易には認められにくい要因の1つとして、前述したように、因果関係の証明責任について被影響国に重い負担が課せられることが挙げられる。因果関係の立証に必要な科学的証拠の多くは原因国側にあるから、被影響国は往々にして証拠の入手に大変な労力を費やす[449]。また、環境紛争は、証拠の科学的確実性を完全性を伴って担保することが根本的に難しい[450]。こうした証拠の偏在や紛争の性質に鑑み、最近では、被影響国の過重な証明責任を予防的アプローチに依拠することにより、一定程度軽減すべきであると主張される[451]。越境損害防止条文草案は、重大損害防止規則を規定する3条の注釈において、「とりわけ、十分な科学的確実性がない場合であっても、深刻な又は回復不可能な損害を回避し又は防止するために十分な用心を怠

---

447) *Ibid.,* Declaration of Judge Yusuf, paras. 1-13.
448) 中島啓 2016、198頁。
449) *E.g.,* Murase, S., 2016, p. 13, para. 28.
450) *See,* Certain Activities Case, Compensation, 2018, para. 34.
451) WCED Experts Group Report, 1986, comment to Article. 10, p. 79; Lefeber, R., 1996, p. 91; Tanzi, A. & M. Arcari, 2001, pp. 158-159; Trouwborst, A., 2006, pp. 47-50; 児矢野マリ 2007、101頁; Birnie, P., A. Boyle & C. Redgwell, 2009, pp. 152-153; 堀口健夫 2014、76頁; Duvic-Paoli, L-A. & Viñuales, J. E., 2015, p. 137.

ることなく適切な措置をとることを意味し得る」[452]と述べて、予防的アプローチの適用可能性を示唆した。予防的アプローチとは、環境への危険が高い場合には、原因国の行為と重大な損害発生の重大な危険との相当因果関係の証明において、十分な科学的確実性の担保を要求しないことを意味する。同草案3条に関し、児矢野マリは、「国家実行が広範囲に蓄積し、また、国家の義務意識が醸成されれば、将来、予防概念を真正面から読み込んだ3条の解釈が確立する可能性もある」[453]と述べて、3条の「事前の」重大損害防止規則に予防の概念を読み込むことにより、因果関係の証明責任の負担軽減の可能性を示唆する。

さらに、国際水路関連の紛争事案ではないが、深海底活動責任事件勧告的意見では、保証国は、当該活動によって引き起こされる深刻又は回復不可能な損害について、その科学的根拠が不十分であるが、ある程度信頼性のある潜在的な危険の「兆候」(plausible indications) があり、かつ費用対効果を理由にこれらの危険を顧みないときは、「相当の注意」を不履行したことになるとの見解が示された[454]。本意見は、損害の危険よりも前の兆候の段階であり、かつ科学的根拠が不十分である状況であっても、当該行為(「相当の注意」の不履行)と損害との間の因果関係が肯定される可能性を示唆した点で進歩的である。ただし、本意見では、こうした因果関係が認められ得るのは、発生し得る損害の敷居が「重大な」よりも厳しい「相当な又は回復不可能な」レベルであることが前提とされていることに注意する必要がある。上述の因果関係の証明レベルの緩和の可能性は、深海底よりも国際水路のほうが科学的証拠の立証がまだ容易であることに鑑み、国際水路法にも妥当するか予断を許すものではない。けれども、複雑な自然的・技術的要因が絡み合う場合に、本意見のような解釈が国際水路において将来的になされる可能性を完全に排除することは賢明ではな

---

452) Draft Articles on Prevention of Transboundary Harm, 2001, commentary to Article. 3, para. (14).
453) 児矢野マリ 2011、258 頁。
454) Seabed Activities Responsibility Case, 2011, paras. 125-131. 薬師寺公夫 2016、359 頁も参照。

い。

　ただ、こうした動きは、予防的アプローチに基づく因果関係の証明責任の軽減であって、証明責任の転換として作用することを意味するものではない。パルプ工場事件において原告アルゼンチンは、当該製紙工場が被告ウルグアイに所在していることから、予防的アプローチに基づく証明責任の転換を主張したが、ICJ は、たとえ予防的アプローチが条約規定の解釈・適用に有意であるとしても、そのことからそれが証明責任の転換として作用することは導かれないと判じた[455]。

---

455) Pulp Mills Case, 2010, para. 164.
　　キシェンガンガ事件最終判決のように、予防的アプローチの適用に消極的な姿勢を示す判断が見受けられることには注意を要する。本判決は、大規模な建設活動の実施に際し、各国は環境に対する重大な損害を防止し軽減する義務を負うが、その際、予防的アプローチに依拠することは適当ではなく、また必ずしもその必要性があるとはいえない。むしろ政策決定者の役割は受忍し得る環境上の変化とその他の優先事項との間の均衡を保つことが重要である。裁判所の権限はより限定的であり、重大な損害の軽減を超えて拡張されてはならない、と述べる。Kishenganga Case, Final Award, 2013, para. 112.

第Ⅲ部
考慮説と不考慮説の対立解消に向けた検討

　第Ⅱ部では、考慮説と不考慮説の対立を生じさせる国際水路法の2つの基本原則である衡平利用規則と重大損害防止規則の性質・内容を体系的に整理する作業を行った。第Ⅲ部では、第Ⅱ部の考察を踏まえ、本書がその究明を目的とする、取水損害における考慮説と不考慮説のいずれが正当であるかを明らかにする。

　第Ⅲ部では、まず考慮説と不考慮説の対立が生じる場面を特定することから始める。第Ⅱ部の検討で明らかにしたことは、重大損害防止規則について、その違反の有無の判断には、主として「重大な損害」と「相当の注意」という2つの要素が関わるということであった。第Ⅱ部の検討から、「重大な損害」の要素は、さらに、①「重大な損害発生の重大な危険が存する場面」（重大な損害が発生する前の段階）と、②「重大な損害が実際に発生した場面」（重大な損害が発生した後の対応の段階）とに分けられるのであり、他方、「相当の注意」の要素は、③その基準を適切に充足した場合と、④その基準を充足しなかった場合とに分けられる。以上を組み合わせたとき、重大な損害に対する国際水路法の実体的規則がカバーする領域は、「①③」・「①④」・「②③」・「②④」の4つに分類される。そこで、第Ⅲ部で最初に明らかにしなければならないことは、考慮説と不考慮説の対立は、この4つの領域のどこで発生し得るかである。

　これを明らかにしたところで、取水損害について考慮説と不考慮説のいずれが、いかなる場面で、いかにして妥当性をもつかという問いの解明に取り組む。

第5章　取水損害における考慮説の妥当性

第1節　考慮説と不考慮説の対立が生じる場面の特定及び考慮説の支持基盤

　第Ⅱ部での考察の結果、重大損害防止規則の違反の有無は、「重大な損害」と「相当の注意」という2つの要素を判断して決定されるということが明らかとなった。このうち、「重大な損害」の要素は、①「重大な損害発生の重大な危険が存する場面」（重大な損害が発生する前の段階）と、②「重大な損害が実際に発生した場面」（重大な損害が発生した後の対応の段階）とに分けられるのであり、また、「相当の注意」は、③原因国がその基準を適切に充足した場合と、④その基準を充足しなかった場合とに分けられる。

　これを組み合わせると、重大な損害に対する国際水路法の実体的規則がカバーする領域は、「①③」、「①④」、「②③」、「②④」の4つに分類できる。詳述すれば、「重大な損害発生の重大な危険を生じさせ、かつ『相当の注意』の基準を充足しなかった場合（①③の場合）」（これを「第一類型」と呼ぶ）、「重大な損害発生の重大な危険を生じさせ、『相当の注意』の基準を適切に充足した場合（①④の場合）」（これを「第二類型」と呼ぶ）、「重大な損害を実際に発生させ、かつ『相当の注意』の基準を充足しなかった場合（②③の場合）」（これを「第三類型」と呼ぶ）、「重大な損害を実際に発生させたが、『相当の注意』の基準を適切に充足しなかった場合（②④の場合）」（これを「第四類型」と呼ぶ）、である。

　以下では、これら4つのうち、第一類と第四類型において重大損害防止規則

が適用されることを明らかにする[1]。具体的には、第一類型では、「事前の」重大損害防止規則が適用され、第四類型では、「事後の」重大損害防止規則が適用される。この2つの型では、考慮説と不考慮説の対立が生じるのに対し、第二類型と第三類型では重大損害防止規則が適用されないため、考慮説と不考慮説の対立が生じることはない。

以下では、第一類型から第四類型のそれぞれについて、いかなる法規が適用されるか、重大損害防止規則が適用される場面では取水損害について考慮説と不考慮説のいずれが妥当性をもつか、さらには、仮に重大損害防止規則の違反が認定された場合にはどのような救済手段が用意されているか又は用意されるべきかを論じることとする。

1 重大な損害発生の重大な危険を生じさせ、かつ「相当の注意」基準を充足しなかった場合【第一類型】
　　──「事前の」重大損害防止規則が適用される場面

(1) 第一類型における「事前の」重大損害防止規則の適用

　第一類型は、国際水路の利用国が重大な損害発生の重大な危険を生じさせ、加えて、「相当の注意」の基準を充足しなかったという場面である。国連水路条約との関係では、7条1項が適用される場面である。第一類型では、重大な損害発生の重大な危険の存在、及び「相当の注意」の不履行という2つの事実に鑑み、「事前の」重大損害防止規則が適用される。他方、第一類型の下で国家責任法が適用される可能性は、実害が発生していない以上、低い。

　「事前の」重大損害防止規則の適用に当たって、重大な損害発生の重大な危険の存在の証明責任は、第一次的には、その危険の存在を主張する潜在的被影響国に課されるが、一旦、重大な危険の存在が証明されれば、翻って、その危険について「相当の注意」を適切に履行したことの証明責任は、原因国側に移ると解すべきである[2]。

---

1) なお、本書の検討結果については、【図1：重大損害防止規則と衡平利用規則の関係性】を併せて参照。

(2) 考慮説の支持基盤

　以上では、第一類型において「事前の」重大損害防止規則が適用されることを指摘した。そこで次に、「事前の」重大損害防止規則の違反認定に際して、考慮説と不考慮説のいずれが妥当性を有するかが明らかにされなければならない。これに関し、本書は、取水損害の場合には考慮説が支持されるべきであると考える。その理由として、第1に、「事前の」重大損害防止規則が適用される第一類型では、重大な損害が実際に発生しておらず、未だ重大な損害発生の重大な危険の段階にとどまること、第2に、不考慮説が妥当する汚染損害と、取水損害とを比較すると、汚染損害のほうが取水損害よりも、人の健康及び安全に悪影響を及ぼす可能性が高い（一般的に、河川への有害物質の排出による汚染のほうが、河川の水量の低下を引き起こす取水損害よりも人の健康及び安全への悪影響が大きい）こと、第3に、取水損害の場合に、水量の低下の危険という推定事実をもって、不考慮説を妥当させることは、国際水路の水を新規に利用しようとする国の活動を著しく制限するものであり、不合理な結果を生じさせるおそれがあること、を指摘しなければならない。したがって取水損害については、考慮説が支持される。

　第一類型において考慮説が妥当性を有することは、地域的な条約実践とも矛盾しない。たとえば、1994年に中国とモンゴルの間で締結された「越境水の保護及び利用に関する協定」[3]は、4条1項で、「両締約国は、共同で、越境水の生態系を保護し、<u>相手方を害さないような方法で</u>越境水を開発し利用する。越境水のあらゆる開発及び利用は、越境水のあらゆる合理的な利用を妨げることなく、<u>公正及び衡平の原則に従う</u>ものとする。(The Two Contracting Parties should jointly protect the ecological system of the transboundary waters and develop and utilize transboundary waters <u>in a way that should not be detrimental to the other side</u>. Any development

---

2) *See*, A/43/10, p. 30, para. 163; Pisillo-Mazzeschi, R., 1991, p. 35; Tanzi, A., 1997 (b), 242; Tanzi, A., 1998, p. 464; McCaffrey, S. C., 2007, pp. 440, 445; McIntyre, O., 2007, pp. 99, 115; Islam, N., 2010, p. 154.

3) China=Mongolia Agreement, 1994.

and utilization of transboundary waters should follow the principle of fairness and equability without impeding any reasonable use of transboundary waters.)」[4]（下線・鳥谷部加筆）との規定を置く。同条同項が損害防止規則を規定したものであることは、「相手方を害さないような方法で」という文言に含意されている。だとすれば、かかる損害防止規則規定は、重大損害防止規則が要求する「重大な」のレベルの防止を当然に含むものと解される。そのうえで、同条同項は、そうした（重大）損害防止規則の違反が認定されるためには、「公正及び衡平の原則」（≒衡平利用規則）の考慮テストによって衡平利用規則の違反が認定されることを条件としている。つまり、本協定は、（重大）損害防止規則の違反成立の有無を、最終的に、衡平利用規則の考慮テストに委ねているから、考慮説に立つと言える。

(3) 「事前の」重大損害防止規則の違反に対する救済方法

それでは、「事前の」重大損害防止規則の違反が成立した場合、当該重大な危険を発生させた国は、潜在的な被影響国に対してどのような救済手段に訴えることができるか。現実路線は、満足（サティスファクション）や再発防止の保証であろう。もっとも、金銭賠償による救済は、理論上はあり得ても、損害が現実に発生していない以上、その可能性は低い。

また、重大損害防止規則違反に対する司法的救済としては、違反宣言判決又は交渉義務命令が現実的であろう。その他のあり得る司法的救済としては、計画事業への許認可付与行為や工場の操業等の一時停止を命じる差止命令の発付であろう。坂元茂樹の言葉を借りるなら、「衡平原則の適用を伴うような法分野や資源の配分をめぐる紛争など、事柄の性質上、単一の基準を指標とする画一的・機械的な決定になじまない紛争の場合に交渉命令判決が下される可能性は今後も否定できない」[5]と言える。「事前の」重大損害防止規則における重大

---

4) *Ibid.*, Article. 4(1).
5) 坂元茂樹 2000、57 頁。また坂元は、交渉義務命令判決の特徴として、裁判所に付託される以前に行われる「交渉」と比較すれば、交渉義務命令は、目指すべき合意の決定基準が示されている（坂元はこれを「法の枠内の交渉」と呼ぶ）点で異なるという。坂元茂樹 2000、56 頁。

な損害発生の「重大な危険」に、裁判所が今後どのように対応すべきかが焦点となる。とりわけ下流国は、「事前の」重大損害防止規則の違反を理由として司法機関に対し違反宣言判決に加え、上流国の利用の差止を求める暫定措置命令の発付を請求することが予想される[6]。

暫定措置命令に関し、河野真理子は、厳格な緊急性の要件がクリアーできれば、ICJ規程41条に基づく暫定措置命令の言い渡しが可能となる場合があることを指摘する[7]。もっとも、河野は、環境紛争に暫定措置命令を多用することには慎重な姿勢を崩しておらず、最終的な権利義務関係が終局判決によって確定していない段階で発付される暫定措置がもつ危険性にも十分に配慮し、本案で請求されている権利侵害の内容と暫定措置によって保護されるべき利益の内容との整合性を図らなければならないとも述べる[8]。

2 重大な損害発生の重大な危険を生じさせ、「相当の注意」基準を充足した場合【第二類型】
―― 衡平利用規則が適用される場面

第二類型は、国際水路の利用国が、重大な損害発生の重大な危険を生じさせているが、他方、「相当の注意」の基準を充足したという場面を指す。第二類型は、重大な損害発生の重大な危険が観取されるという点で第一類型と状況を同じくするが、利用国は、かかる危険を防止するために「相当の注意」を適切に履行したという点において、第一類型とその状況を異にする。第二類型では、利用国による「相当の注意」の不履行が存しないことから、「事前の」重大損害防止規則の違反が成立することはない。そのため、第二類型では、汚染損害と取水損害とにかかわらず、考慮説と不考慮説の対立が生じる前提がないものと言うべきである。なぜなら、考慮説と不考慮説は、「相当の注意」を適切に履行しなかった場合に限り、対立を生じるものだからである。

---

6) 奥脇直也 2015、31 頁；臼杵知史 2017、30 頁も参照。
7) 河野真理子 2001、70-71 頁。
8) 河野真理子 2001、72-73 頁。

けれども、たとえ利用国が「相当の注意」義務を適切に履行したとしても、潜在的な被影響国に重大な損害発生の重大な危険を常に受忍させることは、当該被影響国の側に何らかの帰責事由が存在しない限り、不適当である。そのため、第二類型では、重大損害防止規則の適用はないが、他方、原因国は、衡平利用規則の履行を免れないと言うべきである。その結果、当該利用が衡平かつ合理的であると見なされれば、衡平利用規則の違反は成立せず、ゆえに、潜在的被影響国がかかる危険を負担することになるのに対し、かかる危険を生じさせる利用が非衡平かつ非合理的と判断されれば、衡平利用規則の違反が成立し、ゆえに、当該利用国がかかる危険を負担しなければならない。

3 重大な損害を実際に発生させ、かつ「相当の注意」基準を充足しなかった場合【第三類型】
——事後救済の法たる国家責任法が適用される場面

第三類型は、国際水路の利用国が他国に対し重大な損害を実際に発生させ、さらに、その際、「相当の注意」の基準を充足しなかったという場面を指す。本類型は、重大な損害を実際に発生させたという点において、重大な危険の発生にとどまる第一類型及び第二類型とは明白に相違する。また、第三類型が対象とするのは、原因国が「相当の注意」を不履行した場合であるから、その点、以下に述べるように、「相当の注意」を適切に履行した場合である第四類型とも区別されなければならない。

第三類型では、原因国が重大な損害を実際に発生させていること及び「相当の注意」義務を不履行したという事実に照らし、事後救済の法たる国家責任法が適用される。その結果、原因国の国際違法行為が成立し[9]、当該原因国は、

---

9) ただし、違法性阻却事由に該当する場合はこの限りではない。国際水路の分野で援用される可能性が高い違法性阻却事由には、第1に、洪水、氷解、地震、旱魃等の自然災害により、利用国の義務の履行が物理的に不可能となる「不可抗力」(force majeure) が挙げられる (Draft Articles on Responsibility of States, 2001, Article. 23)。もっとも、自然災害が当該利用国の行為 (ダム建設や都市開発・森林伐採等) の結果発生したと見なされる場合には不可抗力に該当しないことは言うまでもない。国際水路の

かかる国際違法行為に対する国家責任を負担しなければならない。原因国は、重大な損害に対し十分な回復（reparation）をすることを求められる。回復は、ホルジョウ工場事件の次のような判示に表される。「違法行為の概念に含まれる本質的な原則は、国際実践、とりわけ仲裁裁判例により確立している原則であるが、救済は、可能な限り違法行為の結果を拭い去り、あらゆる蓋然性において、その行為がなければ存在したであろう状態を回復するするものでなければならない」[10]。

分野で問題となる可能性のある違法性阻却事由として、第2に、重大かつ急迫した危機から当該利用国の本質的利益を守るための唯一の手段が被害国に対して負う国際義務の違反であるような場合に、かかる国際義務に合致しない行為の違法性を阻却する根拠として援用し得る「緊急避難」（necessity）が挙げられる（*ibid.,* Article. 25）。ガブチコヴォ・ナジマロシュ計画事件では、スロバキアとの共同事業を途中で放棄したハンガリーが、スロバキアの一方的なダム建設等によってハンガリーの水質が汚染され、水路の転流により流域の動植物相が絶滅の危機に陥るおそれがあるとして、「生態系上の緊急避難」（state of ecological necessity）を援用した（Gabčíkovo–Nagymaros Project Case, 1997, para. 40）。本件で ICJ は、「重大かつ急迫した危機」要件及び「唯一の手段」要件について厳格に解し、ハンガリーの主張を退けた（*ibid.,* paras. 54-57. 山田卓平 2014、158 頁、171-172 頁も参照）。

10) Chorzów Factory Case, 1928, p. 47. *See also,* Certain Activities Case, Compensation, 2018, para. 29. この義務は、「責任を負う国は、国際違法行為により生じた被害に対して十分な救済を行う義務を負う」として、国家責任条文でも確認されている。Draft Articles on Responsibility, 2001, Article. 31(1).

原因国は、原状回復（restitution）（取水損害の場合には取水前の水量に戻すこと、また汚染損害の場合は水の浄化を行うこと等）や金銭賠償（compensation）[11]のほか、違反の承認、公式の陳謝、責任者の処罰といった満足（サティスファクション）や、再発防止の保証等の方法によって国際違法行為責任を解除しなければならない[12]。

---

[11] ICJ が環境損害に対する賠償額の算定を行った初のケースとして、国境地域におけるニカラグアの活動事件（賠償額の査定）（Certain Activities Case, Compensation, 2018）が注目に値する。本判決は、サンファン川事件判決において、ニカラグアが 2010 年以来、国境地域において行った 2 つの運河の掘削と軍隊の駐留等の諸活動がコスタリカの領域主権の侵害を構成し、それによって生じた損害を賠償する義務をニカラグアに命じたことを受けて判示されたものである。本判決の要旨は、次の通りである。①国際法の下で賠償金の支払が可能なものには、環境への損害及びその結果として生じる財・サービスを提供するための環境上の能力の毀損又は損失が含まれる（ibid., para. 42）。②なお、環境に関する財・サービスの毀損又は損失に対する賠償金は、破壊された環境の回復前、あるいは回復費用の支払前に生じたものに限られる（ibid.）。③賠償されるべき損害の金銭的評価に当たっては、賠償の範囲及び違法行為と原告が被った侵害との間の十分に直接的かつ特定の因果関係が明確に存在しなければならないが（ibid., paras. 32, 72）、損害の範囲については、それが十分な証拠に基づいて特定されなければ賠償額の算定ができないというほど厳格なものではない（ibid., paras. 35, 86）。④コスタリカは、ニカラグアの違法行為の結果として毀損又は損失を被るおそれのある財・サービスを、22 にカテゴリー化し、そのうち 6 つ（立木、繊維・エネルギーなどその他原材料、炭素隔離のためのガス規制及び大気質、自然災害の軽減、土壌の形成及び浸食の防止、生息及び生育に関する生物多様性）についてのみ賠償を請求した（ibid., para. 55）。このうち、裁判所に提出された証拠は、2011 年と 2013 年のニカラグアによる運河掘削に伴う 300 本の樹木の伐採と 6.19 ヘクタールの植生の破壊であった（ibid., para. 75）。こうしたニカラグアの諸活動は、上述の環境財・サービスの供給能力に重大な悪影響を及ぼす（ibid.）。それゆえ、自然災害の軽減並びに土壌の形成及び浸食の防止を除く、上記 4 つのカテゴリーについて、環境財・サービスの毀損又は損失がニカラグアの諸活動の直接の結果生じたと考えられる（ibid.）。⑤環境財・サービスの毀損又は損失に関する賠償額の算定を行う際には、個別項目ごとではなく、全体として生態系アプローチに基づいて、かかる毀損又は損失を総合的に評価するという手法による（ibid., para. 78）。⑥環境に関する財・サービスの毀損又は損失費用は、「修正分析」（corrected analysis）によって全体の額の調整を行った結果、ニカラグアに対

4 重大な損害を実際に発生させたが、「相当の注意」基準を充足した場合【第四類型】
──「事後の」重大損害防止規則が適用される場面

(1) 考慮説の妥当性とその意味
──「事後の」重大損害防止規則の履行免除

　第四類型は、国際水路の利用国が他国に重大な損害を実際に発生させたが、その際、「相当の注意」の基準を充足したという場面を指す。こうした状況に適用されるのは、原因国に対し損害の除去及び緩和を要求する「事後の」重大損害防止規則の解釈・適用の場面である。本類型では、考慮説が妥当性を有する。その理由は、原因国が「相当の注意」を適切に履行したという事実に照らせば[13]、原因国は、「事後の」重大損害防止規則の履行義務を負わないことを、衡平利用規則に違反していないことを根拠として主張することが許されて然るべきであるからである[14]。このように、第四類型における考慮説の妥当性基盤は、国際水路の利用国が「相当の注意」基準を充足していたという点に求められる。加えて、本類型における考慮説の妥当性は、繰り返しになるが、国連水

し12万米ドルの支払と、湿地の回復措置費用として約2千700米ドルの支払を命じる（*ibid.*, paras. 86-87）。なお、ここでICJが採用した修正分析は、ニカラグアが主張した修正分析のいくつかの要素を維持しつつ、独自に修正を加えたものであることから、「修正された修正分析」と呼ぶのが適切であろう。もっとも、本判決の批判されるべき点として、賠償額の算定方法が不明瞭であることが指摘できる。ICJは、賠償額の算定に際して、コスタリカが主張した「生態系サービス」アプローチや、ニカラグアが主張した「代替費用」アプローチ、「修正分析」を退け、「総合的評価」アプローチ及び「修正された修正分析」に依拠したが、具体的にどのような計算を行えば12万米ドルという数字が出てくるのかについて、十分な説明を行っているとは言えない（*see*, Rudall, J., 2018, p. 293）。

12) *See*, Draft Articles on Responsibility, 2001, Articles. 30, 34-37.
13) 国際水路の利用国が「相当の注意」義務を適切に履行したという事実を重視すべきとする見解として、Fitzmaurice, M., 1995, p. 371 がある。
14) ただし、原因国が衡平利用規則を適切に履行していることを説得的に主張するためには、重大な損害を実際に発生させたという事実を凌駕する「利益」の存在が必要となる。*See*, Brunnée, J. & S. J. Toope, 1994, p. 64.

路条約が7条2項で「5条及び6条を適切に尊重しつつ」との衡平利用規則に考慮を払うべきことを示す文言を明文で規定していることにも表される。

つまり、本類型における考慮説は、重大な損害を実際に生じさせた国の利用が、衡平かつ合理的である限りにおいて、当該利用国が重大な「損害の除去・緩和のための相当の注意」義務の履行から免れることを意味する。その結果、当該利用が衡平かつ合理的な利用の範囲内であれば、当該利用国は、重大な損害の発生にもかかわらず、当該利用を合法的に継続できる。これに対し、当該利用が非衡平かつ非合理的である場合には、当該利用国は、重大な「損害の除去・緩和のための相当の注意義務」を適切に履行しなければならない。なお、当該利用が衡平かつ合理的であることを立証する責任は、「事後の」重大損害防止規則の履行を免れようとする側である原因国にあると解すべきである[15]。

(2)「事後の」重大損害防止規則の違反に対する救済方法
　――国家責任法の適用

もっとも、原因国は、上述のように、当該利用が非衡平かつ非合理的であると認められ、重大な損害の除去・緩和のための相当の注意義務の履行を怠った場合には、「事後の」重大損害防止規則の違反が成立する。かかる違反に対しては、国家責任法が適用されることになる。

---

15) *See*, A/49/10, p. 104, para. 14; Fitzmaurice, M., 1995, p. 372; Shigeta, Y., 2000, p. 176; McInyure, O., 2007, pp. 114-115.

第2節　第一類型における考慮説の機能——違法性

1　考慮説の違法性概念

(1) 違法性概念をめぐる考慮説と不考慮説の認識の違い

　ここで、再度、考慮説と不考慮説の内容を確認しておくこととする。両説の対立は、第一類型では、「事前の」重大損害防止規則たる「重大な損害発生の重大な危険を防止するための相当の注意」義務の違反認定（＝違法性判断）プロセスで生じるものと考えられる。つまり、本書は、「相当の注意」義務の違法性の有無を、衡平利用規則の考慮テストを経て判断する立場が考慮説であり、他方、「相当の注意」義務の違法性判断に際し、衡平利用規則の考慮テストの介在を認めないのが不考慮説であると解する。

　このように捉えた場合、考慮説において、「事前の」重大損害防止規則の「相当の注意」義務の違法性は、衡平利用規則の考慮テストの結果、当該利用が非衡平かつ非合理的と判断されて漸く肯定される。つまり、考慮説は、「事前の」重大損害防止規則の違反成立の有無を、最終的に、衡平利用規則の考慮テストに委ねる。

(2) 考慮説における違法性判断方法再検討の必要性

　しかし、後述するように、重大損害防止規則に関して主張される法益侵害必要論に照らしてみれば、「事前の」重大損害防止規則の違反の存否を衡平利用規則のみによって判断することは躊躇される。

　また、原因国の衡平利用規則の違反についてみると、その違反の態様は一様ではなく、グラデーション（段階的な変化）が存在し得る。つまり、衡平利用規則の違反は、悪性の強いものから弱いものまで一定の幅を有している。そうであるならば、衡平利用規則の違反の態様に注意を払う必要が出て来る。

以上から、違法性の有無は、侵害行為の態様（衡平利用規則違反の悪質さ）と被侵害法益（被影響国にとっての国際法上保護される法益）の種類・強弱の両方を考慮して総合的に判断することが求められると言えよう。

　それでは、こうした筆者の認識は、どれほどの議論の蓄積のうえに展開されるものであるか。以下では、被侵害法益という概念が、国際水路法、とりわけ重大損害防止規則においてどのように捉えられてきたか、また、もし被侵害法益という概念を重大損害防止規則の違法性判断との関係で認識することが相応しいとすれば、被侵害法益にはどのような種類・強弱があるのかを明らかにする。

2　考慮説の下での「相当の注意」義務の違法性判断

(1) 法益侵害必要論

　国際水路法では、法益侵害を、重大損害防止規則の違反成立のために検討されるべき独立の要素とするか否かが1つの争点となってきた。重大損害防止規則の違反には、常に対応する主権的権利の侵害が伴うので、法益侵害を独立の要件とすることは不要というのが現在の国連水路条約の趣旨である。けれども、国連水路条約の起草作業では、重大損害防止規則の違反成立の前提として、被影響国の側には主権的権利の侵害以外に、具体的な権利又は利益の侵害（法益侵害）が生じていなければならないとする議論が展開されてきたことを看過し得ない。

　エヴェンセンは、第1及び第2報告書で、重大損害防止規則の起草に際して、「水路国は、水路協定又はその他合意若しくは取決めによって規定される場合を除き、<u>他の水路国の権利又は利益に相当な損害を生じさせるかもしれない</u>国際水路に関する利用又は活動を（その管轄下で）差し控え及び防止する。」[16]（下線・鳥谷部加筆）との案を提示した。このことは、法益侵害を重大損害防止規則の違反成立の独立の要件とするものであるかはひとまず脇に置くとして、同

---

16) A/CN.4/367 and Corr.1, Article. 9, p. 172.

規則の違反を主張又は追及するためには法益侵害を受けていることが必要であることを示唆するものであると言える。

マッカフリーは、第2報告書において、重大損害防止規則の起草に当たっては、「事実上の損害を生じさせない義務ではなく、(衡平でない利用が行われることによって) 法益侵害を生じさせない義務に焦点を当てるべきである。このことは、事実的意味合いとしての損害禁止義務の存在を決して否定するわけではない。主張は簡潔で、水路の文脈では、〔事実上の〕重大な損害の発生が衡平な配分の範囲内にあるとして許容される場合には、被影響国の権利を侵害しないかもしれない。」[17]（〔　〕内及び下線・鳥谷部加筆）。マッカフリーはこのように述べて、本書ですでに見たように、事実としての「重大な損害発生（の重大な危険）」と、法律上の損害としての法益侵害とを明確に区別した。

また、学説上も、重大損害防止規則たる「相当の注意」義務の違反には、義務の履行を要求する法益の侵害が伴うとする見解が主張されている。リッパー (Lipper) は、国際水路の利用国が他の水路国に「実質的な損害」(substantial harm) を生じさせただけでは、衡平利用規則の考慮の結果、当該利用が衡平かつ合理的であると解される余地が残されており、重大損害防止規則の違反が成立するためには、実質的な損害だけでなく、国家の法的権利の違反の結果としての「侵害」(injury) 又は「法的損害」(legal harm) もが必要であるとの認識を示した[18]。

ハンドルは、「越境汚染によって生み出される損害が実質的なものと見なされるレベルに修正する国際法の一般規則を定式化することは不可能であると言い切れる……こうした不可能性は、当然、『重大な侵害』(significant injury) が、実質的な越境影響という単なる事実の認定ではなく、『法的に重大な侵害』(legally significant injury) を示すものと伝統的に理解されてきたという事実によって説明される。」[19]と述べて、事実上の損害と法律上の損害とを明確に区別し、

---

17) A/CN.4/399 and Add.1 and 2, p. 133, para. 181.
18) Lipper, J., 1967, p. 45.
19) Handl, G., 1986, p. 414.

また、重大損害防止規則の違反の認定に当たり重大な法益侵害の発生が国家実行によって広く認識されていることを指摘した[20]。また、ブルーヌもこれとほぼ同様の認識に立つ[21]。

さらに、ノルケンパーも、重大損害防止規則の違反の認定に際して、国際水路の利用によって影響を受けたか又はそのおそれのある国の被侵害法益の種類・性質を考慮すべきことを指摘する[22]。

フエンテスは、重大損害防止規則の違反が生じるために満たされなければならない要素を、重大な損害を生じさせているという事実の要素に絞る限り、衡平利用規則との抵触を解消することはできないが、そこに「法的侵害」(legal injury) の要素を加えることによって、かかる抵触を解消することができるとする[23]。このように、考慮説と不考慮説の対立を解決するための手掛かりとして、フエンテスは、重大損害防止規則の違反の判断に際して、法的侵害という要素が追加される必要性を説く。

このように、重大損害防止規則の違反が成立するためには、被影響国の側に何らかの法益侵害が発生していなければならないとの見解が、国連水路条約起草作業や学説を通して主張されていることを無視するわけにはいかない。もっとも、こうした法益侵害必要論に立つとしても、法益侵害の発生を、「相当の注意」義務違反の判断（＝違法性判断）に際して考慮すべき要素と見るべきか、それとも「重大な損害発生（の重大な危険）」の要素に含めて理解すべきかは、見解が分かれよう。これに関し、事実の問題としての「重大な損害発生（の重大な危険）」と、法の問題としての法益侵害とは、その性質上、区別されるべきである。また、前記エヴェンセン及びマッカフリーの報告書のように、法益侵害は被影響国の「権利又は利益」侵害と捉えられていることから、法益侵害の発生の有無及び被侵害法益の種類・強弱等の要素は、違法性判断の場面で作用

---

20) *See also*, Handl, G., 1992, pp. 129-130.
21) Bourne, C. B., 1992, p. 85.
22) Nollkaemper, A., 1993, p. 58.
23) Fuentes, X., 1998, p. 137.

すると考えるのが適当であろう。こうした被侵害法益に関する諸要素は、衡平利用規則の下では、少なくともこれまでは利益衡量の対象とされて来なかった[24]。それゆえ、被侵害法益は、衡平利用規則の考慮要素としてではなく、衡平利用規則とは別個独立した要素として捉える必要がある。

(2) 被侵害法益の多様性

被影響国の側にいかなる法益侵害が発生するかは、個別のケースの状況に応じて、異なり得る。それでは、そうした法益にはどのようなものが想定できるだろうか。以下では、その一端を明らかにしてみたい。

(ⅰ) 人の健康及び安全

ラマースは、被侵害法益には幾つかの種類があるとし、なかでも保護されるべき重要度の高い利益として、公衆衛生の維持管理及び飲料水の供給のための水利用を挙げる[25]。

ノルケンパーは、被侵害法益には強弱があるとし、第二読条文草案7条の注釈を引用して、「重大な損害それ自体が違法となるわけではないが、『人の健康及び安全』への重大な損害が生得的に非衡平かつ非合理的となる。」[26]述べて、被影響国の人の健康及び安全が最も強く保護されるべき被侵害法益であるとの認識を示した。ILCによって「人の健康及び安全」という言葉が定義されることはなかったが、ノルケンパーは、「この言葉は広く解され、たとえば、上流国の灌漑利用が、下流国に飲料水の不足、疾患又は食料不足を引き起こし、人の健康に脅威をもたらす状況を含む。」[27]ものと解する。こうしたことから、人の

---

24) 衡平利用規則の考慮要素の1つに、「原因国による水路の利用が潜在的な被影響国に与える影響」があるが (UN Watercourses Convention, 1997, Article. 6(1)(d))、これは、重大損害防止規則でいわれるところの事実上の「重大な損害発生（の重大な危険）」に相当するのであって、被影響国の侵害法益の考慮を意味するわけではない。
25) Lammers, J. G., 1984, p. 347.
26) Nollkaemper, A., 1993, p. 61.
27) *Ibid.,* p. 61, n.101.

健康及び安全のなかでも、とりわけ生存に必要な飲料水や食料、さらには、厳しい気象条件の下での衣服生産に必要となる水が、それ以外のあらゆる要因に比べて、より強く確保されなければならないことが示唆される[28]。

(ⅱ) 水への権利

水への権利の内容については、衡平利用規則の章で扱った[29]。水への権利は、衡平利用規則の下で優先的に考慮されるべき要素である「人間の死活的ニーズ」の重要性を、国際人権法の側面から補強する役割を果たす。このように、水への権利は、衡平利用規則の「人間の死活的ニーズ」と関連性を有する。

他方、水への権利は、重大損害防止規則とも密接に関係する。水への権利は、国際水路の利用国が重大な損害発生（の重大な危険）を生じさせることにより、他国領域内の住民の当該権利を侵害する可能性がある。つまり、水への権利は、重大損害防止規則が保護する法益でもある。

水への権利は、その権利性が強いものから順に、①生命維持レベル、②中核レベル、③人権の完全実施レベル、④人権保障を超えるレベル、の4つに分類可能であるとのウィンクラーの指摘に従えば[30]、ここで法益としての地位をもつのは、当然ながら、④を除く①から③ということになる。そのうち、上記①の「生命維持レベル」は、前記「人の健康及び安全」と同様、最も保護されるべき要請が高い法益に位置づけられる。

(ⅲ)「国の環境」という法益

国の「環境」という価値が法的性質を帯びるものとして認識されたのは、1972年のストックホルム国連人間環境宣言の原則21を嚆矢とする。同原則は、その後、多くの国際文書・条約に取り込まれていった。その一例として、1974年の国の経済的権利義務憲章30条における、「すべての国は、自国の管

---

28) *Ibid.*, p. 59.
29) 第3章第2節4を参照。
30) 第3章第2節4(2)(ⅱ)を参照。

轄又は管理下における活動が、他国の又は国家管轄権の範囲外の区域の環境に損害を与えないよう確保する責任を負う。」[31]との規定や、1982年の国連海洋法条約194条2項における、「いずれの国も、自国の管轄又は管理の下における活動が他の国及びその環境に対し汚染による損害を生じさせないように行われること……を確保するためにすべての必要な措置をとる。」[32]等の規定が挙げられる[33]。

「国の環境」を法益として捉える動きは、判例でも確認できる。ICJは、1996年の核兵器使用の合法性事件勧告的意見で、国家の管轄及び管理の下にある活動が他国又は国家の管理を超える地域の環境を尊重することを確保する国家の一般的義務の存在は、今や環境に関する国際法規則の一部であると判示した[34]。この著名な判示は、その後、ガブチコヴォ・ナジマロシュ計画事件[35]、鉄のライン川事件[36]、パルプ工場事件[37]でも引用されている。判例の蓄積も相俟って、今日、「国の環境」が法益として強く認識される傾向にある[38]。

---

31) Charter of Economic Rights and Duties of States, 1974, Article. 30.
32) UNCLOS, 1982, Article. 194(2).
33) これ以外にも、「国の環境」を法益として認識する国際文書及び国際条約には、次のようなものがある。1982年の世界自然憲章21(d)(「自国の管轄又は管理の下で行われる活動が、他の国の国内又は国の管轄権の範囲外に存在する自然系に害を生じないように確保すること」)、1985年のASEAN自然保全協定20条(「締約国は国際法の一般に受け入れられた原則に従って、その管轄又は管理下における活動が他の締約国の管轄権の下にあり若しくは国の管轄権の限界の外にある環境又は天然資源に対して害を生じないように確保する責任を有する。」)、1986年のヌーメア条約4条6項(「……締約国は、自国の管轄又は管理の下における活動が他国の環境又はいずれの国の管轄にも属さない区域の環境を害さないように確保する。」)、1992年のリオ宣言原則2(「国は、……自国の管轄又は管理下の活動が他国の環境又は国の管轄権の範囲外の区域の環境に損害を与えないように確保する責任を有する。」)、さらに、リオ宣言と同じ内容の規定を置くものとして、1992年の生物多様性条約3条や同年の気候変動枠組条約前文等がある。
34) Nuclear Weapons Case, 1996, para. 29.
35) Gabčíkovo-Nagymaros Project Case, 1997, para. 53.
36) Iron Rhine Case, 2005, para. 222.
37) Pulp Mills Case, 2010, para. 101.
38) 兼原敦子2001、33頁。

このように、国の環境そのものの尊重確保の要請は、その後、パルプ工場事件判決において、重大損害防止規則と結びつけて理解されるようになった。本判決は、慣習国際法たる防止規則によれば、「国家はその領域又は管轄下において行われる他国の環境に重大な損害を引き起こす活動を回避するために供することができるすべての手段を用いる義務を負う」[39]と述べて、環境そのものが重大損害防止規則の保護法益となり得ることを示した。パルプ工場事件によるこうした姿勢は、その後、キシェンガンガ事件[40]やサンファン川事件[41]でも確認されている。また、学界からは、兼原敦子が、「国際法上で環境という法益は、個人の権利に還元しては十分に反映することができない内容を有している」[42]と述べて、「国の環境」が新たに法益として把握されるべきことを指摘した。

　さらに、環境それ自体に生じた損害が国際法上の賠償の対象となることを初めて認めた先例である2018年の国境地域におけるニカラグアの活動事件（賠償額の査定）判決は、賠償額の算定範囲を、植物や鉱物といった物理的な財に対する損害だけでなく、それ以外の天然資源（たとえば、動物の生息環境）や社会に供給されるサービスに対する損害にまで拡張した[43]。本判決は賠償額の算定の場面に限定されるが、「純粋な」環境損害について賠償を請求する権利が国家に存するのであれば、その前提として、環境財及びサービスが法益として存在していることになる。

（iv）環境に対する権利

　国際水路法において、最近、形成される被侵害法益として、「環境に対する権利」（the right to environment）がある。環境に対する権利の権利性の主張は、ガ

---

39) Pulp Mills Case, 2010, para. 101.
40) Kishenganga Case, Partial Award, 2013, para. 451 ; Kishenganga Case, Final Award, 2013, para. 112.
41) San Juan Tiver Case, 2015, para. 118.
42) 兼原敦子 2006(b)、316頁。
43) San Juan Tiver Case, 2015, Separate opinion of Judge Donoghue, para. 3.

ブチコヴォ・ナジマロシュ計画事件におけるハンガリーの主張[44]及び同事件のウィーラマントリー判事の個別意見[45]や、学説[46]など限定的であった。けれども、最近、環境に対する権利を正面から認めるケースが現れている。先住民の伝統的居住区での石油開発に関するオゴニランド事件がそれである。

本件は、ナイジェリアの国営石油とシェル石油が、アフリカのナイジェリア共和国南部、ニジェール川の河口部に位置するニジェール・デルタのオゴニランドで行った石油開発事業に関する事案である。ナイジェリアは、ニジェール・デルタ地域一帯に大量の原油が埋蔵されていることを知った1958年頃、原油の掘削を開始し、2013年には推定372億バレルの産油量を誇るアフリカ最大の産油国となった。けれども、ナイジェリアの国営石油とシェルによる石油開発事業は、ニジェール・デルタの先住民であるオゴニの人々に深刻な被害を生じさせた。1996年3月、オゴニの人々に代わり2つのNGO、すなわち「社会的経済的権利活動センター」(SERAC)と「経済的及び社会的権利センター」(CESR)は、申立ての1つとして、人及び人民の権利に関するアフリカ憲章（バンジュール憲章）の24条が規定する「一般的に満足すべき環境に対する権利」(the right to a general satisfactory environment)の違反を主張して、アフリカ人権委員会に通報を行った[47]。

通報内容は、環境に関する主張に限れば、次のようである。ナイジェリアの国営石油とシェル石油は、ニジェール・デルタの地域の環境及び地域の人々の

---

44) Gabčíkovo–Nagymaros Project Case, 1997, Memorial of the Republic of Hungary, on 2 May, 1994, p. 289, 10.24.
45) 同判事は次のように述べる。ハンガリー及びスロバキア両国民は、環境保護に対する権利をもつ。環境の保護は、現代ではきわめて重要な人権概念であり、環境に対する損害は世界人権宣言及びその他の人権文書でも謳われるあらゆる人権を侵害するおそれがある。すべての人々は、開発事業に着手しそこから生じる利益を享受する権利を有する一方、当該事業が環境に対し重大な損害を引き起こさないことを確保する義務を負う。Gabčíkovo–Nagymaros Project Case, 1997, Separate opinion of Judge Weeramantry, pp. 90-92.
46) See, Weiss, E. B., D. B. Magraw, S. C. McCaffrey, S. Tai & A. D. Tarlock, 2015, pp. 1021-1033.
47) Ogoniland CESCR Case, 2001, para. 10.

健康を考慮せず、適切な被害防止措置をとることもなく有害廃棄物を環境や水路の中に廃棄し、その結果、水や土壌、空気の汚染により、皮膚の感染症、消化器や呼吸器の疾患、癌発生リスクの増加など、短期及び長期にわたる深刻な健康上の問題を住民の間に引き起こした[48]。軍事政権であるナイジェリア政府は、政府の法的及び軍事的な権限を石油会社の意のままにすることで、これらの人権侵害を容認したばかりか促進さえした[49]。

アフリカ人権委員会の決定を受けて、ナイジェリア政府は、国連環境計画（UNEP）に環境影響評価の実施を要請し、原油の流出を監視するための政府機関を創設し、関連法制を整備するなどの措置をとった。しかし、2011年にUNEPが提出した環境影響評価書では、ナイジェリア政府は、環境損害の拡大を防ぐことができていないとして、保護の義務の違反が指摘された。

そこで、ナイジェリアの別のNGOである「社会経済的権利と説明責任を求めるプロジェクト」（SERAP）は、ナイジェリア政府が石油の流出に対し迅速かつ効果的な浄化措置をとらなかったこと、流出した石油の炎上により周辺住民に生じた健康被害の調査を怠ったこと、環境損害に対する補償措置をとらなかったこと等が、バンジュール憲章24条に違反するとして、西アフリカ諸国経済共同体（ECOWAS）司法裁判所に提訴した[50]。

アフリカ人権委員会は、バンジュール憲章24条の環境に対する権利について、次のように決定した。同条で保障されている、一般的に満足できる環境に対する権利は、「健康的な環境に対する権利」（the right to a healthy environment）として広く知られている[51]。この権利は、国家に対し、汚染及び生態系の悪化を防止し、保全を促進し、並びに生態系上持続可能な発展及び天然資源の利用を確保するために、合理的な措置その他の措置をとることを要求する[52]。環境に対する権利は、政府に対し、国民の健康と環境を直接に脅かすことを控える義

---

48) *Ibid.,* para. 2.
49) *Ibid.,* para. 3.
50) Ogoniland ECOWAS Case, 2012, paras. 12-18, 64-72.
51) Ogoniland CESCR Case, 2001, para. 52.
52) *Ibid.*

務を課す[53]。国家は、これらの権利を尊重する義務を負い、このことは、たとえば、個人の身体の保全 (integrity) を侵害するいかなる慣行、政策又は法的措置をも実行、支援又は許容し得ないという、国家の概ね非干渉的な行動を伴う[54]。

憲章24条の精神を政府が遵守することはまた、①いかなる大きな産業開発についても事前に環境上及び社会的な影響の研究を要求しかつ公表すること、②危険な物質及び活動にさらされるコミュニティに対し、適切なモニタリングを行い、かつそれらのコミュニティに情報を提供すること、③個人が有意義な意見聴取の機会及び自らのコミュニティに影響を与える開発決定に参加することを認めることにより、環境への脅威に対する独立した科学的モニタリングを命令し又は少なくとも許容することを含むものでなければならない[55]。しかし、政府はこれらの措置をとらず治安部隊を動員して村や家々を襲撃し放火し破壊することによってオゴニの権利を侵害した[56]。

バンジュール憲章24条の環境に対する権利についてのアフリカ人権委員会決定の特色として、次の3点が指摘される。第1に、委員会は、環境に対する権利を、他のすべての人権と同様、尊重・保護・充足（促進を含む）として4つにカテゴリー化された国家の義務から成るものと解し、このうち本件では、国家自らが人権侵害を行うことを禁止する「尊重の義務」の違反を認定したことである。第2に、委員会は、環境に対する権利は、「国家に対し、汚染及び生態系の悪化を防止し、保全を促進し、並びに、生態系上持続可能な発展及び天然資源の利用を確保するために、合理的な措置その他の措置をとることを要求する」[57]ことをその内容とし、権利の享受主体を、個人に限らず、オゴニの人々のような集団にも認められることを示したことである。第3に、本決定は、環境に対する権利には、危険な物質及び活動に晒されるコミュニティに属

---

53) *Ibid.*
54) *Ibid.*
55) *Ibid.,* para. 53.
56) *Ibid.,* para. 54.
57) Ogoniland CESCR Case, 2001, para. 52.

する人々が環境影響評価（EIA）の実施を要求しその結果の公表を請求する権利や、適切なモニタリング情報の提供を受ける権利、さらに、個人が意義ある意見聴取の機会及びコミュニティに影響を与える開発決定に参加する権利のような、手続的権利が包含されることを示したことである。

その後提訴された ECOWAS 司法裁判所は、次のように判じた。バンジュール憲章 24 条は、すべての国に、環境の質を維持するためにあらゆる措置をとることを要求している[58]。ナイジェリア政府は、ニジェール・デルタ地域における継続的な環境の悪化を防止するために、石油ガス産業を規制するための法律や、当該産業が環境に与える影響を制御する法律を制定し、これら諸法を実施するための政府機関を創設し、さらに当該機関に予算を配分する措置をとった[59]。しかし、こうした法律がただの紙切れに過ぎないのであれば、ナイジェリア政府は、環境の保護に関する国際的な義務を履行したとは言えない[60]。ナイジェリア政府は、石油産業を監視する立場にありながら法の実施を怠った[61]。ナイジェリア政府は、環境損害を防止し、有害な活動を行っている違反者の責任を不問に付したことから、バンジュール憲章の締約国として、警戒及び注意（vigilance and diligence）に関する義務を履行せず、したがって、憲章 24 条に違反した[62]。

上記 ECOWAS 判決は、ナイジェリア政府の不作為、すなわち、ニジェール・デルタに生じた石油流出に伴う環境汚染に対処することを目的として制定し施行した複数の立法を、ナイジェリア政府が適切に執行しなかったとして、環境に対する権利の「保護の義務」の違反を認定したところに先例的意義が認められる。

58）Ogoniland ECOWAS Case, 2012, para. 101.
59）*Ibid.,* para. 103-105.
60）*Ibid.,* para. 105.
61）*Ibid.,* para. 108.
62）*Ibid.,* paras. 111-112.

(3) 被侵害法益の強弱

　以上のように、国際水路法における被侵害法益の例示として、人の健康及び安全、「国の環境」という法益、水への権利、環境に対する権利、が指摘される。被侵害法益の重みは、法益の種類によって異なる。重大損害防止規則の下で、最も強力に保護されなければならない法益は、人の健康及び安全、生命維持レベルに相当する水への権利である。こうした法益に強い保護が与えられなければならないのは、人の生存を脅かすからに他ならない。また、今日では「国の環境」という法益が国際法上保護される利益として生成し発展を遂げつつある。他方、水への権利のなかでも中核レベルや、人権保障を超えるレベルに位置づけられる水への権利、環境に対する権利など、被侵害法益には様々あるが、人の健康及び安全、及び生命維持レベルに相当する水への権利と比較すれば、法益の基盤は脆弱である。このように、被侵害法益には、その性質上、強弱がある。

(4) 侵害行為の態様（衡平利用規則の違反の悪質性）と被侵害法益の種類との相関関係による違法性判断

　国際社会に存する利益は、確実な権利と認められるものから新たに権利として認められようとしているものまで、その種類によって尊重・保護すべき程度に差があり、強い権利の侵害行為は弱いものの侵害行為よりも強い違法性を帯びる。また、原因国による衡平利用規則の違反という侵害行為の態様にも不法性の大きいものから小さいものまでさまざまである。「相当の注意」義務の違反の有無、すなわち違法性の存否は、衡平利用規則の違反を条件とし、その違反の悪質性（＝侵害行為の不法性）と被侵害法益の重大性とを相関的に判断して決定すべきである。つまり、侵害行為の態様の不法性（衡平利用規則の違反の悪質性）が強ければ強いほど（すなわち、非難性が大きいほど）、被侵害法益が強固でなくとも（つまり、人権の完全実施レベルに相当する水への権利や、環境に対する権利等であっても）「相当の注意」義務の違法性が肯定され、その結果、「事前の」

重大損害防止規則の違反が成立することになる[63]。また、侵害行為の態様の不法性（衡平利用規則の違反の悪質性）が弱くとも（すなわち、非難性が小さくても）、被侵害法益が強固であればあるほど（つまり、人の健康及び安全や、生命維持レベルに相当する水への権利、さらには、「国の環境」という法益等があれば）「相当の注意」義務の違法性が肯定され、結果として、「事前の」重大損害防止規則の違反が成立することになる。

このように、考慮説の下での「相当の注意」義務の違法性の認定に際して、衡平利用規則に単に違反していることだけでなく、その違反の態様（悪質性）及び被侵害法益の種類（重大性）をも相関的に勘案すべきことは、なかんずく、侵害行為の不法性（衡平利用規則違反の悪質性）が著しく弱く、かつ被侵害法益が脆弱なとき、その違法性を否定するところにある。この場合には、「相当の注意」義務の違法性を肯定すべき所以はない。ゆえに、重大損害防止規則の違反が成立しないと考えることが相当である[64]。

以上、重大損害防止規則と衡平利用規則との関係に関し本書が提示する上記判断方式を、具体的な事例に沿って説明するとすれば次のようになる。キシェンガンガ事件の背景事情に則して言えば、上流国が自国の電力需要の欠乏を理由として、自国領域内において、国際河川（A）の水を人工的に建設したダムで相当量を堰き止め、後に自然の落差を利用して自国領域内の別の河川（B）へと転流するという水力発電計画を立案し、当該計画を進行させた。このような状況において、下流国は次の3点について、上流国の「事前の」重大損害防止規則の違反を主張したと仮定する。すなわち、①当該計画が実施されると下流国内の河川（A）の水が著しく減少することが明白であるから「重大な損害発生の重大な危険」が肯定されること、②当該上流国は、当該計画の実施過程

---

63) 衡平利用規則の違反の悪質性が強くなるのは、衡平かつ合理的な利用の決定に当たり優先的に考慮すべき要素たる「人間の死括的ニーズ」（第3章第2節1を参照）の侵害を生じさせる場合である。この場合、被侵害利益は、生命維持レベルに相当する水への権利のように重大かつ強固であるから、「相当の注意」義務の違法性が肯定され、「事前の」重大損害防止規則の違反が難なく成立する。
64) ただし、この場合、原因国は、衡平利用規則の違反に対して国家責任を免れ得ない。

において「環境影響評価（EIA）を実施する義務」を負っているにもかかわらずその適切な履行を怠ったのであり「相当の注意」の基準を充足しなかったこと、③上記②の「相当の注意」の基準の不充足と、上記①の「重大な損害発生の重大な危険」との間には科学的証拠に裏づけられた相当因果関係が存すること、である。これに対し、上流国は、とりわけ下流国の上記主張の②について、衡平利用規則を考慮に入れれば、当該計画による河川（A）の水利用は衡平かつ合理的であると考えられるので、「相当の注意」義務は違法性を帯びることはなく、ゆえに、「事前の」重大損害防止規則の違反は不成立に終わると反論する余地がある。上流国と下流国との間に以上のような主張の対立が見られる場合に、「相当の注意」義務の違法性の有無をどのように判断するかが問題となる。そこで、取水損害について考慮説に立つ本書に従えば、当該利用が衡平かつ合理的であると見なされる場合には「相当の注意」義務の違法性は否定されることになる[65]。その結果、「事前の」重大損害防止規則の違反は不成立となる。他方、当該利用が非衡平かつ非合理的であると見なされる（すなわち、衡平利用規則違反がある）場合には、上流国の衡平利用規則違反の態様と下流国の被侵害法益の種類との相関関係によって違法性の存否が判断される。その結果、衡平利用規則の違反の悪質性が著しく弱く、かつ被侵害法益が脆弱である場合には違法性が否定されるが、それ以外の場合には、違法性が肯定される。

---

[65] なお、この場合に、計画国は、EIAを実施する義務の違反に対する責任からも免れることが出来るかどうかについて議論の余地があろうが、ここではそこまで立ち入ることはしない。

272　第 5 章　取水損害における考慮説の妥当性

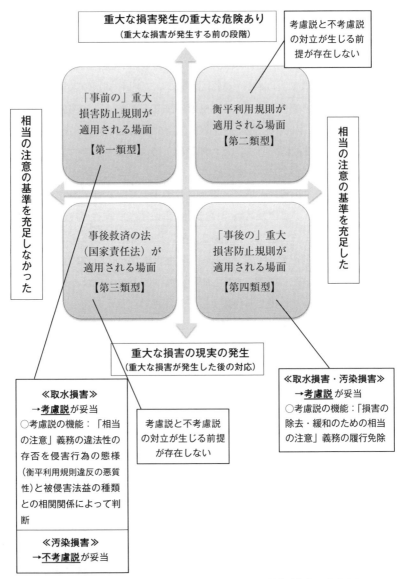

【図 1：重大損害防止規則と衡平利用規則の関係性】（作成・鳥谷部）

終　章　重大損害防止規則と衡平利用規則との関係の新展開

第1節　結　論

1　本書の問い

　本書の独創性は、国際水路法の基本原則である重大損害防止規則と衡平利用規則の関係について、汚染損害に関する従来の理論を踏まえ、取水損害について新たな理論の構築を試みたところにある。本書は、きわめて単純かつ簡潔な1つの問いによって構成される。すなわち、重大損害防止規則の履行又は違反認定に当たり、衡平利用規則を考慮して判断すべきとする説（考慮説）と衡平利用規則の考慮の余地を認めるべきではないとする説（不考慮説）のいずれが、いかなる場面において、いかにして支持されるべきかを明らかにすることである。

2　本書の問いに対する答え

（1）重大損害防止規則と衡平利用規則との関係が問題となる場面

　本書では、重大損害防止規則と衡平利用規則の関係が理論上問題となり得る場面を、重大損害防止規則の体系的整理を踏まえて、次の4つに類型化した。すなわち、【第一類型：重大な損害発生の重大な危険を生じさせ、かつ「相当

の注意」基準を充足しなかった場合】、【第二類型:重大な損害発生の重大な危険を生じさせ、「相当の注意」基準を適切に充足した場合】、【第三類型:重大な損害を実際に発生させ、かつ「相当の注意」基準を充足しなかった場合】、【第四類型:重大な損害を実際に発生させたが、「相当の注意」基準を適切に充足した場合】である。このうち、第二類型は衡平利用規則のみが適用される場面であり、また、第三類型は事後救済の法である国家責任法が適用される場面であることを示した。そして、考慮説と不考慮説が実際に対立を生じるのは、第一類型と第四類型であることを明らかにした。

(2) 考慮説の支持基盤

以上を踏まえ、第一類型及び第四類型においては、考慮説が妥当することを明らかにした。その理由としてまず、第一類型に関し、第1に、重大な損害が実際に発生しておらず、未だ重大な損害発生の重大な危険にとどまること、第2に、不考慮説が妥当する汚染損害と、取水損害とを比較すると、汚染損害のほうが取水損害よりも、人の健康及び安全に悪影響を及ぼし易い(一般的に、河川への有害物質の排出による汚染のほうが、河川の水量の低下を引き起こす取水損害よりも人の健康及び安全への悪影響が大きい)こと、第3に、取水損害の場合に、水量の低下の危険という推定事実をもって、不考慮説を妥当させることは、国際水路の水を新規に利用しようとする国の活動を著しく制限し、不合理な結果を生じさせるおそれがあること、をその理由として指摘した。

次いで、第四類型については、第1に、国際水路の利用国は重大な損害を現実に生じさせたものの、「相当の注意」基準については適切に充足していたこと、第2に、重大損害防止規則と衡平利用規則との関係を明文化した唯一の法的拘束力のある普遍的条約である国連水路条約は、7条2項において、「5条及び6条を適切に尊重しつつ」として、衡平利用規則に考慮を払うべき文言を明示していること、を指摘した。

もっとも、上記のように考慮説の妥当性を承認することは、同時に次のような欠点を認めることでもある。すなわち、ただでさえ「重大な損害発生(の重大な危険)」や「相当の注意」基準の判断に際して柔軟性に満ちている重大損害

防止規則について、法的要因のみならず地理的、水理的、水文的、生態的、自然的、社会的、経済的諸要因をも含む衡平利用規則テストを賦課することによって、一層柔軟性を追及することは、同時に、法的な不安定へと繋がり、ともすると何が法として定立されたのかさえ見失われるという代償が伴うと危惧される[1]。

けれども、取水損害にあっては、国際水路における有限の水資源を沿岸諸国間でどのように配分するかという政策的思惑が背景に存在することを無視するわけにいかない。また、伝統的に水資源の配分の問題は、衡平利用規則によって規律されてきたという事情も看過し得ない。衡平利用規則の趣旨は、近年主張される機会が増えている統合的水資源管理（IWRM）の概念[2]にも反映されている。水資源の衡平な配分を実現するためには、多角的な視点に立つことが重要であり、考慮説のように衡平利用規則のフィルターをかけることで水資源の配分に対し、より柔軟な対応が可能となる。こうしたことから、取水損害については考慮説の妥当性を認めることが適当であると考える。

(3)「事前の」重大損害防止規則における考慮説の機能
　　——「相当の注意」義務の違法性判断

それでは、第一類型で適用される「事前の」重大損害防止規則では、考慮説はどのような役割を演じるのか。第一類型の下で考慮説は、「相当の注意」に対して作用する。つまり、「相当の注意」基準の未充足が観取される場合であっても、衡平利用規則の考慮テストを経て判定したところ、問題の利用が衡平利用規則に違反していなければ、「相当の注意」が違法性を帯びることはない。

反対に、問題の利用が衡平利用規則に違反していれば、「相当の注意」が違

---

1) こうした危惧の一般的指摘としては、篠原梓 2001、52 頁を参照。
2) 地球水パートナーシップ（GWP）によれば、IWRM とは「必要不可欠な生態系の持続性と妥協することなく、経済的効果及び社会福祉を最大化するために、衡平な方法で (in an equitable manner)、水、土地及び関連資源の協調的開発及び管理を促進する過程である」（下線・鳥谷部加筆）と定義される。GWP, Technical Advisory Committee, 2000, p. 22.

法性を帯びる可能性を生じる。その際、違法性判断は、侵害行為の態様（衡平利用規則の違反の悪質性）と被侵害法益の種類（人の健康及び安全、「国の環境」という法益、水への権利、環境に対する権利等）との相関関係による。その結果、違法性は、侵害行為の不法性（衡平利用規則の違反の悪質性）が軽微であっても被侵害法益が重大であれば（人の健康及び安全や、生命維持レベルに相当する水への権利、さらには、「国の環境」という法益等）その存在が肯定され、また、侵害行為の不法性（衡平利用規則の違反の悪質性）が深刻であれば、被侵害法益が些細であっても（人権の完全実施レベルに相当する水への権利や、環境に対する権利等）その存在が肯定される。けれども、侵害行為の不法性（衡平利用規則違反の悪質性）が軽微であり、かつ被侵害法益の基盤が薄弱であるような場合には、違法性が否定される。こうした違法性判断における相関関係的判断手法を採用する理由は、衡平利用規則の違反があったとしてもその違反の態様の悪質性が弱く、かつ被影響国の側の被侵害法益の存立基盤が薄弱である場合にまで、「相当の注意」義務の違法性を肯認する理由はなく、そうした場合には違法性の存在を否定しようとするところにある。

(4)「事後の」重大損害防止規則における考慮説の機能
　　──「損害の除去・緩和のための相当の注意」義務の履行免除

　他方、第四類型で適用される「事後の」重大損害防止規則において、考慮説はどのような機能を果たすのであろうか。同規則の適用の前提条件として、重大な損害は実際に発生しているが、その際、原因国は「相当の注意」義務を適切に履行していたという事実を見過ごしてはならない。このような場面において、衡平利用規則との関係を明文で規定した唯一の条約である国連水路条約は、7条2項において、「5条及び6条の規定を適切に尊重しつつ、影響を受けた国と協議のうえで、その損害を除去し又は緩和するために、及び適切な場合には補償の問題を検討するために、すべての適当な措置をとる」と規定している。7条2項を用語の通常の意味に従って解釈すれば、「5条及び6条を適切に尊重しつつ」という修飾句は「すべての適当な措置をとる」に係るから、「損害の除去・緩和のための相当の注意」義務の履行の場面、すなわち同義務の解

釈・適用の場面で考慮説が機能することを意味する。つまり、ここにおいて考慮説は、重大な損害を実際に生じさせた国の利用が衡平かつ合理的である限りにおいて、重大な「損害の除去・緩和のための相当の注意」義務の履行から当該利用国が免れることを許容する。つまり、問題の利用が衡平かつ合理的である限りにおいて、当該原因国は、重大な損害を実際に生じさせたとしても、当該利用を合法的に継続できることを意味する。これに対し、問題の利用が非衡平かつ非合理的であれば、当該原因国は、重大な「損害の除去・緩和のための相当の注意」義務を適切に履行する義務を負う。

第2節　今後の課題——越境地下水の法分野への示唆

　本書が検討の対象とした考慮説と不考慮説の対立は、越境地下水の法分野でも同様に問題となり得る。越境帯水層に関するグローバルな条約は、現在も存しないが、草案レベルのものとして、2008 年に ILC によって越境帯水層条文草案[3]が採択されている。この条文草案は、国連水路条約に大きく依拠したものであるため、考慮説と不考慮説の対立は、越境帯水層の法分野にも引き継がれることになる[4]。

　越境帯水層条文草案は、6条で、国連水路条約と同一文言の重大損害防止規

---

3) Transboundary Aquifers Draft Articles, 2008. 本条文草案は、「越境帯水層」（transboundary aquifer）又は「越境帯水層系」（transboundary aquifer system）を規制の対象とする。帯水層とは、透水性の低い地層（不透水層）の下にあり、透水性が高く水を蓄える地層及び当該地層の飽和帯に存在する被圧帯水層と呼ばれる水を指す。帯水層系とは、水文学上、関連性を有する二又はそれ以上の帯水層の連なりを意味する。こうした帯水層又は帯水層系の一部が他の国に位置する場合に本条文草案の適用対象たる越境帯水層又は越境帯水層系となる。Ibid., Article. 2(a)-(c).

4) Mechlem, K., 2009, p. 812, Daibes-Murad, F., 2015, pp. 159-163.

則規定が置かれている。すなわち、同条1項は、「帯水層国[5]は、当該越境帯水層又は帯水層系に影響を及ぼす又はそのおそれがある越境帯水層又は帯水層系の利用を除く諸活動を行うに当たり、当該帯水層又は帯水層系を通じて、他の帯水層国又は領域内に流出地帯[6]が存在する他国、に重大な損害を引き起こすことを防止するためにすべての適当な措置をとる。(Aquifer States shall, in undertaking activities other than utilization of a transboundary aquifer or aquifer system that have, or are likely to have, an impact on that transboundary aquifer or aquifer system, take all appropriate measures to prevent the causing of significant harm through that aquifer or aquifer system to other aquifer States or other States in whose territory a discharge zone is located.)」[7] (注5)及び6)・鳥谷部加筆)と規定し、次いで、同条3項で、「それにもかかわらず他の帯水層国又は領域内に流出地帯が存在する他国に重大な損害を引き起こす場合には、活動によりその損害を生じさせる帯水層国は、<u>4条〔衡平利用規則〕及び5条〔衡平かつ合理的な利用に関連する要素〕の規定を適切に尊重</u>しつつ、影響を受ける国と協議のうえで、その損害を除去し又は緩和するために、すべての適当な措置をとる。(Where significant harm nevertheless is caused to another aquifer State or a State in whose territory a discharge zone is located, the aquifer States whose activities cause such harm, shall take, in consultation with the affected State, all appropriate response measures to eliminate or mitigate such harm, <u>having due regard for the provisions of draft articles 4 and 5.</u>)」[8] (下線及び〔 〕内・鳥谷部加筆)と規定した。以上から、越境帯水層条文草案の重大損害防止規則規定[9]は、国連水路条約と

---

5)「帯水層国」(aquifer State)とは、越境帯水層又は越境帯水層系の一部が領域に存在する国のことをいう。Transboundary Aquifers Draft Articles, 2008, Article. 2(d).
6)「流出地帯」(discharge zone)とは、河川、湖、オアシス、湿地、海洋など、帯水層を起源とする水が流れ出る出口のことをいう。*Ibid.,* Article. 2(h).
7) *Ibid.,* Article. 6(1).
8) *Ibid.,* Article. 6(3).
9) 帯水層は、国際水路とは異なり、汚染に対して脆弱であるから、汚染物質の量が僅かであっても、汚染が回復不可能かつ永続的な影響をもたらす場合には、「重大な損害」と見なし得るとの見解が示されている。A/CN.4/539, p. 8, para. 25.

その構造を同じくするから、同草案でも両規則の関係が問題となり得る[10]。

　それでは、汚染損害について不考慮説が妥当性を有し、他方、取水損害について考慮説が妥当性を有するとの本書の結論は、越境帯水層にも類推可能であろうか。以下では、重大損害防止規則が規制する「重大な損害発生（の重大な危険）」について、本書が行ったように汚染損害と取水損害について、それぞれ考慮説と不考慮説のいずれが妥当し得るか若干の推察を加える。

　まず、汚染損害について、越境地下水の法分野では、考慮説と不考慮説のいずれが妥当性をもつことが推測されるだろうか。これに関し、越境帯水層条文草案は、汚染の防止、軽減及び制御を規定する 12 条で、「越境帯水層又は帯水層系の性質及び程度についての不確実性並びに汚染に対する脆弱性の観点から予防的アプローチをとる。」[11]ことを帯水層国に要求した。こうした規定は、国連水路条約には存在しない。このように、地下水は、表流水に比べて科学的根拠に基づく対処が困難であること、一旦汚染されると浄化がきわめて難しいことから[12]、予防的アプローチの導入は適切であると言えよう[13]。汚染損害への対処としての予防的アプローチの明文化は、原因国の行為と重大な損害発生（の重大な危険）との間の相当因果関係の証明レベルの緩和を意味する。したがって、国際水路法の分野で汚染損害の場合に妥当性を有する不考慮説は、越

---

10) Mechlem, K., 2009, pp. 814-815.
11) Transboundary Aquifers Draft Articles, 2008, Article. 12.
12) 汚染に対する帯水層の脆弱性に鑑み、帯水層における汚染の制御の重要性を指摘する文書として、たとえば、以下を参照。UNECE Ground-Water Management Charter, 1989, pp. 7-9; A/CN.4/533/Add.1, pp. 9-12, paras. 24-33. 地下水資源の脆弱性は、ILC における越境帯水層条文草案起草作業で、とりわけ新たな補給を受けない帯水層については、「重大な」という損害の程度を下げて、より軽微な損害の発生をも防止義務の対象に含めるべきか議論されたことにも表される（A/CN.4/539, p. 8, para. 25; A/CN.4/551, p. 11, para. 26; A/CN.4/595, pp. 29-32. また、この点に関しては、以下も参照。山田中正 2008、13 頁; Mechlem, K., 2009, p. 814; 岩石順子 2011、339 頁）。こうした議論と同様、損害の重大性の敷居を引き下げるべきであるとする見解として、たとえば、Stitt, T., 2005, p. 354 を参照。
13) 越境帯水層条文草案が汚染損害について予防的アプローチを採用したことを肯定的に評価する論者として以下を参照。Stitt, T., 2005, p. 355.

境地下水の法分野では汚染損害の場合に一層妥当することになろう[14]。こうした推論は、スティット（T. Stitt）が言うように、帯水層が表流水とは比べものにならないほど入れ替わりが少なく、帯水層の涵養（降雨・河川水等が地下水に浸透して帯水層に水が供給されること）には多くの時間を要すること、それゆえ、一度、帯水層が汚染されると浄化が困難であること等に鑑み、越境帯水層の分野では衡平利用規則に重要な位置づけを与えるべきではないとする強力な主張が存在することとも符合する[15]。

次に、取水損害について、考慮説が妥当性をもつとの国際水路の法分野の結論は、果たして越境地下水の法分野にもそのまま当てはまるだろうか。これに関し、越境帯水層条文草案は、国連水路条約よりも「人間の死活的ニーズ」の優先的考慮を次の 2 点で強化したことが注目される。

第 1 に、越境帯水層条文草案は、国連水路条約に比べ、「人間の死活的ニーズ」への特別の考慮を重視していることである。その根拠は、国連水路条約のように複数の利用間に競合が生じた段階で「人間の死活的ニーズ」への特別の考慮を要請するのではなく、それ以前の段階、すなわち、当該水利用が衡平かつ合理的であるかを判断するプロセスにおいて「人間の死活的ニーズ」への特別の考慮を要求していることに求められる[16]。

第 2 に、越境帯水層条文草案は、緊急事態における「人間の死活的ニーズ」を優先的に保障していることである。同草案は、自然的原因又は人の活動により突発的に生ずる緊急事態によって、「人間の死活的ニーズが危険に晒される場合には、帯水層国は、4 条〔衡平利用規則〕及び 6 条〔重大損害防止規則〕

---

14) *See*, Mechlem, K., 2003, pp. 58-59.
15) *Ibid.,* pp. 360, 362.
16) Transboundary Aquifers Draft Articles, 2008, Article. 5(2). *See also*, McIntyre, O., 2011, p. 245; Stephan, R. M., 2011, p. 230; Leb, C., 2013, p. 206. これに関連し、国連水路条約採択後の水への権利の発展を考慮に入れれば、越境帯水層条文草案では、人間の死活的利益が「ニーズ」としてではなく、明確に「権利」として明文化されるべきであったとする見解もある。Mechlem, K., 2009, p. 813.

にかかわらず、厳にかかるニーズを充足する必要がある措置をとる。」[17]（〔　〕内・鳥谷部加筆）と定めるが、こうした規定は、国連水路条約には見当たらない。

このように、越境帯水層条文草案における「人間の死活的ニーズ」の保護強化は、衡平利用の決定に伴う「人間の死活的ニーズ」の優先的考慮を、国際水路法よりも、一層強く確保することを利用国に要求するものであると言える。被圧帯水層の水位低下は、閉じられた性質をもつがゆえに表流水に比べ「人間の死括的ニーズ」に、より深刻な影響を及ぼすおそれがある。また、他の帯水層国に地盤沈下をもたらすことも懸念される。越境地下水の法分野における衡平利用規則に占める「人間の死活的ニーズ」にしたがって、優先的考慮の促進は、重大損害防止規則の履行義務及び同規則の違反成立から免れる根拠として衡平利用規則を援用することを難しくする。

とはいえ、越境地下水の法分野において取水損害の場合に考慮説と不考慮説のいずれが妥当性をもつかについて、問題の複雑性に鑑み、ここで容易に答えを示すことは慎重でなければならない。越境地下水の法分野、さらには、より広く共有天然資源の法分野において考慮説と不考慮説のいずれが真に妥当し得るか、今後、さらに検討を深めていく必要があると考える。

［付記］本書脱稿後、次の2冊の書籍に接した。① Laurence Boisson de Chazournes, Makane Moïse Mbengue, Mara Tignino & Komlan Sangbana (eds.), *The UN Convention on the Law of the Non-Navigational Uses of International Watercourses: A Commentary* (Oxford University Press, 2018, xxxii +504pp.) ② Stephen C. McCaffrey, Christina Leb & Riley T. Denoon (eds.), *Research Handbook on International Water Law* (Edward Elgar Publishing, 2019, xli +538pp.)

---

17) Transboundary Aquifers Draft Articles, 2008, Article. 17(3).

283

資 料

1. 国連水路条約正文（英語）

Convention on the Law of the Non-navigational Uses of
International Watercourses
Adopted by the General Assembly of the United Nations on
21 May 1997

Convention on the Law of the Non-navigational Uses of
International Watercourses
1997

Adopted by the General Assembly of the United Nations on 21 May 1997.
Entered into force on 17 August 2014. See General Assembly resolution
51/229, annex, *Official Records of the General Assembly, Fifty-first Session,
Supplement No. 49* (A/51/49).

Copyright © United Nations
2014

Convention on the Law of the Non-navigational Uses of International Watercourses
Adopted by the General Assembly of the United Nations on 21 May 1997

The Parties to the present Convention,

Conscious of the importance of international watercourses and the non-navigational uses thereof in many regions of the world,

Having in mind Article 13, paragraph 1 (a), of the Charter of the United Nations, which provides that the General Assembly shall initiate studies and make recommendations for the purpose of encouraging the progressive development of international law and its codification,

Considering that successful codification and progressive development of rules of international law regarding non-navigational uses of international watercourses would assist in promoting and implementing the purposes and principles set forth in Articles 1 and 2 of the Charter of the United Nations,

Taking into account the problems affecting many international watercourses resulting from, among other things, increasing demands and pollution,

Expressing the conviction that a framework convention will ensure the utilization, development, conservation, management and protection of international watercourses and the promotion of the optimal and sustainable utilization thereof for present and future generations,

Affirming the importance of international cooperation and good-neighbourliness in this field,

Aware of the special situation and needs of developing countries,

Recalling the principles and recommendations adopted by the United Nations Conference on Environment and Development of 1992 in the Rio Declaration and Agenda 21,

Recalling also the existing bilateral and multilateral agreements regarding the non-navigational uses of international watercourses,

Mindful of the valuable contribution of international organizations, both governmental and non-governmental, to the codification and progressive development of international law in this field,

Appreciative of the work carried out by the International Law Commission on the law of the non-navigational uses of international watercourses,

Bearing in mind United Nations General Assembly resolution 49/52 of 9 December 1994,

Have agreed as follows:

PART I.
INTRODUCTION

Article 1
Scope of the present Convention

1. The present Convention applies to uses of international watercourses and of their waters for purposes other than navigation and to measures of protection, preservation and management related to the uses of those watercourses and their waters.

2. The uses of international watercourses for navigation is not within the scope of the present Convention except insofar as other uses affect navigation or are affected by navigation.

Article 2
Use of terms

For the purposes of the present Convention:

(*a*) "Watercourse" means a system of surface waters and groundwaters constituting by virtue of their physical relationship a unitary whole and normally flowing into a common terminus;

(*b*) "International watercourse" means a watercourse, parts of which are situated in different States;

(*c*) "Watercourse State" means a State Party to the present Convention in whose territory part of an international watercourse is situated, or a Party that is a regional economic integration organization, in the territory of one or more of whose Member States part of an international watercourse is situated;

(*d*) "Regional economic integration organization" means an organization constituted by sovereign States of a given region, to which its member States have transferred competence in respect of matters governed by this Convention and which has been duly authorized in accordance with its internal procedures, to sign, ratify, accept, approve or accede to it.

Article 3
Watercourse agreements

1. In the absence of an agreement to the contrary, nothing in the present Convention shall affect the rights or obligations of a watercourse State arising from agreements in force for it on the date on which it became a party to the present Convention.

2. Notwithstanding the provisions of paragraph 1, parties to agreements referred to in paragraph 1 may, where necessary, consider harmonizing such agreements with the basic principles of the present Convention.

3. Watercourse States may enter into one or more agreements, hereinafter referred to as "watercourse agreements", which apply and adjust the provisions of the present Convention to the characteristics and uses of a particular international watercourse or part thereof.

4. Where a watercourse agreement is concluded between two or more watercourse States, it shall define the waters to which it applies. Such an agreement may be entered into with respect to an entire international watercourse or any part thereof or a particular project, programme or use except insofar as the agreement adversely affects, to a significant extent, the use by one or more other watercourse States of the waters of the watercourse, without their express consent.

5. Where a watercourse State considers that adjustment and application of the provisions of the present Convention is required because of the characteristics and uses of a particular international watercourse, watercourse States shall consult with a view to negotiating in good faith for the purpose of concluding a watercourse agreement or agreements.

6. Where some but not all watercourse States to a particular international watercourse are parties to an agreement, nothing in such agreement shall affect the rights or obligations under the present Convention of watercourse States that are not parties to such an agreement.

Article 4
Parties to watercourse agreements

1. Every watercourse State is entitled to participate in the negotiation of and to become a party to any watercourse agreement that applies to the entire international watercourse, as well as to participate in any relevant consultations.

2. A watercourse State whose use of an international watercourse may be affected to a significant extent by the implementation of a proposed watercourse agreement that applies only to a part of the watercourse or to a particular project, programme or use is entitled to participate in consultations on such an agreement and, where appropriate, in the negotiation thereof in good faith with a view to becoming a party thereto, to the extent that its use is thereby affected.

PART II.
GENERAL PRINCIPLES

Article 5
Equitable and reasonable utilization and participation

1. Watercourse States shall in their respective territories utilize an international watercourse in an equitable and reasonable manner. In particular, an international watercourse shall be used and developed by watercourse States with a view to attaining optimal and sustainable utilization thereof and benefits therefrom, taking into account the interests of the watercourse States concerned, consistent with adequate protection of the watercourse.

2. Watercourse States shall participate in the use, development and protection of an international watercourse in an equitable and reasonable manner. Such participation includes both the right to utilize the watercourse and the duty to cooperate in the protection and development thereof, as provided in the present Convention.

Article 6
Factors relevant to equitable and reasonable utilization

1. Utilization of an international watercourse in an equitable and reasonable manner within the meaning of article 5 requires taking into account all relevant factors and circumstances, including:

(*a*)   Geographic, hydrographic, hydrological, climatic, ecological and other factors of a natural character;

(*b*)   The social and economic needs of the watercourse States concerned;

(*c*)   The population dependent on the watercourse in each watercourse State;

(*d*)   The effects of the use or uses of the watercourses in one watercourse State on other watercourse States;

(*e*)   Existing and potential uses of the watercourse;

(*f*)   Conservation, protection, development and economy of use of the water resources of the watercourse and the costs of measures taken to that effect;

(*g*)   The availability of alternatives, of comparable value, to a particular planned or existing use.

2. In the application of article 5 or paragraph 1 of this article, watercourse States concerned shall, when the need arises, enter into consultations in a spirit of cooperation.

3. The weight to be given to each factor is to be determined by its importance in comparison with that of other relevant factors. In determining what is a reasonable and equitable use, all relevant factors are to be considered together and a conclusion reached on the basis of the whole.

Article 7
Obligation not to cause significant harm

1. Watercourse States shall, in utilizing an international watercourse in their territories, take all appropriate measures to prevent the causing of significant harm to other watercourse States.

2. Where significant harm nevertheless is caused to another watercourse State, the States whose use causes such harm shall, in the absence of agreement to such use, take all appropriate measures, having due regard for the provisions of articles 5 and 6, in consultation with the affected State, to eliminate or mitigate such harm and, where appropriate, to discuss the question of compensation.

Article 8
General obligation to cooperate

1. Watercourse States shall cooperate on the basis of sovereign equality, territorial integrity, mutual benefit and good faith in order to attain optimal utilization and adequate protection of an international watercourse.

2. In determining the manner of such cooperation, watercourse States may consider the establishment of joint mechanisms or commissions, as deemed necessary by them, to facilitate cooperation on relevant measures and procedures in the light of experience gained through cooperation in existing joint mechanisms and commissions in various regions.

Article 9
Regular exchange of data and information

1. Pursuant to article 8, watercourse States shall on a regular basis exchange readily available data and information on the condition of the watercourse, in particular that of a hydrological, meteorological, hydrogeological and ecological nature and related to the water quality as well as related forecasts.

2. If a watercourse State is requested by another watercourse State to provide data or information that is not readily available, it shall employ its best efforts to comply with the request but may condition its compliance upon payment by the requesting State of the reasonable costs of collecting and, where appropriate, processing such data or information.

3. Watercourse States shall employ their best efforts to collect and, where appropriate, to process data and information in a manner which facilitates its utilization by the other watercourse States to which it is communicated.

Article 10
Relationship between different kinds of uses

1. In the absence of agreement or custom to the contrary, no use of an international watercourse enjoys inherent priority over other uses.

2. In the event of a conflict between uses of an international watercourse, it shall be resolved with reference to articles 5 to 7, with special regard being given to the requirements of vital human needs.

PART III.
PLANNED MEASURES

Article 11
Information concerning planned measures

Watercourse States shall exchange information and consult each other and, if necessary, negotiate on the possible effects of planned measures on the condition of an international watercourse.

Article 12
Notification concerning planned measures with possible adverse effects

Before a watercourse State implements or permits the implementation of planned measures which may have a significant adverse effect upon other watercourse States, it shall provide those States with timely notification thereof. Such notification shall be accompanied by available technical data and information, including the results of any environmental impact assessment, in order to enable the notified States to evaluate the possible effects of the planned measures.

Article 13
Period for reply to notification

Unless otherwise agreed:

(*a*) A watercourse State providing a notification under article 12 shall allow the notified States a period of six months within which to study and evaluate the possible effects of the planned measures and to communicate the findings to it;

(*b*) This period shall, at the request of a notified State for which the evaluation of the planned measures poses special difficulty, be extended for a period of six months.

Article 14
Obligations of the notifying State during the period for reply

During the period referred to in article 13, the notifying State:

(*a*) Shall cooperate with the notified States by providing them, on request, with any additional data and information that is available and necessary for an accurate evaluation; and

(*b*) Shall not implement or permit the implementation of the planned measures without the consent of the notified States.

Article 15
Reply to notification

The notified States shall communicate their findings to the notifying State as early as possible within the period applicable pursuant to article 13. If a notified State finds that implementation of the planned measures would be inconsistent with the provisions of articles 5 or 7, it shall attach to its finding a documented explanation setting forth the reasons for the finding.

Article 16
Absence of reply to notification

1. If, within the period applicable pursuant to article 13, the notifying State receives no communication under article 15, it may, subject to its obligations under articles 5 and 7, proceed with the

implementation of the planned measures, in accordance with the notification and any other data and information provided to the notified States.

2. Any claim to compensation by a notified State which has failed to reply within the period applicable pursuant to article 13 may be offset by the costs incurred by the notifying State for action undertaken after the expiration of the time for a reply which would not have been undertaken if the notified State had objected within that period.

Article 17
Consultations and negotiations concerning planned measures

1. If a communication is made under article 15 that implementation of the planned measures would be inconsistent with the provisions of article 5 or 7, the notifying State and the State making the communication shall enter into consultations and, if necessary, negotiations with a view to arriving at an equitable resolution of the situation.

2. The consultations and negotiations shall be conducted on the basis that each State must in good faith pay reasonable regard to the rights and legitimate interests of the other State.

3. During the course of the consultations and negotiations, the notifying State shall, if so requested by the notified State at the time it makes the communication, refrain from implementing or permitting the implementation of the planned measures for a period of six months unless otherwise agreed.

Article 18
Procedures in the absence of notification

1. If a watercourse State has reasonable grounds to believe that another watercourse State is planning measures that may have a significant adverse effect upon it, the former State may request the latter to apply the provisions of article 12. The request shall be accompanied by a documented explanation setting forth its grounds.

2. In the event that the State planning the measures nevertheless finds that it is not under an obligation to provide a notification under article 12, it shall so inform the other State, providing a documented explanation setting forth the reasons for such finding. If this finding does not satisfy the other State, the two States shall, at the request of that other State, promptly enter into consultations and negotiations in the manner indicated in paragraphs 1 and 2 of article 17.

3. During the course of the consultations and negotiations, the State planning the measures shall, if so requested by the other State at the time it requests the initiation of consultations and negotiations, refrain from implementing or permitting the implementation of those measures for a period of six months unless otherwise agreed.

Article 19
Urgent implementation of planned measures

1. In the event that the implementation of planned measures is of the utmost urgency in order to protect public health, public safety or other equally important interests, the State planning the measures may, subject to articles 5 and 7, immediately proceed to implementation, notwithstanding the provisions of article 14 and paragraph 3 of article 17.

2. In such case, a formal declaration of the urgency of the measures shall be communicated without delay to the other watercourse States referred to in article 12 together with the relevant data and information.

3. The State planning the measures shall, at the request of any of the States referred to in paragraph 2, promptly enter into consultations and negotiations with it in the manner indicated in paragraphs 1 and 2 of article 17.

PART IV.
PROTECTION, PRESERVATION AND MANAGEMENT

Article 20
Protection and preservation of ecosystems

Watercourse States shall, individually and, where appropriate, jointly, protect and preserve the ecosystems of international watercourses.

Article 21
Prevention, reduction and control of pollution

1. For the purpose of this article, "pollution of an international watercourse" means any detrimental alteration in the composition or quality of the waters of an international watercourse which results directly or indirectly from human conduct.

2. Watercourse States shall, individually and, where appropriate, jointly, prevent, reduce and control the pollution of an international watercourse that may cause significant harm to other watercourse States or to their environment, including harm to human health or safety, to the use of the waters for any beneficial purpose or to the living resources of the watercourse. Watercourse States shall take steps to harmonize their policies in this connection.

3. Watercourse States shall, at the request of any of them, consult with a view to arriving at mutually agreeable measures and methods to prevent, reduce and control pollution of an international watercourse, such as:

(*a*) Setting joint water quality objectives and criteria;

(*b*) Establishing techniques and practices to address pollution from point and non-point sources;

(c) Establishing lists of substances the introduction of which into the waters of an international watercourse is to be prohibited, limited, investigated or monitored.

Article 22
Introduction of alien or new species

Watercourse States shall take all measures necessary to prevent the introduction of species, alien or new, into an international watercourse which may have effects detrimental to the ecosystem of the watercourse resulting in significant harm to other watercourse States.

Article 23
Protection and preservation of the marine environment

Watercourse States shall, individually and, where appropriate, in cooperation with other States, take all measures with respect to an international watercourse that are necessary to protect and preserve the marine environment, including estuaries, taking into account generally accepted international rules and standards.

Article 24
Management

1. Watercourse States shall, at the request of any of them, enter into consultations concerning the management of an international watercourse, which may include the establishment of a joint management mechanism.

2. For the purposes of this article, "management" refers, in particular, to:

(a) Planning the sustainable development of an international watercourse and providing for the implementation of any plans adopted; and

(b) Otherwise promoting the rational and optimal utilization, protection and control of the watercourse.

Article 25
Regulation

1. Watercourse States shall cooperate, where appropriate, to respond to needs or opportunities for regulation of the flow of the waters of an international watercourse.

2. Unless otherwise agreed, watercourse States shall participate on an equitable basis in the construction and maintenance or defrayal of the costs of such regulation works as they may have agreed to undertake.

3. For the purposes of this article, "regulation" means the use of hydraulic works or any other continuing measure to alter, vary or otherwise control the flow of the waters of an international watercourse.

Article 26
Installations

1. Watercourse States shall, within their respective territories, employ their best efforts to maintain and protect installations, facilities and other works related to an international watercourse.

2. Watercourse States shall, at the request of any of them which has reasonable grounds to believe that it may suffer significant adverse effects, enter into consultations with regard to:

(*a*) The safe operation and maintenance of installations, facilities or other works related to an international watercourse; and

(*b*) The protection of installations, facilities or other works from wilful or negligent acts or the forces of nature.

PART V.
HARMFUL CONDITIONS AND EMERGENCY SITUATIONS

Article 27
Prevention and mitigation of harmful conditions

Watercourse States shall, individually and, where appropriate, jointly, take all appropriate measures to prevent or mitigate conditions related to an international watercourse that may be harmful to other watercourse States, whether resulting from natural causes or human conduct, such as flood or ice conditions, water-borne diseases, siltation, erosion, salt-water intrusion, drought or desertification.

Article 28
Emergency situations

1. For the purposes of this article, "emergency" means a situation that causes, or poses an imminent threat of causing, serious harm to watercourse States or other States and that results suddenly from natural causes, such as floods, the breaking up of ice, landslides or earthquakes, or from human conduct, such as industrial accidents.

2. A watercourse State shall, without delay and by the most expeditious means available, notify other potentially affected States and competent international organizations of any emergency originating within its territory.

3. A watercourse State within whose territory an emergency originates shall, in cooperation with potentially affected States and, where appropriate, competent international organizations, immediately take all practicable measures necessitated by the circumstances to prevent, mitigate and eliminate harmful effects of the emergency.

4. When necessary, watercourse States shall jointly develop contingency plans for responding to emergencies, in cooperation, where appropriate, with other potentially affected States and competent international organizations.

PART VI.
MISCELLANEOUS PROVISIONS

Article 29
International watercourses and installations
in time of armed conflict

International watercourses and related installations, facilities and other works shall enjoy the protection accorded by the principles and rules of international law applicable in international and non-international armed conflict and shall not be used in violation of those principles and rules.

Article 30
Indirect procedures

In cases where there are serious obstacles to direct contacts between watercourse States, the States concerned shall fulfil their obligations of cooperation provided for in the present Convention, including exchange of data and information, notification, communication, consultations and negotiations, through any indirect procedure accepted by them.

Article 31
Data and information vital to national defence or security

Nothing in the present Convention obliges a watercourse State to provide data or information vital to its national defence or security. Nevertheless, that State shall cooperate in good faith with the other watercourse States with a view to providing as much information as possible under the circumstances.

Article 32
Non-discrimination

Unless the watercourse States concerned have agreed otherwise for the protection of the interests of persons, natural or juridical, who have suffered or are under a serious threat of suffering significant transboundary harm as a result of activities related to an international watercourse, a watercourse State shall not discriminate on the basis of nationality or residence or place where the injury occurred, in granting to such persons, in accordance with its legal system, access to judicial or other procedures, or a right to claim compensation or other relief in respect of significant harm caused by such activities carried on in its territory.

Article 33
Settlement of disputes

1. In the event of a dispute between two or more parties concerning the interpretation or application of the present Convention, the parties concerned shall, in the absence of an applicable

agreement between them, seek a settlement of the dispute by peaceful means in accordance with the following provisions.

2. If the parties concerned cannot reach agreement by negotiation requested by one of them, they may jointly seek the good offices of, or request mediation or conciliation by, a third party, or make use, as appropriate, of any joint watercourse institutions that may have been established by them or agree to submit the dispute to arbitration or to the International Court of Justice.

3. Subject to the operation of paragraph 10, if after six months from the time of the request for negotiations referred to in paragraph 2, the parties concerned have not been able to settle their dispute through negotiation or any other means referred to in paragraph 2, the dispute shall be submitted, at the request of any of the parties to the dispute, to impartial fact-finding in accordance with paragraphs 4 to 9, unless the parties otherwise agree.

4. A Fact-finding Commission shall be established, composed of one member nominated by each party concerned and in addition a member not having the nationality of any of the parties concerned chosen by the nominated members who shall serve as Chairman.

5. If the members nominated by the parties are unable to agree on a Chairman within three months of the request for the establishment of the Commission, any party concerned may request the Secretary-General of the United Nations to appoint the Chairman who shall not have the nationality of any of the parties to the dispute or of any riparian State of the watercourse concerned. If one of the parties fails to nominate a member within three months of the initial request pursuant to paragraph 3, any other party concerned may request the Secretary-General of the United Nations to appoint a person who shall not have the nationality of any of the parties to the dispute or of any riparian State of the watercourse concerned. The person so appointed shall constitute a single-member Commission.

6. The Commission shall determine its own procedure.

7. The parties concerned have the obligation to provide the Commission with such information as it may require and, on request, to permit the Commission to have access to their respective territory and to inspect any facilities, plant, equipment, construction or natural feature relevant for the purpose of its inquiry.

8. The Commission shall adopt its report by a majority vote, unless it is a single-member Commission, and shall submit that report to the parties concerned setting forth its findings and the reasons therefor and such recommendations as it deems appropriate for an equitable solution of the dispute, which the parties concerned shall consider in good faith.

9. The expenses of the Commission shall be borne equally by the parties concerned.

10. When ratifying, accepting, approving or acceding to the present Convention, or at any time thereafter, a party which is not a regional economic integration organization may declare in a written instrument submitted to the depositary that, in respect of any dispute not resolved in accordance with paragraph 2, it recognizes as compulsory ipso facto, and without special agreement in relation to any party accepting the same obligation:

(*a*) Submission of the dispute to the International Court of Justice; and/or

(*b*) Arbitration by an arbitral tribunal established and operating, unless the parties to the dispute otherwise agreed, in accordance with the procedure laid down in the annex to the present Convention.

A party which is a regional economic integration organization may make a declaration with like effect in relation to arbitration in accordance with subparagraph (b).

PART VII.

FINAL CLAUSES

Article 34
Signature

The present Convention shall be open for signature by all States and by regional economic integration organizations from 21 May 1997 until 20 May 2000 at United Nations Headquarters in New York.

Article 35
Ratification, acceptance, approval or accession

1. The present Convention is subject to ratification, acceptance, approval or accession by States and by regional economic integration organizations. The instruments of ratification, acceptance, approval or accession shall be deposited with the Secretary-General of the United Nations.

2. Any regional economic integration organization which becomes a Party to this Convention without any of its member States being a Party shall be bound by all the obligations under the Convention. In the case of such organizations, one or more of whose member States is a Party to this Convention, the organization and its member States shall decide on their respective responsibilities for the performance of their obligations under the Convention. In such cases, the organization and the member States shall not be entitled to exercise rights under the Convention concurrently.

3. In their instruments of ratification, acceptance, approval or accession, the regional economic integration organizations shall declare the extent of their competence with respect to the matters governed by the Convention. These organizations shall also inform the Secretary-General of the United Nations of any substantial modification in the extent of their competence.

Article 36
Entry into force

1. The present Convention shall enter into force on the ninetieth day following the date of deposit of the thirty-fifth instrument of ratification, acceptance, approval or accession with the Secretary-General of the United Nations.

2. For each State or regional economic integration organization that ratifies, accepts or approves the Convention or accedes thereto after the deposit of the thirty-fifth instrument of ratification,

acceptance, approval or accession, the Convention shall enter into force on the ninetieth day after the deposit by such State or regional economic integration organization of its instrument of ratification, acceptance, approval or accession.

3. For the purposes of paragraphs 1 and 2, any instrument deposited by a regional economic integration organization shall not be counted as additional to those deposited by States.

Article 37
Authentic texts

The original of the present Convention, of which the Arabic, Chinese, English, French, Russian and Spanish texts are equally authentic, shall be deposited with the Secretary-General of the United Nations.

IN WITNESS WHEREOF the undersigned Plenipotentiaries, being duly authorized thereto, have signed this Convention.

DONE at New York, this twenty-first day of May one thousand nine hundred and ninety-seven.

ANNEX

ARBITRATION

Article 1

Unless the parties to the dispute otherwise agree, the arbitration pursuant to article 33 of the Convention shall take place in accordance with articles 2 to 14 of the present annex.

Article 2

The claimant party shall notify the respondent party that it is referring a dispute to arbitration pursuant to article 33 of the Convention. The notification shall state the subject matter of arbitration and include, in particular, the articles of the Convention, the interpretation or application of which are at issue. If the parties do not agree on the subject matter of the dispute, the arbitral tribunal shall determine the subject matter.

Article 3

1. In disputes between two parties, the arbitral tribunal shall consist of three members. Each of the parties to the dispute shall appoint an arbitrator and the two arbitrators so appointed shall designate by common agreement the third arbitrator, who shall be the Chairman of the tribunal. The latter shall not be a national of one of the parties to the dispute or of any riparian State of the watercourse concerned, nor have his or her usual place of residence in the territory of one of these parties or such riparian State, nor have dealt with the case in any other capacity.

2. In disputes between more than two parties, parties in the same interest shall appoint one arbitrator jointly by agreement.

3. Any vacancy shall be filled in the manner prescribed for the initial appointment.

Article 4

1. If the Chairman of the arbitral tribunal has not been designated within two months of the appointment of the second arbitrator, the President of the International Court of Justice shall, at the request of a party, designate the Chairman within a further two-month period.

2. If one of the parties to the dispute does not appoint an arbitrator within two months of receipt of the request, the other party may inform the President of the International Court of Justice, who shall make the designation within a further two-month period.

Article 5

The arbitral tribunal shall render its decisions in accordance with the provisions of this Convention and international law.

Article 6

Unless the parties to the dispute otherwise agree, the arbitral tribunal shall determine its own rules of procedure.

Article 7

The arbitral tribunal may, at the request of one of the parties, recommend essential interim measures of protection.

Article 8

1. The parties to the dispute shall facilitate the work of the arbitral tribunal and, in particular, using all means at their disposal, shall:

(*a*) Provide it with all relevant documents, information and facilities; and

(*b*) Enable it, when necessary, to call witnesses or experts and receive their evidence.

2. The parties and the arbitrators are under an obligation to protect the confidentiality of any information they receive in confidence during the proceedings of the arbitral tribunal.

Article 9

Unless the arbitral tribunal determines otherwise because of the particular circumstances of the case, the costs of the tribunal shall be borne by the parties to the dispute in equal shares. The tribunal shall keep a record of all its costs, and shall furnish a final statement thereof to the parties.

Article 10

Any party that has an interest of a legal nature in the subject matter of the dispute which may be affected by the decision in the case, may intervene in the proceedings with the consent of the tribunal.

Article 11

The tribunal may hear and determine counterclaims arising directly out of the subject matter of the dispute.

Article 12

Decisions both on procedure and substance of the arbitral tribunal shall be taken by a majority vote of its members.

Article 13

If one of the parties to the dispute does not appear before the arbitral tribunal or fails to defend its case, the other party may request the tribunal to continue the proceedings and to make its award. Absence of a party or a failure of a party to defend its case shall not constitute a bar to the proceedings. Before rendering its final decision, the arbitral tribunal must satisfy itself that the claim is well founded in fact and law.

Article 14

1. The tribunal shall render its final decision within five months of the date on which it is fully constituted unless it finds it necessary to extend the time limit for a period which should not exceed five more months.

2. The final decision of the arbitral tribunal shall be confined to the subject matter of the dispute and shall state the reasons on which it is based. It shall contain the names of the members who have participated and the date of the final decision. Any member of the tribunal may attach a separate or dissenting opinion to the final decision.

3. The award shall be binding on the parties to the dispute. It shall be without appeal unless the parties to the dispute have agreed in advance to an appellate procedure.

4. Any controversy which may arise between the parties to the dispute as regards the interpretation or manner of implementation of the final decision may be submitted by either party for decision to the arbitral tribunal which rendered it.

2. 国連水路条約翻訳

国際水路の非航行的利用の法に関する条約[*]

前　文
　この条約の当事国は、
　世界の多くの地域における国際水路及びその非航行的利用の重要性を意識し、
　総会は国際法の漸進的発達及び法典化を奨励する目的のために研究を発議し勧告するという国連憲章 13 条 1 (a) を想起し、
　国際水路の非航行的利用に関する国際法の法典化及び漸進的発達の成功が、国連憲章第 1 条及び第 2 条の定める目的及び原則の促進と実施の一助となることを考慮し、
　多くの国際水路に影響を与える問題、とりわけ需要と汚染の増大の結果生じている問題を考慮し、
　枠組条約が、国際水路の利用、開発、保全、管理及び保護、並びに現在及び将来世代にとっての最適かつ持続可能なその利用の促進を確保するという確信を表明し、
　この分野における国際協力と善隣関係の重要性を確認し、
　発展途上国の特別な事情及びニーズを認識し、1992 年の国連環境開発会議で採択されたリオ宣言及びアジェンダ 21 における原則と勧告を想起し、
　また、国際水路の非航行的利用に関する現行の二国間及び多数国間条約を想起し、
　政府間及び非政府間の国際組織がこの分野における国際法の法典化及び漸進的発達に対して与える貴重な貢献に留意し、
　国際水路の非航行的利用の法に関する国際法委員会の作業を評価し、
　1994 年 12 月 9 日の国連総会決議 49/52 に留意し、
　次のとおり協定した。

第一部　序
第 1 条（条約の適用範囲）
1　この条約は、国際水路とその水の航行以外の目的のための利用並びにそれらの水路とその水の利用に関連する保護、保全及び管理のための措置について適用する。
2　航行のための国際水路の利用は、他の利用が航行に影響を与え又は航行によって影響を受ける場合を除いて、この条約の適用範囲には含まれない。
第 2 条（定義）
　この条約の適用上、
　　(a)　「水路」とは、地表水及び地下水であって、その物理的関連性により単一体をなし、通常は共通の流出点に到達する水系をいう。
　　(b)　「国際水路」とは、水路であって、その一部が複数の国に所在するものをいう。

---

[*] 本条約の訳文は、岩沢雄司編 2018、154-156 頁に依拠した。ただし、本書の内容との整合性を図るべく、一部の訳語に修正を加えている（たとえば、第 7 条の harm を同条約集は「害」と訳すが、本書は「損害」とした。）。また、同条約集において翻訳が省略されている箇所については、筆者が訳出した。

(c) 「水路国」とは、この条約の当事国であって、国際河川の一部がその領域に所在する国、又は、地域的な経済統合のための組織であって、その一又は二以上の加盟国の領域に国際河川の一部が所在しているものをいう。
(d) 「地域的な経済統合のための組織」とは、特定の地域の主権国家によって構成される組織であって、この条約により規律される事項に関してその加盟国から権限の委譲を受け、かつ、その内部手続に従ってこの条約の署名、批准、受諾、承認、又はこれへの加入の正当な委任を受けたものをいう。

第3条（国際水路協定）
1　別段の合意がない場合には、この条約のいかなる規定も、この条約の当事国となった日に効力を有する協定に基づく水路国の権利又は義務に影響を及ぼすものではない。
2　1の規定にもかかわらず、同項にいう協定の当事国は、必要な場合には、当該協定をこの条約の基本原則に調和させることを検討することができる。
3　水路国は、特定の国際水路又はその一部の特徴及び利用についてこの条約の規定を適用しかつ調整する一又は二以上の協定（以下、「水路協定」という。）を締結することができる。
4　二以上の水路国間において水路協定が締結される場合には、当該協定の適用を受ける水域を定める。そのような協定は、国際水路の全体若しくはそのいずれかの部分又は特定の事業、計画若しくは利用について締結することができる。ただし、一又は二以上の他の水路国による当該水路の利用に関して、それら水路国の明示の同意なく重大な悪影響を及ぼす場合を除く。
5　水路国が特定の国際水路の特徴及び利用のためにこの協定の規定を調整しかつ適用する必要があると考える場合には、水路国は水路協定を締結することを目的として誠実に交渉するために協議する。
6　特定の国際水路につき、すべてではないが複数の水路国が協定の当事国である場合には、当該協定の規定はその当事国ではない水路国のこの条約に基づく権利又は義務に影響を及ぼすものではない。

第4条（水路協定の当事国）
1　すべての水路国は、国際水路全体に適用される水路協定について、その交渉に参加し、かつ、その当事国となることができ、関連するいずれの協議にも参加することができる。
2　水路国による国際水路の利用が、水路の一部又は特定の事業、計画又は利用のみに適用されることを予定する水路協定の実施によって重大な影響を受ける場合には、その水路国は当該協定に関する協議に参加することができ、また適当な場合には、その実施により自らの利用が影響を受ける限りにおいて、その当事国となるために当該協定に関する交渉に参加することができる。

第二部　一般原則
第5条（衡平かつ合理的な利用と参加）
1　水路国はそれぞれの領域において国際水路を衡平かつ合理的な方法で利用する。とくに水路国は、関係する水路国の利益を考慮しつつ、水路の適切な保護と両立する利用及びそこから生ずる便益を最適かつ持続可能なものとするように水路を利用し、その開発を行う。
2　水路国は衡平かつ合理的な方法による国際水路の利用、開発及び保護に参加する。そのような参加には、この条約が規定する水路を利用する権利並びにその保護及び開発

に協力する義務の双方を伴う。

第6条（衡平かつ合理的な利用に関連する要素）

1 第5条の意味における衡平かつ合理的な方法による国際水路の利用は、次に掲げる事項を含むすべての関連する要素と事情を考慮することを要する。
  (a) 地理的、水理的、水文的、気候的、生態的その他の自然的性質を有する要素
  (b) 関係する水路国の社会的及び経済的ニーズ
  (c) 各水路国における当該水路に依存している人口
  (d) 一の水路国による水路の利用が他の水路国に与える影響
  (e) 水路の現在の利用及び潜在的に可能な利用
  (f) 水路の水資源の保全、保護、開発及び効率的利用とそのためにとられる措置の費用
  (g) 特定の計画中の利用又は現在の利用に準ずる価値を有する代替策の利用可能性
2 第5条又は本条1を適用するにあたり、関係する水路国は、必要な場合には協力の精神の下で協議に入る。
3 各々の要素に与えられる重要性は、他の関連する要素の重要性と比較することにより決定される。合理的かつ衡平な利用の内容を決定する際には、すべての関連する要素を共に考慮し、全体を基礎として結論を下さなければならない。

第7条（重大な損害を生じさせない義務）

1 水路国は、その領域において国際水路を利用するにあたり、他の水路国に重大な損害を生じさせることを防止するためにすべての適当な措置をとる。
2 それにもかかわらず他の水路国に重大な損害が発生した場合には、水路の利用によりその損害を生じさせる国は、そのような利用に対する合意がない場合には、第5条及び第6条の規定を適切に尊重しつつ、影響を受けた国と協議のうえで、その損害を除去し又は緩和するために、及び適切な場合には補償の問題を検討するために、すべての適当な措置をとる。

第8条（一般的協力義務）

1 水路国は、主権平等、領土保全、互恵及び信義誠実を基礎として、国際水路の最適な利用と適切な保護を達成するために協力する。
2 そのような協力の方法を決定するにあたり、水路国は、さまざまな地域にすでに存在する共同の機構及び委員会における協力を通じて得られた経験に照らして、関連する措置と手続に関する協力を促進するために、必要と考える共同の機構又は委員会の設置を検討することができる。

第9条（データ及び情報の定期的な交換）

1 水路国は、第8条に従って、水路の状態に関して容易に利用可能なデータ及び情報、とりわけ水文学的、気象学的、水路学的及び生態学的性質の情報であって水質並びに関連する予測に関するものを、定期的に交換する。
2 水路国が他の水路国から直ちに利用可能ではないデータ又は情報の提供を要請された場合には、当該要請に従うために最善の努力を払う。ただし、当該要請に応じるにあたって、そのようなデータ又は情報の収集、及び適当な場合にはそれらの処理に要する合理的な費用を要請国が支払うことを条件とすることができる。
3 水路国は、データ及び情報の伝達先となる他の水路国による利用を促進する方法でそれらを収集し、かつ、適当な場合には処理するよう、最善の努力を払う。

第10条（異なる種類の利用の間の関係）

1 別段の合意又は慣習がない場合には、国際水路のいかなる利用も他の利用に対する固

有の優先権を有しない。
2 国際水路の複数の利用の間で抵触が生ずる場合には、人間の死活的ニーズの充足に特別の考慮を払いつつ、第5条から第7条に照らして解決される。

第三部　計画措置
第11条（計画措置に関する情報）
水路国は、国際水路の状態に関して計画措置が及ぼす可能性のある影響について情報を交換し、相互に協議し、また必要がある場合には交渉を行う。
第12条（悪影響を与える可能性がある計画措置に関する通報）
水路国は、他の水路国に重大な悪影響を与える可能性のある計画措置については、それを実施し又は許可する前に、その影響を受ける国に対して時宜を得た通報を行う。この通報には、通報を受ける国が計画措置の影響を評価することができるようにするため、環境影響評価の結果を含む利用可能な技術上のデータ及び情報を付けるものとする。
第13条（通報に対する回答期間）
別段の合意がない限り、
(a) 第12条に基づき通報を行う水路国は、被通報国に対して6ヶ月の期間を与え、被通報国はその期間内に計画措置の影響を調査し、及び評価し、その結果を水路国に通達する。
(b) この期間は、計画措置の評価が被通報国にとって特別な困難を提起する場合には、その要請により6ヶ月間延長される。
第14条（回答期間における通報国の義務）
第13条に定める期間において、通報国は、
(a) 被通報国に対して、その要請に基づき、正確な評価のために利用可能で、かつ、必要な追加的なデータ及び情報を提供することにより協力し、また、
(b) 被通報国の同意なしに計画措置を実施せず、又は実施を許可しない。
第15条（通報に対する回答）
被通報国は、第13条に従って定められる期間内にできる限り速やかに、通報国に調査結果を通達する。被通報国は、計画措置の実施が第5条及び第7条の規定に合致しないと考える場合には、その判断理由を示した書面を調査結果に添付する。
第16条（通報に対する回答がない場合）
1 通報国は、第13条に従って定められる期間内において、第15条に基づくいかなる通達も受領しない場合、第5条及び第7条に基づく義務に服することを条件に、通報及び被通報国に提供されるその他のデータと情報に従い、計画措置の実施に着手することができる。
2 第13条によって定められる期間内に回答しなかった被通報国が行う補償請求は、通報国が回答期間の満了後に着手する行為（被通報国が回答期間内に異議申し立てをしていれば着手されなかったであろう行為）に対して負担する費用によって相殺することができる。
第17条（計画措置に関する協議及び交渉）
1 計画措置の実施が第5条及び第7条の規定に合致しないという通達が第15条に基づいて行われた場合には、通報国とその通達を行う国は協議を行い、また必要な場合には、事態の衡平な解決に到達するための交渉を行う。
2 協議と交渉は、各国が他国の権利及び正当な利益に合理的な考慮を誠実に払わなけれ

ばならないという原則に基づき行うものとする。
3 協議と交渉の期間中、通報国は、被通報国が通達を行う時点で要請した場合には、別段の合意がない限り6ヶ月の間、計画措置の実施又は実施の許可を差し控える。

第18条（通報がない場合の手続）
1 水路国は、自国に重大な悪影響を与える措置を他の水路国が計画していると信じるに足る合理的理由を有する場合には、当該他の水路国に対して、第12条の規定の適用を要請することができる。当該要請にはその理由を示した書面が添付される。
2 それにもかかわらず措置を計画する国は、第12条に基づく通報を提供する義務はないと認められる場合には、当該調査結果の理由を示した書面を付して、他国にその旨を通知する。この調査結果が他国を満足させない場合には、当該他国の要請に基づき、両国は第17条1及び2の指示する方法で速やかに協議と交渉を行う。
3 協議と交渉の期間中、措置を計画する国は、協議と交渉の開始の要請時に当該他国から要請がある場合には、別段の合意がない限り6ヶ月の間、当該措置の実施又は実施の許可を差し控える。

第19条（計画措置の緊急実施）
1 計画措置の実施が公衆衛生、公共の安全又はその他の同等に重要な利益を保護するために緊急に必要である場合には、措置を計画する国は、第14条及び第17条3の規定にもかかわらず、第5条及び第7条に従い、直ちに実施に着手することができる。
2 このような場合には、措置の緊急性に関する正式の宣言が、関連するデータ及び情報と共に、第12条にいう他の水路国に対して遅滞なく通達される。
3 措置を計画する国は、2にいう国の要請に基づき、第17条1及び2に示す方法により、速やかに要請国と協議及び交渉を行う。

第四部　保護、保全及び管理
第20条（生態系の保護及び保全）
　水路国は、単独で、また適当な場合には共同で、国際水路の生態系を保護し、かつ、保全する。

第21条（汚染の防止、軽減及び制御）
1 本条の適用上、「国際水路の汚染」とは、人間の活動から直接又は間接に生ずる国際水路の水の構成又は質を損なう変化をいう。
2 水路国は、他の水路国又はその環境に対して、人の健康若しくは安全、水路の有益な目的のための利用若しくはその生物資源に対する損害を含む重大な損害を生じさせ得る国際水路の汚染を、単独で、また適切な場合には共同で、防止し、軽減し、かつ、制御する。水路国は、汚染に関連するこれらの政策を調和させるための措置をとる。
3 水路国は、いずれかの国が要請する場合には、国際水路の汚染を防止し、軽減しかつ制御するために、次に掲げる措置及び方法について相互に合意に達することを目的として協議する。
　(a) 共同の水質目標及び基準の設定
　(b) 点汚染源及び面汚染源からの汚染に対処するための技術及び実行の確立
　(c) 国際水路への導入が禁止、制限、調査又は監視されなければならない物質の一覧表の作成

第22条（外来種又は新種の導入）
　水路国は、水路の生態系に有害な影響を及ぼすおそれのあるものであって、他の水路国に重大な損害を生じさせる外来種又は新種の国際水路への導入を防ぐために必要な

すべての措置をとる。

第23条（海洋環境の保護と保全）
　水路国は、単独で、また適当な場合には他国と協力して、一般的に受け入れられている国際的な規則及び基準を考慮しつつ、河口を含む海洋環境の保護及び保全に必要な国際水路に関するすべての措置をとる。

第24条（管理）
1　水路国は、いずれかの国が要請する場合には、共同管理機構を設立する可能性を含めて、国際水路の管理に関する協議に入る。
2　本条の適用上、「管理」とは、とくに次のことをいう。
　(a) 国際水路の持続可能な開発を計画すること、及び採択された計画を実施するために必要な措置をとること。
　(b) 合理的かつ最適な水路の利用、保護及び制御を促進するその他の措置をとること。

第25条（規制）
1　水路国は、適当な場合には、国際水路の水流を規制する必要又は機会に対応するために協力する。
2　別段の合意がある場合を除くほか、水路国がそのような規制事業の実施に合意する場合には、水路国は当該事業の建設及び維持又は費用の支払について衡平を基礎として参加する。
3　本条の適用上、「規制」とは、水流事業又はその他の継続的な措置であって、国際水路の水流を変化させ、変更し又はその他の方法で制御するためにとられる措置をいう。

第26条（施設）
1　水路国は、それぞれの領域内において、国際水路に関連する施設、設備及びその他の工作物を維持し、かつ、保護するために最善の努力を払う。
2　水路国は、重大な悪影響を受けると信ずる合理的な理由を有するいずれかの国が要請する場合には、次の事項に関して協議に入る。
　(a) 国際水路に関連する施設、設備その他の工作物の安全な運用及び維持
　(b) 故意若しくは過失ある行為又は自然の力からの施設、設備その他の工作物の保護

第五部　有害な状態及び緊急事態

第27条（有害な状態の防止及び緩和）
　水路国は、単独で、また適当な場合には共同で、国際水路に関連するものであって、自然の原因によるものであるか人間の活動によるものであるかにかかわらず、洪水、結氷状態、水媒介性疾患、沈積、浸食、塩水侵入、旱魃、又は砂漠化など、他の水路国にとって有害な状態を防止し又は緩和するためにすべての適用な措置をとる。

第28条（緊急事態）
1　本条の適用上、「緊急事態」とは、水路国又はその他の国に深刻な損害を生じさせる又はその差し迫ったおそれのある事態であって、洪水、氷解、地滑り若しくは地震などの自然的原因又は産業事故などの人の活動により、突発的に生ずるものをいう。
2　水路国は、その領域内で発生した緊急事態につき、利用可能な最も迅速な手段により、影響を受ける可能性のある他国及び権限ある国際組織に遅滞なく通告する。
3　その領域内で緊急事態が発生した水路国は、影響を受ける可能性のある国、また適当

な場合には権限ある国際組織と協力して、直ちに当該緊急事態の有害な影響を防止し、緩和しかつ除去するために状況に応じて必要とされるすべての実行可能な措置をとる。
4 水路国は、必要な際には、緊急事態に対応するための緊急時の計画を、適当な場合には、影響を受ける可能性のある他国及び権限ある国際組織と協力して、共同で作成する。

第六部 雑則
第 29 条（武力紛争時の国際水路及び施設）
国際水路及び関連する施設、設備及びその他の事業は、国際的及び非国際的武力紛争に適用される国際法原則及び規則によって与えられる保護を享受し、またこれらの原則及び規則に違反して使用されない。
第 30 条（間接的手続）
水路国間における直接的な連絡に重大な障害が存在する場合、関係国は、関係国が受け入れている間接的手続を通じて、データと情報の交換、通報、伝達、協議及び交渉を含む、この条約が定める協力義務を履行する。
第 31 条（国の防衛又は安全保障に不可欠なデータ及び情報）
この条約のいかなる規定も、水路国に対して、その国家の防衛又は安全保障にとって死活的なデータ又は情報を提供することを義務づけるものではない。ただし、当該国は、状況に応じて可能な限り多くの情報を提供することを目的として他の水路国と誠実に協力する。
第 32 条（無差別）
関係水路国が、国際水路に関連した活動の結果、重大な越境損害を被ったかあるいは被る深刻な脅威の下にある自然人又は法人の利益の保護のために別段の合意がある場合を除き、水路国は、自国領域内で実施された活動によって引き起こされた重大な損害に関し、その法制度に従って、司法的若しくはその他の手続へのアクセス又は補償を請求する権利若しくはその他の救済の権利を付与するにあたり、国籍、居住地、又は侵害発生地によって差別してはならない。
第 33 条（紛争の解決）
1 この条約の解釈又は適用に関する二以上の締約国の間での紛争について、当該締約国は、相互の間で適用可能な合意がない場合には、以下の規定に従って平和的な手段によってその紛争の解決を求める。
2 当該締約国は、その中のいずれかの国が要請する交渉によって合意に到達することができない場合には共同で、第三者による周旋を求め、又は仲介若しくは調停を要請し、又は、適当な場合には、締約国が設立したいずれかの共同水路機関を利用し、若しくは仲裁又は国際司法裁判所に紛争を付託することができる。
3 10 の運用に従うことを条件として、2 にいう交渉の要請があったときから 6ヶ月を経た後に、締約国がその紛争を交渉又は 2 に定めるその他の手段を通じて解決することができなかった場合、その紛争は、当該締約国が別段の合意をしない限り、いずれかの紛争当事国の要請により、4 から 9 に従い公平な事実調査に付託しなければならない。
4 事実調査委員会は、当該締約国の各々が一名ずつ指名する委員で構成され、指名された委員が選出する当該締約国のいずれの国籍をも有しない委員であって、委員長としての職務を遂行する者を加えて設置される。

5 当該締約国が指名した委員が、委員会の設置についての要請があったときから3ヶ月以内に委員長に関して合意することができない場合には、いずれの当該締約国も、国際連合の事務総長に対して、紛争当事国又は関係する水路の沿岸国の国籍を有しない委員長を指名するよう要請することができる。当該締約国のいずれかが、3に基づく要請があったときから3ヶ月以内に委員を指名しない場合には、その他のいずれの当該締約国も、国際連合の事務総長に対して、紛争当事国又は関係する水路の沿岸国の国籍を有しない者を指名するよう要請することができる。事務総長が指名した者は、単独構成員の委員会を構成する。
6 委員会は自らの手続を決定する。
7 当該締約国は、委員会が要請する情報を委員会に提供し、かつ、要請に基づき、委員会に対して、その審査の目的のために、それぞれの締約国の領域に入ること、及び関連するいずれかの施設、工場、設備、建造物又は自然的特徴を調査することを認める義務を有する。
8 委員会は、それが単独構成員の委員会でない限り、多数決によりその報告書を採択し、当該締約国に対して、委員会の事実認定及びその理由づけ並びに委員会が紛争の衡平な解決のために適切と考える勧告を記した報告書を提出する。当該締約国はその報告書を誠実に検討しなければならない。
9 委員会の費用は、当該締約国が平等に分担する。
10 地域的な経済統合のための組織ではない締約国は、この条約を批准し、受諾し若しくは承認し若しくはこれに加入する時に又はその後はいつでも、受託者に提出する文書において、2に従って解決されない紛争に関しては、次のいずれかが当然に、かつ、同一の義務を受諾する当事国との関係において特別の合意なしに義務的であると認めることを、宣言することができる。
(a) 当該紛争の国際司法裁判所への付託、及び(又は)、
(b) 紛争当事国が別段の合意をしない限り、この条約の附属書に定める手続に従って設立されて運営される仲裁裁判所による仲裁。
地域的な経済統合のための組織である締約国は、上記の(b)に従って仲裁に関して同様の効果を有する宣言を行うことができる。

第七部　最終条項
第34条（署名）
この条約は、1997年5月21日から2000年5月20日までは、ニューヨークにある国際連合本部において、すべての国及び地域的な経済統合のための機関に署名のために開放しておく。
第35条（批准、承諾、承認及び加入）
1 この条約は、国及び地域的な経済統合のための機関による批准、受諾、承認及び加入によらなければならない。批准、受諾、承認及び加入書は、国際連合事務総長に寄託する。
2 この条約の締約国となる地域的な経済統合のための機関で当該機関のいずれの構成国も締約国となっていないものは、この条約に基づくすべての義務を負う。地域的な経済統合のための機関の一又は二以上の加盟国がこの条約の締約国である場合には、当該機関及び加盟国は、この条約に基づく義務の履行につきそれぞれの責任を決定する。この場合において、当該機関及び加盟国は、本条約に基づく権利を同時に行使することができない。

第 36 条（効力発生）
1 この条約は、35 番目の批准書、受諾書、承認書及び加入書が国際連合事務総長に寄託された日の後、90 日目の日に効力を生ずる。
2 この条約は、35 番目の批准書、受諾書、承認書及び加入書の寄託の後にこれを批准し、承諾し若しくは受諾し又はこれに加入する国又は地域的な経済統合のための機関については、当該国又は地域的な経済統合のための機関が批准書、受諾書、承認書及び加入書を寄託した日の後 90 日目の日に効力を生ずる。
3 地域的な経済統合のための機関によって寄託される文書は、1 及び 2 の規定の適用上、当該国によって寄託されたものに追加して数えてはならない。

第 37 条（正文）
アラビア語、中国語、英語、フランス語、ロシア語及びスペイン語をひとしく正文とするこの条約の原本は、国際連合事務総長に寄託する。

以上の証拠として、下名は、正当に委任を受けてこの条約を署名した。
1997 年 5 月 21 日にニューヨークで作成した。

附属書　仲裁
第 1 条
紛争当事国が合意する場合を除き、この条約第 33 条の仲裁が、この附属書 2 条から 14 条に従って開廷される。
第 2 条
申立国である締約国は、紛争当事国が、この条約第 33 条の規定に従って紛争を仲裁に付する旨を回答を行う当事国に通報する。通報には、仲裁の対象である事項を明示するものとし、特に、その解釈又は適用が問題となっているこの条約の条文を含む。仲裁の対象である事項について、紛争当事国が合意しない場合には、仲裁裁判所がこれを決定する。
第 3 条
1 二の当事国間の紛争の場合については、仲裁裁判所は、3 人の仲裁人で構成する。各紛争当事国は、各 1 人の仲裁人を任命し、このようにして任命された 2 人の仲裁人は、合意により第三の仲裁人を指名し、第三の仲裁人は、当該仲裁裁判所において裁判長となる。裁判長は、いずれかの紛争当事国の国民であってはならず、いずれかの紛争当事国の領域に日常の住居を有してはならず、及び仲裁に付された紛争を仲裁人以外のいかなる資格においても取り扱ったことがあってはならない。
2 二を超える当事国間の紛争については、同一の利害関係を有する紛争当事国が合意により共同で 1 人の仲裁人を任命する。
3 仲裁人が欠けたときは、当該仲裁人の任命の場合と同様の方法によって空席を補充する。
第 4 条
1 第二の仲裁人が任命された日から 2 ヶ月以内に仲裁裁判所の裁判長が指名されなかった場合には、国際司法裁判所所長は、いずれかの紛争当事国の要請に応じ、引き続く 2 ヶ月の期間内に裁判長を指名する。
2 いずれかの紛争当事国が要請を受けた後 2 ヶ月以内に仲裁人を任命しない場合には、他方の紛争当事国は、国際司法裁判所所長にその旨を通告し、同所長は、引き続く 2 ヶ月の期間内に仲裁人を指名する。

第 5 条
    仲裁裁判所は、この条約及び国際法の規定に従い、その決定を行う。
第 6 条
    紛争当事国が別段の合意をしない限り、仲裁裁判所は、その手続規則を定める。
第 7 条
    仲裁裁判所は、いずれかの紛争当事国の要請に応じ、不可欠の暫定的保全措置を勧告することができる。
第 8 条
1   紛争当事国は、仲裁裁判所の運営に便宜を与えるものとし、すべての可能な手段を利用して、特に、次のことを行う。
    (a) すべての関係のある文書、情報及び便益を仲裁裁判所に提供すること。
    (b) 必要に応じ、仲裁裁判所が証人又は専門家を招致し及びこれらの者から証拠を入手することができるようにすること。
2   紛争当事国及び仲裁人は、仲裁手続期間中に秘密のものとして入手した情報の秘密性を保護する義務を負う。
第 9 条
    仲裁に付された紛争の特別の事情により仲裁裁判所が別段の決定を行う場合を除くほか、仲裁裁判所の費用は、紛争当事国が均等に負担する。仲裁裁判所は、すべての費用に関する記録を保持するものとし、紛争当事国に対して最終的な費用の明細書を提出する。
第 10 条
    いずれの締約国も、紛争の対象である事項につき仲裁の決定により影響を受けるおそれのある法律上の利害関係を有する場合には、仲裁裁判所の同意を得て仲裁手続に参加することができる。
第 11 条
    仲裁裁判所は、紛争の対象である事項から直接に生ずる反対請求について聴取し及び決定することができる。
第 12 条
    手続及び実体に関する仲裁裁判所の決定は、いずれもその仲裁人の過半数による議決で行う。
第 13 条
    いずれかの紛争当事国が仲裁裁判所に出廷せず又は自国の立場を弁護しない場合には、他の紛争当事国は、仲裁裁判所に対し、仲裁手続を継続し及び仲裁判断を行うよう要請することができる。いずれかの紛争当事国が欠席し又は弁護を行わないことは、仲裁手続を妨げるものではない。仲裁裁判所は、最終決定を行うに先立ち、申立てが事実及び法において十分な根拠を有することを確認しなければならない。
第 14 条
1   仲裁裁判所は、完全に設置された日から 5ヶ月以内にその最終決定を行う。ただし、必要と認める場合には、5ヶ月を超えない期間その期限を延長することができる。
2   仲裁裁判所の最終決定は、紛争の対象である事項に限定されるものとし、その理由を述べる。最終決定には、参加した仲裁人の氏名及び当該最終決定の日付を付する。仲裁人は、別個の意見又は反対意見を最終決定に付することができる。
3   仲裁判断は、紛争当事国を拘束する。紛争当事国が上訴の手続について事前に合意する場合を除くほか、上訴を許さない。

4 最終決定の解釈又は履行の方法に関し紛争当事国間で生ずる紛争については、いずれの紛争当事国も、当該最終決定を行った仲裁裁判所に対し、その決定を求めるため付託することができる。

引用文献一覧

■国際文書（条約・協定・決議・宣言・規則・条文草案等）（年代順）

Acte final du Congrès de Vienne, 1815: Acte final du Congrès de Vienne du juin 1815, *Droit International et Histoire Diplomatique Documents choisis par C.A.*, Tome II, p. 6.

Traité de Paris, 1856: Traité de Paris du 30 mars 1856, *Droit International et Histoire Diplomatique Documents choisis par C.A.*, Tome II, p. 26.

Berlin Conference General Act, 1885: General Act of the Berlin Conference (26 February 1885), *Martens, NRGT 2e séerie*, Tome X, p. 414.

Boundary Wates Treaty, 1909: Treaty between the United States and Great Britain relating to Boundary Waters, and Questions Arising between the United States and Canada, signed at Washington, 11 January 1911, done at Washington, May 5, 1910, at http://www.ijc.org/en_/BWT (Last access 7 August 2017).

Traité de paix de Versailles, 1919: Traité de paix de Versailles (29 juin 1919), Strupp, K., *Documents pour server à l'historie du droit des gens. Tome IV* (1923), 2 ed., p. 140.

Barcelona Convention, 1921: Convention and Statute on régime of navigable waterways of international concern (Barcelona, 20 April 1921), *LNTS* Vol. 7, p. 35.

Geneva Convention, 1923: Convention relating to the development of hydraulic power affecting more than on States and Protocol of Signature (Geneva, 9 December 1923), *LNTS*, Vol. 36, p. 77.

Colorado River Treaty, 1944: Treaty between the United States of America and Mexico Relating to the Utilization of the Waters of the Colorado and Tijuana Rivers, and of the Rio Grande (Rio Bravo) from Fort Quitman, Texas, to the Gulf of Mexico, signed at Washington, 3 February 1944, *UNTS*, Vol. 3 (1947).

Indus Waters Treaty, 1960: Indus Waters Treaty between the Government of India, the Government of Pakistan and the International Bank for Reconstruction and Development, signed at Karachi, 19 September 1960, *UNTS*, Vol. 419.

Finnish-Soviet Frontier Agreement, 1960: Agreement (with Protocol and annexes) between Finland and Union of Soviet Socialist Republics concerning the regime of the Finnish-Soviet State Frontier and the procedure for the settlement of frontier incidents, signed at Helsinki, 23 June 1960, *UNTS*, Vol. 379 (1960), p. 329.

引用文献一覧 313

Columbia River Treaty, 1961: Treaty between Canada and the United States of America relating to cooperative development of the water resources of the Columbia River Basin, signed at Washington, 17 January 1961, *UNTS*, Vol. 542 (1965), p. 246.

IDI Salzburg Resolution, 1961: Resolution on the Use of Non-Maritime Waters, *Annuaire l'Institut de droit international*, Tom. 49, II, Salzburg Session, September 1961 (Basel 1961), p. 381.

Finland-Soviet Watercourses Agreement, 1964: Agreement between Finland and Union of Soviet Republics concerning frontier watercourses, signed at Helsinki, 24 April 1964, *UNTS*, Vol. 537 (1965), p. 251.

Chad Basin Convention, 1964: Chad Basin Convention, done at Fort-Lamy, 22 May 1964, at http://www.fao.org/docrep/w7414b/w7414b05.htm (Last access 6 May 2017).

Minute No. 218, 1965: U.S.-Mexico IBWC, *Recommendations on the Colorado River Salinity Problem* (22 March 1965).

ILA Helsinki Rules, 1966: The Helsinki Rules on the Uses of the Waters of International Rivers, *ILA, Report of the Fifty-Second Conference*, held in Helsinki, August 14th to August 20th, 1966, p. 477.

Lake Constance Agreement, 1966: Agreement Regulating the Withdrawal of the Water from Lake Constance concluded between Austria, the Federal Republic of Germany and Switzerland, done at Berne, 30 April 1966, *UNTS*, Vol. 620, p. 198.

Vienna Convention on the Law of Treaties, 1969: Vienna Convention on the Law of Treaties, done at Vienna, 23 May 1969, *UNTS*, Vol. 1155, p. 331.

Stockholm Declaration, 1972: Declaration of the United Nations Conference on the Human Environment, 16 June 1972 (A/CONF/48/14/Rev.1).

Minute No. 241, 1972: U.S.-Mexico IBWC, *Recommendations to Improve Immediately the Quality of Colorado Rivers Waters Going to Mexico* (14 July 1972).

London Convention, 1972: Convention on the Prevention of Marine Pollution by Dumping of Waters and Other Matter, signed at London, 13 November 1972, *ILM*, Vol. 12 (1972), p. 1291.

Minute No. 242, 1973: U.S.-Mexico IBWC, *Permanent and Definitive Solution to the International Problem of the Salinity of the Colorado River* (30 August 1973).

Río de la Plata Treaty, 1973: Treaty concerning the Río de la Plata and the corresponding maritime boundary, signed at Montevideo, 19 November 1973, *UNTS*, Vol. 1295 (1982), p. 307.

Charter of Economic Rights and Duties of States, 1974, Charter of Economic Rights and Duties of States, adopted at New York, 12 December 1974, UNGA Res. 3281.

Uruguay River Statute, 1975: Statute of the River Uruguay, signed at Salto, 26 February 1975, *UNTS*, Vol. 1295 (1982), p. 340.

UNEP's Principles on Shared Natural Resources, 1978: United Nations Environment Programme, Shared Natural Resources, Environmental Law Guidelines and Principles Series No.2 (1978).

ILA Manila Report, 1978: Regulation of the Flow of Water of International Watercourses, *ILA Report of the Fifty-Eighth Conference*, held at Manila, August 27th to September 2nd, 1978, p. 221.

ILA Belgrade Report, 1980: Regulation of the Flow of Water of International Watercourses, *ILA Report of the Fifty-Nighth Conference*, held at Belgrade, August 17th to August 23rd, 1980, p. 362.

UNCLOS, 1982: United Nations Convention on the Law of the Sea, 10 December 1982, *ILM*, Vol. 21 (1982), p. 1261.

ILA Montreal Rules, 1982: Rules on Water Pollution in an International Drainage Basin, *ILA, Report of the Sixtieth Conference*, held in Montreal, August 29th to September 4th, 1982, p. 533.

Vienna Convention, 1985: Vienna Convention for the Protection of the Ozone Layer, signed at Vienna, 22 March 1985, *ILM*, Vol. 24 (1985), p. 1529.

ILA Seoul Complementary Rules, 1986: Complementary Rules Applicable to International Water Resources, *ILA, Report of the Sixty-Second Conference*, held in Seoul, August 24th to August 30th, 1986, p. 275.

WCED Experts Group Report, 1986: Final Report of the Experts Group on Environmental Law on Legal Principles for Environmental Protection and Sustainable Development, June 1986, adopted by the Experts Group on Environmental Law of the World Commission on Environmental and Development, *Environmental Protection and Sustainable Development: Legal Principles and Recommendations*, Graham & Trotman / Martinus Nijhoff.

UNEP Goals and Principles, 1987: United Nations Environmental Programme Goals and Principles of Environmental Impact Assessment, 17 June 1987, UNEP/GC.14/25 (1987).

CRAMRA, 1988: Convention on the Regulation of Antarctic Mineral Resource Activities (CRAMRA), signed at Wellington, New Zealand, 25 November 1988, *ILM*, Vol. 27 (1988), p. 859.

UNECE Ground-Water Management Charter, 1989: Charter on Ground-Water Management, *as adopted by the Economic Commission for Europe at its Forty-Fourth Session (1989), by decision E*（44）, E/ECE/1197; ECE/ENVWA/12.

Nigeria-Niger Water Resources Agreement, 1990: Agreement between the Federal Republic of Nigeria and the Republic of Niger Concerning the Equitable Sharing in the Development, Conservation and Use of their Common Water Resources, done at Maiduguri, 18 July 1990, at http://gis.nacse.org/tfdd/tfdddocs/483ENG.pdf（Last access 11 September 2017）.

Espoo Convention, 1991: Convention on Environmental Impact Assessment in a Transboundary Context, Espoo, signed at Espoo, Finland, 25 February 1991, *ILM*, Vol. 30（1991）, p. 802.

Rio Declaration, 1991: The Rio Declaration on Environment and Development, Rio de Janeiro, 3-14 June 1992（A/CONF.151/26（Vol. I））.

Antarctic Protocol, 1991: Protocol on Environmental Protection to the Antarctic Treaty, 4 October 1991, *ILM*, Vol. 30（1991）, p. 1455.

Helsinki Convention, 1992: Convention on the Protection and Use of Transboundary Watercourses and International Lakes, signed at Helsinki, 17 March 1992, *ILM*, Vol. 31（1992）, p. 1312.

China=Mongolia Agreement, 1994: Agreement Between the Government of the People's Republic of China and the Government of Mongolia on the Protection and Utilization of Transboundary Waters, done at Ulaanbaatar, 29 April 1994, at http: //extwprlegs1. fao. org/docs/pdf/bi-17921.pdf（Last access 31 October 2018）.

Meuse and Scheldt Agreement, 1994: Agreements on the Protection of the Rivers Meuse and the Scheldt, done at Charleville-Mézières, France, 26 April 1994, *ILM*, Vol. 34（1995）.

Danube River Convention, 1994: Convention on Cooperation for the Protection and Sustainable Use of the Danube, signed at Sofia, 29 June 1994, at http://www.icpdr.org/main/icpdr/danube-river-protection-convention（Last access 11 September 2017）.

Mekong River Agreement, 1995: Agreement on the Cooperation for the Sustainable Development of the Mekong River Basin, signed at Chiang Rai, 5 April 1995, *ILM*, Vol. 34（1995）.

Ganges Waters Treaty, 1996: Treaty between the Government of the Republic of India and the Government of the People's Republic of Bangladesh on Sharing of the Ganga/Ganges Waters at Farakka, done at New Delhi, 12 December 1996, *ILM*, Vol. 36（1997）.

Mahakali River Treaty, 1996: Treaty between India and Nepal concerning the Integrated Development of the Mahakali River, signed at New Delhi, 12 February 1996, *ILM*, Vol. 36（1997）, p. 531.

UN Watercourses Convention, 1997: Convention on the Law of the Non-Navigational Uses of International Watercourses, adopted by the General Assembly of the United Nations, 21 May

1997, *Official Records of the General Assembly, Fifty-First Session, Supplement No. 49* (A/51/49), *ILM*, Vol. 36 (1997), p. 715.

Rhine Protection Convention, 1999: Convention on the Protection of the Rhine, signed at Bern, 12 April 1999, at http://www.iksr.org/fileadmin/user_upload/Dokumente_en/convention_on_ tthe_protection_of_the_rhine.pdf (Last access 22 September 2017).

Water and Health Protocol, 1999: Protocol on Water and Health to the 1992 Convention on the Protection and Use of Transboundary Watercourses and International Lakes, done at London, 17 June 1999, UN Doc. MP.WAT/AC.1/1991/1.

SADC Revised Protocol, 2000: Revised Protocol on Shared Watercourses in the South African Development Community (SADC), done at Windhoek, 7 August 2000, *ILM*, Vol. 40 (2001), p. 321.

ILA London Conference, 2000: Committee on Water Resources Law, Second Report, at http://www.ila-hq.org/en/committees/index.cfm/cid/32 (Last access 11 September 2017).

Minute No. 306, 2000: U.S-Mexico IBWC, *Conceptual Framework for United States-Mexico Studies for Future Recommendations Concerning the Riparian and Estuarine Ecology of the Limitrophe Section of the Colorado River and its Associated Delta* (12 December 2000).

Draft Articles on Prevention of Transboundary Harm, 2001: Draft Articles on Prevention of Transboundary Harm, *in Report of the International Law Commission, Fifty-Third Session, UN GAOR, 56th Sess., Supplement No. 10* (A/56/10) (2001), *reprinted in* [2001] *YbILC*, Vol. II, Part Two.

Draft Articles on Responsibility, 2001: Draft Articles on Responsibility for Internationally Acts, *in Report of the International Law Commission, Fifty-Third Session, UN GAOR, 56th Sess., Supplement No. 10* (A/56/10) (2001), *reprinted in* [2001] *YbILC*, Vol. II, Part Two.

Senegal River Charter, 2002: Water Charter of the Senegal River, 28 May 2002, at http://iea.uoregon.edu/pages/view_treaty.php?t=2002-SenegalRiverWaterCharter.EN.txt&par=view_treaty_html (Last access 11 September 2017).

Lake Tanganyika Convention, 2003: Convention on the Sustainable Development of Lake Tanganyika, signed at Dar es Salaam, 12 June 2003, in S. Burchi & K. Mechlem, *Groundwater in International Law: Compilation of Treaties and Other Legal Instruments* (FAO Legislative Study 86), FAO & UNESCO, 2005.

Lake Victoria Basin Protocol, 2003: Protocol for Sustainable Development of Lake Victoria Basin, signed at Arusha, 29 November 2003, in S. Burchi & K. Mechlem, *Groundwater in International Law: Compilation of Treaties and Other Legal Instruments* (FAO Legislative Study 86), FAO & UNESCO, 2005.

ILA Berlin Rules, 2004: *ILA, Water Resources Law, Berlin Conference*, at http://www.ila-hp.org/en/committees/index.cfm/cid/32 (Last access 29 August 2017).

Draft Principles on the Allocation of Loss, 2006: Draft Principles on the Allocation of Loss in the Case of Transboundary Harm Arising out of Hazardous Activities, *in Report of the International Law Commission, Fifty-Eighth Session, UN GAOR, 61th Sess.* (A/61/10) (2006), *reprinted in* [2006] *YbILC*, Vol. II, Part Two.

Sava River Basin Agreement, 2006: Framework Agreement on the Sava River Basin (with annexes), done at Kranjska Gora, 3 December 2002, *UNTS*, Vol. 2366, p. 479.

Transboundary Aquifers Draft Articles, 2008: Draft Articles on the Law of Transboundary Aquifers, with commentaries, 2008, *Official Records of the General Assembly, 63th Session, Supplement No. 10* (A/63/10).

Nile Basin Cooperative Framework Agreement, 2010: Agreement on the Nile River Basin Cooperative Framework, done at Entebbe, 14 May 2010, at http://www.nilebasin.org/index.php/nbi/cooperative-framework-agreement (Last access 31 October 2018).

A/RES/64/292, 2010: UNGA, *Resolution adopted by the General Assembly on 28 July 2010, 64/292. The human right to water and sanitation*, 3 August 2010.

A/HRC/RES/15/9, 2010: Human Rights Council, *Resolution adopted by the Human Rights Council, 15/9 Human rights and access to safe drinking water and sanitation*, 6 October 2010.

Minute No. 319, 2012: U.S.-Mexico IBWC, *Interim International Cooperative Measures in the Colorado River Basin Through 2017 and Extension of Minute 318 Cooperative Measures to Address the Continued Effects of the April 2010 Earthquake in the Mexicali Valley, Baja California* (20 November 2012).

A/68/264, 2013: UNGA, *Human right to safe drinking water and sanitation*, 5 August 2013.

A/HRC/25/53, 2013: Human Rights Council, *Report of the Independent Expert on the issue of human rights obligations relating to the enjoyment of a safe, clean, healthy and sustainable environment, John H. Knox*, 30 December 2013.

Minute No. 323, 2017: U.S.-Mexico IBWC, *Extension of Cooperative Measures and Adoption of a Binational Water Scarcity Contingency Plan in the Colorado River Basin* (21 September 2017).

■国連水路条約 ILC 起草過程資料(年代順)

A/CN.4/294 and Add.1: *Replies of Governments to the Commission's questionnaire, reprinted in* [1976], *YbILC*, Vol. II, Part One.

A/CN.4/314: *Replies of Governments to the Commission's questionnaire*, reprinted in [1978], *YbILC*, Vol. II, Part One.

A/CN.4/348 and Corr.1: *Third Report on the Law of the Non-Navigational Uses of International Watercourses*, by Mr. Stephen M. Schwebel, Special Rapporteur, reprinted in [1982] *YbILC*, Vol. II, Part One.

A/CN.4/367 and Corr.1: *First Report on the Law of the Non-Navigational Uses of International Watercourses*, by Mr. Jens Evensen, Special Rapporteur, reprinted in [1983] *YbILC*, Vol. II, Part One.

A/38/10: *Report of the International Law Commission on the Work of Its Thirty-Fifth Session, 3 May–22 July 1983, Official Records of the General Assembly, Thirty-Einth Session, Supplement No. 10*, reprinted in [1983] *YbILC*, Vol. II, Part Two.

A/CN.4/381 and Corr.1 and Corr.2: *Second Report on the Law of the Non-Navigational Uses of International Watercourses*, by Mr. Jens Evensen, Special Rapporteur, reprinted in [1984] *YbILC*, Vol. II, Part One.

A/39/10: *Report of the International Law Commission on the Work of Its Thirty-Sixth Session, 7 May–27 July 1984, Official Records of the General Assembly, Thirty-Ninth Session, Supplement No. 10*, reprinted in [1984] *YbILC*, Vol. II, Part Two.

A/CN.4/399 and Add.1 and 2: *Second Report on the Law of the Non-Navigational Uses of International Watercourses*, by Mr. Stephen C. McCaffrey, Special Rapporteur, reprinted in [1986] *YbILC*, Vol. II, Part One.

A/42/10: *Report of the International Law Commission on the Work of Its Thirty-Ninth Session, 4 May–17 July 1987, Official Records of the General Assembly, Forty-Second Session, Supplement No. 10*, reprinted in [1987] *YbILC*, Vol. II, Part Two.

A/CN.4/412 and Add.1 & 2: *Fourth Report on the Law of the Non-Navigational Uses of International Watercourses*, by Mr. Stephen C. McCaffrey, Special Rapporteur, reprinted in [1988] *YbILC*, Vol. II, Part One.

A/CN.4/421 & Corr.1–4 and Add.1 & 2: *Fifth Report on the Law of the Non-Navigational Uses of International Watercourses*, by Mr. Stephen C. McCaffrey, Special Rapporteur, reprinted in [1989] *YbILC*, Vol. II, Part One.

A/43/10: *Report of the International Law Commission on the Work of Its Fortieth Session, 9 May–29 July 1988, Official Records of the General Assembly, Forty-Third Session, Supplement No. 10*, reprinted in [1988] *YbILC*, Vol. II, Part Two.

A/CN.4/SR.2065: *Summary Record of the 2065th Meeting*, reprinted in [1988] *YbILC*, Vol. I.

A/CN.4/SR.2070: *Summary Record of the 2070th Meeting*, reprinted in [1988] *YbILC*, Vol. I.

引用文献一覧 319

A/CN.4/427 and Add.1: *Six Report on the Law of the Non-Navigational Uses of International Watercourses, by Mr. Stephen C. McCaffrey, Special Rapporteur, reprinted in* [1990] *YbILC*, Vol. II, Part One.

A/46/10: *Report of the International Law Commission on the Work of Its Forty-Third Session, 29 April-19 July 1991, Official Records of the General Assembly, Forty-Sixth Session, Supplement No. 10, reprinted in* [1991] *YbILC*, Vol. II, Part Two.

A/CN. 4/451: *First Report on the Law of the Non-Navigational Uses of International Watercourses, by Mr. Robert Rosenstock, Special Rapporteur, reprinted in* [1993] *YbILC*, Vol. II, Part One.

A/48/10: *Report of the International Law Commission on the Work of Its Forty-Fifth Session, 3 May-23 July 1993, Official Records of the General Assembly, Forty-Eighth Session, Supplement No. 10, reprinted in* [1993] *YbILC*, Vol. II, Part Two.

A/CN. 4/447 and Add. 1-3: *The Law of the Non-Navigational Uses of International Watercourses – Comments and Observations Received from Governments, reprinted in* [1993] *YbILC*, Vol. II, Part One.

A/49/10: *Report of the International Law Commission on the work of its forty-sixth session, 2 May-22 July 1994, Official Records of the General Assembly, Forty-Ninth Session, Supplement No. 10, Draft Articles on the Law of the Non-Navigational Uses of International Watercourses and Commentaries Thereto and the Resolution on Transboundary Confined Growndwater, reprinted in* [1994] *YbILC*, Vol. II, Part Two.

A/51/275: *General Assembly, Fifty-First Session, Item 146 of the Provisional Agenda*, 6 August 1996.

A/C.6/51/SR.16: *Summary Record of the 16th Meeting*, 9 October 1996.

A/C.6/51/SR.17: *Summary Record of the 17th Meeting*, 9 October 1996.

A/C.6/51/SR.61: *Summary Record of the 61st Meeting*, 4 April 1997.

A/C.6/51/SR.62: *Summary Record of the First Part of the 62nd Meeting*, 4 April 1997.

A/C.6/51/SR.62/Add.1: *Summary Record of the Second Part of the 62nd Meeting*, 4 April 1997.

A/51/869: *Report of the Sixth Committee convening as the Working Group of the Whole*, 11 April 1997.

A/51/PV.99: *General Assembly, Fifty-First Session, Verbatim Record, 99th Plenary Meeting*, 21 May 1997.

A/RES/51/229: *Resolution adopted by the General Assembly, Convention on the law of the non-navigational uses of international watercourses*, 8 July 1997.

■越境帯水層条文草案 ILC 起草過程資料（年代順）

A/CN.4/Add.1: *Shared Natural Resources: First Report on Outlines*, by Mr. Chusei Yamada, Special Rapporteur, 30 June 2003.

A/CN.4/539: *Second Report on Shared Natural Resources: Transboundary Groundwaters*, by Mr. Chusei Yamada, Special Rapporteur, 9 March 2004.

A/CN.4/551: *Third Report on Shared Natural Resources: Transboundary Groundwaters*, by Mr. Chusei Yamada, Special Rapporteur, 11 February 2005.

A/CN.4/595: *Shared Natural Resources: Comments and Observations by Governments on the Draft Articles on the Law of Transboundary Aquifers*, 26 March 2008.

A/CN. 4/607: *Shared Natural Resources: Comments and Observations Received from Governments*, 29 January 2009.

■国際判例（年代順）

Alabama Case, 1872: *The Alabama Arbitration* (*United States of America v. Great Britain*), Arbitral Award of 14 September 1872, in J. B. Moore, *History and Digest of the International Arbitrations to which the United States has been a Party*, Vol. I (1898).

Mavrommatis Palestine Case, 1924: *Case of the Mavrommatis Palestine Concessions*, Judgment of 30 August 1924, *PCIJ Series*, A, No. 2.

Chorzów Factory Case, 1928: *Case Concerning the Factory at Chorzów* (*Germany v. Poland*), Judgment of 13 September 1928, *PCIJ Series* A, No. 17.

Order River Case, 1929: *Territorial Jurisdiction of the International Commission of the River Oder*, Judgment of 10 September 1929, *PCIJ Series* A, No. 23.

Meuse Diversion Case, 1937: *The Diversion of Water from the Meuse* (*Netherlands v. Belgium*), Judgment of 28 June 1937, *PCIJ Series* A/B., No. 70.

Trail Smelter Case, 1941: *Trail Smelter Arbitration* (*United States of America v. Canada*), Awards of 11 March 1941, *RIAA*, Vol. 3 (1949).

Corfu Channel Case, 1949: *Corfu Channel Case* (*United Kingdom of Great Britain and Northern Ireland v. Albania*), Judgment of 9 April 1949, *ICJ Reports* 1949.

Corfu Channel Compensation Case, 1949: *Corfu Channel Case* (*United Kingdom of Great Britain and Northern Ireland v. Albania*), Assessment of the amount of compensation, Judgment of 15 December 1949, *ICJ Reports* 1949.

Lake Lanoux Case, 1957: *Lake Lanoux Arbitration* (*France v. Spain*), Award of 16 November

1957, *ILR*, Vol. 24 (1957).

North Sea Continental Shelf Case, 1969: *North Sea Continental Shelf Case (Federal Republic of Germany / Denmark; Federal Republic of Germany / Netherlands)*, Judgment of 20 February 1969, *ICJ Reports* 1969.

Main Gulf Case, 1984: *Case concerning Delimitation of the Maritime Boundary in the Gulf of Maine Area (Canada / United States of America)*, Judgment of 12 October 1984, *ICJ Reports* 1984.

Nicaragua Military Activities Case, 1984: *Case Concerning Military and Paramilitary Activities in and against Nicaragua (Nicaragua v. United States of America)*, Judgment of 26 November 1984, *ICJ Reports* 1984.

Territorial Dispute Case, 1994: *Case Concerning the Territorial Dispute (Libyan Arab Jamahiriya / Chad)*, Judgment of 3 February 1994, *ICJ Reports* 1994.

Nuclear Weapons Case, 1996: *Legality of the Treat or Use of Nuclear Weapons*, Advisory opinion of 8 July 1996, *ICJ Reports* 1996.

Gabčíkovo-Nagymaros Project Case, 1997: *Case Concerning the Gabčíkovo-Nagymaros Project (Hungary/Slovakia)*, Judgment of 25 September 1997, *ICJ Reports* 1997.

Kasikili/Sedudu Island Case, 1999: *Case Concerning Kasikili/Sedudu Island (Botswana/Namibia)*, Judgment of 13 December 1999, *ICJ Reports* 1999.

Iron Rhine Case, 2005: *Arbitration regarding the Iron Rhine ("Ijzeren Rhine") Railway between the Kingdom and the Kingdom of the Netherlands*, PCA, Award of 24 May 2005, *RIAA*, Vol. 27.

Genocide Convention Application Case, 2007: *Case Concerning Application of the Convention on the Prevention and Punishment of the Crime of Genocide (Bosnia and Herzegovina v. Serbia and Montenegro)*, Judgment of 26 February 2007, *ICJ Reports* 2007.

Middle Rocks and South Ledge Case, 2008: *Case Concerning Sovereignty over Pedra Branca/Pulau Batu Puteh, Middle Rocks and South Ledge (Malaysia/Singapore)*, Judgment of 23 May 2008, *ICJ Reports* 2008.

Bkack Sea Maritime delimitation Case, 2009: *Maritime delimitation in the Black Sea (Romania v. Ukraine)*, Judgment of 3 February 2009, *ICJ Reports* 2009.

Navigational and Related Rights Case, 2009: *Dispute Regarding Navigational and Related Rights, (Costa Rica v. Nicaragua)*, Judgment of 13 July 2009, *ICJ Reports* 2009.

Pulp Mills Case, 2010: *Case Concerning Pulp Mills on the River Uruguay (Argentina v. Uruguay)*, Judgment of 20 April 2010, *ICJ Reports* 2010.

Seabed Activities Responsibility Case, 2011: *Responsibilities and Obligations of States*

Sponsoring Persons and Entities with respect to Activities in the Area (*Request for Advisory Opinion Submitted to the Seabed Disputes Chamber*), ITLOS, Advisory opinion of 1 February 2011, at https://www.itlos.org/fileadmin/itlos/documents/cases/case_no_17/17_adv_op_0102 11_en.pdf (Last access 3 May 2017).

Ogoniland ECOWAS Case, 2012: *SERAP v. Federal Republic of Nigeria*, ECW/ CCJ/ JUD/18/12, ECOWAS, Judgment of 14 December 2012, at http://www.courtecowas.org/site2012/pdf_files/decisions/judgements/2012/SERAP_V_FEDERAL_REPUBLIC_OF_NIGERIA.pdf (Last access 3 May 2018).

Kishenganga Case, Partial Award, 2013: *In the Matter of the Indus Waters Kishenganga Arbitration before the Court of Arbitration Constituted in Accordance with the Indus Waters Treaty 1960 between the Government of India and the Government of Pakistan Signed on 19 September 1960* (*Pakistan v. India*), PCA, Partial Award of 18 February 2013, at https://pca-cpa.org/en/cases/20/ (Last access 6 December 2017).

Kishenganga Case, Final Award, 2013: *In the Matter of the Indus Waters Kishenganga Arbitration before the Court of Arbitration Constituted in Accordance with the Indus Waters Treaty 1960 between the Government of India and the Government of Pakistan Signed on 19 September 1960* (*Pakistan v. India*), PCA, Final Award of 20 December 2013, at http://pca-cpa.org/en/cases/20/ (Last access 6 December 2017).

San Juan River Case, 2015: *Certain Activities Carried Out By Nicaragua in the Border Area* (*Costa Rica v. Nicaragua*) and *Construction of a Road in Costa Rica along the San Juan River* (*Nicaragua v. Costa Rica*), Judgment of 16 December 2015, *ICJ Reports* 2015.

South China Sea Case, 2016: *In the matter of the South China Sea Arbitration before an Arbitral Tribunal Constituted under Annex VII to the 1982 United Nations Convention on the Law of the Sea* (*Philippines v. China*), PCA, Award of 12 July 2016, at http://pcacases.com/web/search/ (Last access 3 May 2017).

Certain Activities Case, Compensation, 2018: *Certain Activities Carried Out By Nicaragua in the Border Area* (*Costa Rica v. Nicaragua*), *Compensation Owed By the Republic of Nicaragua to the Republic of Costa Rica*, 2 February 2018, at http://icj-cij.org (Last access 17 April 2018).

Silala Waters Case (Pending): *Dispute over the Status and Use of the Silala* (*Chile v. Bolivia*), pending, at http://icj-cij.org (Last access 11 October 2017).

引用文献一覧 323

■欧文文献（アルファベット順）

A-Khavari, A. & D. R. Rothwell, 1998, "The ICJ and the *Danube Dam Case*: A Missed Opportunity for International Environmental Law?" *Melbourne University Law Review*, Vol. 22, No. 3.

Anderson, K. J., 1972, "A History and Interpretation of Water Treaty of 1944," *Natural Resources Journal*, Vol. 12, No. 4.

Ando, N., 1981, "The Law of Pollution Prevention in International Rivers and Lakes," in R. Zacklin & L. Caflisch (eds.), *The Legal Regime of International Rivers and Lakes / Le régime juridique des fleuves et des lacs internationaux*, Martinus Nijhoff Publishers.

Aréchaga, E. J., 1978, "International Law in the Past Third of a Century," *Recueil des Cours* (*1978-I*), Tom. 159.

Bars, von L., 1910, "L'exploitation industrielle des cours d'eau internationaux au point de vue du droit international," *Revue Générale de Droit International Public*, Tom. 17.

Bates, R., 2010, "The Road to the Well: An Evaluation of the Customary Right to Water," *Review of European Community and International Environmental Law*, Vol. 19, No. 3.

Bennett, V. & L. A. Herzog, 2000, "U.S.-Mexico Borderland Water Conflicts and Institutional Change: A Commentary," *Natural Resources Journal*, Vol. 40, No. 4.

Benvenisti, E., 1996, "Collective Action in the Utilization of Shared Freshwater: The Challenges of International Water Resources Law," *American Journal of International Law*, Vol. 90, No. 3.

Benvenisti, E., 2002, *Sharing Transboundary Resources: International Law and Optimal Resource Use*, Cambridge University Press.

Benvenisti, E., 2012, "Water, Right to, International Protection," in R. Wolfrum (ed.), *The Max Planck Encyclopedia of Public International Law, Vol. X*, Oxford University Press.

Berber, F. J., 1959, *Rivers in International Law*, Stevens & Sons, revised and translated version of *Die Rechtsquellen des Internationalen Wassernutzungsrechts*, R. Oldenbourg, 1955.

Birnie, P., A. Boyle & C. Redgwell, 2009, *International Law and the Environment*, 3rd ed., Oxford University Press.

Boisson de Chazournes, L., 2013, *Fresh Water in International Law*, Oxford University Press.

Boisson de Chazournes, L., 2014, "The Notion of Environmental Flows and the Law Applicable to International Watercourses," *ASIL Proceedings*, Vol. 108.

Bogdanović, S., 2001, *International Law of Water Resources: Contribution of the International Law Association* (*1954-2000*), Kluwer Law International.

Bourne, C. B., 1971, "International Law and Pollution of International Rivers and Lakes," *University of British Columbia Law Review*, Vol. 6, No. 1.

Bourne, C. B., 1972, "Procedure in the Development of International Drainage Basins: The Duty to Consult and to Negotiation," *Canadian Yearbook of International Law*, Vol. 10.

Bourne, C. B., 1989, "The Law of International Waterways in its Institutional Aspects, " in W. Haller, A. Kölz, G. Müller & D. Thürer (eds.), *Im Dienst an der Gemeinschaft: Festschrift für Dietrich Schindler zum 65. Geburtstag / herausgegeben von Walter Haller*, Helbing & Lichtenhahn.

Bourne, C. B., 1992, "The International Law Commission's Draft Articles on the Law of International Watercourses: Principles and Planned Measures," *Colorado Journal of International Environmental Law and Policy*, Vol. 3, No. 1.

Bourne, C. B., 1997, "The Primacy of the Principle of Equitable Utilization in the 1997 Watercourses Convention," *Canadian Yearbook of International Law*, Vol. 35.

Bourne, C. B., 1998, "The *Case Concerning the Gabčikovo–Nagymaros Project*: An Important Milestone in International Water Law," *Yearbook of International Environmental Law*, Vol. 8, No. 1.

Bousek, E., 1913, "Ein Beitrag zum internationalen Wasserrecht," *Zeitschrift für Völkerrecht*, Bd. 7.

Boyle, A. E., 1990, "The Law of the Sea and International Watercourses: An Emerging Cycle," *Marine Policy*, Vol. 14, No. 2.

Boyle, A. E., 1998, "The *Gabčikovo–Nagymaros* Case: New Law in Old Bottles," *Yearbook of International Environmental Law*, Vol. 8, No. 1.

Boyle, A., 1999, "Codification of International Environmental Law and the International Law Commission: Injurious Consequences Revisited," in A. Boyle & D. Freestone (eds.), *International Law and Sustainable Development: Past Achievements and Future Challenges*, Oxford University Press.

Boyle, A., 2010, "Liability for Injurious Consequences of Acts Not Prohibited by International Law," in J. Crawford, A. Pellet & S. Olleson (eds.), *The Law of International Responsibility*, Oxford University Press.

Bremer, N., 2017 (a), "Post-environmental Impact Assessment Monitoring of Measures or Activities with Significant Transboundary Impact: An Assessment of Customary International Law," *Review of European Community and International Environmental Law*, Vol. 26, No. 1.

Bremer, N., 2017 (b), *The Regulation of the Non-Navigational Use of the Euphrates and Tigris River System: International Law Regulating the Distribution and Utilisation of the Water of*

Euphrates and Tigris Illustrated by the Atatürk and Ilisu Dams, Eleven International Publishing.

Brent, K. A., 2017, "The *Certain Activities* case: What Implications for the no-harm Rule?" *Asia Pacific Journal of Environmental Law*, Vol. 20, No. 1.

Brierly, J. L., 1949, *The Law of Nations: An Introduction to the International Law of Peace*, 4th ed., Clarendon Press.

Briggs, H. W., 1952, *The Law of Nations: Cases, Documents, and Notes*, 2nd ed., Appleton-Century-Crofts.

Browder., G. & L. Ortolano, 2000, "The Evolution of an International Water Resources Management Regime in the Mekong River Basin," *Natural Resources Journal*, Vol. 40, No. 3.

Brownell, H. and S. D. Eaton, 1975, "The Colorado River Salinity Problem with Mexico," *American Journal of International Law*, Vol. 69, No. 2.

Bruhács, J., 1993, *The Law of Non-Navigational Uses of International Watercourses*, Martinus Nijhoff Publishers.

Brunnée, J., 2016, "Procedure and Substance in International Environmental Law: Confused at a Higher Level?" *ESIL (European Society of International Law) Reflections*, Vol. 5, No. 6, at http://www.esil-sedi.eu/node/1344 (Last access 17 December 2017).

Brunnée, J. & S. J. Toope, 1994, "Environmental Security and Freshwater Resources: A Case for International Ecosystem Law," *Yearbook of International Environmental Law*, Vol. 5, No. 1.

Bulto, T. S., 2011, "The Emergence of the Human Right to Water in International Human Rights Law: Invention or Discovery?" *Melbourne Journal of International Law*, Vol. 12, No. 2.

Bulto, T. S., 2014, *The Extraterritorial Application of the Human Right to Water in Africa*, Cambridge University Press.

Busby, K., 2016, "Troubling Waters: Recent Developments in Canada on International Law and the Right to Water and Sanitation," *Canadian Journal of Human Rights*, Vol. 5.

Bush, W., 1967, "Compensation and the Utilization of International Rivers and Lakes: The Role of Compensation in the Event of Permanent Injury to Existing Uses of Water," in A. H. Garretson, R. D. Hayton & C. J. Olmstead (eds.), *The Law of International Drainage Basins*, Oceana Publications, Inc.

Caflisch, L., 1989, "The Law of International Waterways in its Institutional Aspects," in W. Haller, A. Kölz, G. Müller & D. Thürer (eds.), *Im Dienst an der Gemeinschaft: Festschrift für Dietrich Schindler zum 65. Geburtstag / herausgegeben von Walter Haller*, Helbing & Lichtenhahn.

Caflisch, L., 1994, "The Law of International Waterways and its Sources," in R. J. Macdonald (ed.), *Essays in Honour of Wang Tieya*, Martinus Nijhoff Publishers.

Caflisch, L., 1997, "La Convention du 21 mai 1997 sur l'utilisation des cours d'eau internationaux à des fins autres que la navigation," *Annuaire français de droit international*, Tom. 43.

Caflisch, L., 1998, "Regulation of the Uses of International Watercourses," in S. M. A. Salman & L. Boisson de Chazournes (eds.), *International Watercourses: Enhancing Cooperation and Managing Conflict* (World Bank Technical Paper No. 414), The World Bank.

Caflisch, L., 2003, "Judicial Means for Settling Water Disputes," in International Bureau of the Permanent Court of Arbitration (ed.), *Resolution of International Water Disputes*, Kluwer Law International.

Canelas de Castro, P., 1998, "The Judgment in the *Case Concerning the Gabčíkovo-Nagymaros Project*: Positive Signs for the Evolution of International Water Law," *Yearbook of International Environmental Law*, Vol. 8, No. 1.

Caponera, D. A., 2003, *National and International Water Law and Administration (Selected Weitings)*, Kluwer Law International.

Carroll, J. E., 1983, *Environmental Diplomacy: An Examination and a Prospective of Canada-U. S. Transboundary Environmental Relations*, The University of Michigan Press.

Carter, N. T., S. P. Mulligan & C. R. Seelke, 2017, "U.S.-Mexican Water Sharing: Background and Recent Developments," Congressional Research Service, 2 March 2017, at http://fas.org/sgp/crs/row/R43312.pdf (Last access 30 May 2017).

Castillo-Laborde, L., 2012, "Equitable Utilization of Shared Resources," in R. Wolfrum (ed.), *The Max Planck Encyclopedia of Public International Law, Vol. III*, Oxford University Press.

Chávarro, J. M., 2015, *The Human Right to Water: A Legal Comparative Perspective at the International, Regional and Domestic Level*, Intersentia Ltd.

Cogan, J. K., 2016, "Certain Activities Carried Out by Nicaragua in the Border Area (Costa Rica v. Nicaragua); Construction of a Road in Costa Rica along the San Juan River (Nicaragua v. Costa Rica)," *American Journal of International Law*, Vol. 110, No. 2.

Colliard, C. A., 1977, "Legal Aspects of Transfrontier Pollution of Fresh Water," in OECD, *Legal Aspects of Transfrontier Pollution*, OECD.

Craik, N., 2008, *The International Law of Environmental Impact Assessment: Process, Substance and Integration*, Cambridge University Press.

Craik, N., 2015, "Principle 17: Environmental Impact Assessment," in J. E. Viñuales (ed.), *The Rio Declaration on Environment and Development: A Commentary*, Oxford University Press.

Crook, J. R., 2014, "*In re* Indus Waters Kishenganga Arbitration (Pakistan v. India)," *American*

Journal of International Law, Vol. 108, No. 2.

Daibes-Murad, F., 2005, *A New Legal Framework for Managing the World's Shared Groundwaters: A Case Study from the Middle East*, IWA Publishing.

Dellapenna, J. W., 1994, "Treaties as Instruments for Managing Internationally-Shared Water Resources: Restricted Sovereignty vs. Community of Property," *Case Western Reserve Journal of International Law*, Vol. 26, No. 1.

Dellapenna, J. W., 2001, "The Evolving International Law of Transnational Aquifers," in E. Feitelson & M. Haddad (eds.), *Management of Shared Groundwater Resources: The Israeli-Palestinian Case with an International Perspective*, Kluwer Academic Publishers.

Dellapenna, J. W., 2003, "The Customary International Law of Transboundary Fresh Waters," in M. Fitzmaurice & M. Szuniewicz (eds.), *Exploitation of Natural Resources in the 21st Century*, Kluwer Law International.

Dickstein, H. L., 1973, "International Law and River Pollution Control: Questions of Method," *Columbia Journal of Transnational Law*, Vol. 12, No. 3.

Dupuy, P. M., 1977, "International Liability of States for Damage Caused by Transfrontier Pollution," in OECD, *Legal Aspects of Transfrontier Pollution*, OECD.

Dupuy, P. M., 1980, "International Liability for Transfrontier Pollution," in M. Bothe (ed.), *Trends in Environmental Policy and Law*, IUCC.

Dupuy, P. M., 1992, *Droit international public*, Dalloz.

Dupuy, P. M. & J. E. Viñuales, 2018, International Environmental Law, 2nd ed., Cambridge University Press.

Duvic-Paoli, L-A., 2018, *The Prevention Principle in International Environmental Law*, Cambridge University Press.

Duvic-Paoli, L-A. & J. E. Viñuales, 2015, "Principle 2: Prevention," in J. E. Viñuales (ed.), *The Rio Declaration on Environment and Development: A Commentary*, Oxford University Press.

Eckstein, G., 2005, "A Hydrogeological Perspective of the Status of Ground Water Resources under the UN Watercourse Convention," *Columbia Journal of Environmental Law*, Vol. 30, No. 3.

Eckstein, G., 2017, *The International Law of Transboundary Groundwater Resources*, Routledge.

ECOSOC, 1997, "Comprehensive Assessment of the Freshwater Resources of the World, Report of the Secretary-General," E/CN.17/1997/19.

Elver, H., 2002, *Peaceful Uses of International Rivers: The Euphrates and Tigris Rivers Dispute*, Transnational Publishers.

Epiney, A., 2012, "Environmental Impact Assessment," in R. Wolfrum (ed.), *The Max Planck*

Encyclopedia of Public International Law, Vol. III, Oxford University Press.

Farrajota, M. M., 2005, "Notification and Consultation in the Law Applicable to International Watercourses," in L. Boisson de Chazournes & S. M. A. Salman (eds.), *Les ressources en eau et le droit international / Water Resources and International Law*, Martinus Nijhoff.

Fenwick, C. G., 1948, *International Law*, 3rd ed., Appleton-Century-Crofts.

Filmer-Wilson, E., 2005, "The Human Rights-Based Approach to Development: The Right to Water," *Netherlands Quarterly of Human Rights*, Vol. 23, No. 2.

Fitzmaurice, M., 1995, "The Law of Non-Navigational Uses of International Watercourses: The International Law Commission Completes its Draft," *Leiden Journal of International Law*, Vol. 8, No. 2.

Fitzmaurice, M., 2010, "Protection of International Watercourses," in N. A. M. Gutierrez (ed.), *Serving the Rule of International Maritime Law: Essays in Honour of Professor David Joseph Attard*, Routledge.

Fitzmaurice., M. & O. Elias, 2004, *Watercourse Co-operation in Northern Europe: A Model for the Guture*, TMC Asser Press.

French, D., 2017, "The Sofia Guiding Statements on Sustainable Development Principles in the Decisions of International Tribunals," in M. C. Segger & C. G. Weeramantry (eds.), *Sustainable Development Principles in the Decisions of International Courts and Tribunals: 1992-2012*, Routledge.

Fry, J. D. & A. Chong, 2016, "International Water Law and China's Management of its International Rivers," *Boston College International and Comparative Law Review*, Vol. 39, No. 2.

Fuentes, X., 1996, "The Criteria for the Equitable Utilization of International Rivers," *British Year Book of International Law*, Vol. 67, No. 1.

Fuentes, X., 1998, "Sustainable Development and the Equitable Utilization of International Watercourses," *British Year Book of International Law*, Vol. 69, No. 1.

Gao, Q., 2014, *A Procedural Framework for Transboundary Water Management in the Mekong River Basin: Shared Mekong for a Common Future*, Brill Nijhoff.

GWP, Technical Advisory Committee, 2000, *Integrated Water Recources Management* (TAC Background Papers, No. 4), at file:///F:/04-integrated-water-resources-management-2000-english.pdf (Last access 4 November 2018).

Godana, B. A., 1985, *Africa's Shared Water Resources: Legal and Institutional Aspects of the Nile, Niger and Senegal River Systems*, Frances Printer.

Goldie, L. F. E., 1970, "International Principles of Responsibility for Pollution," *Columbia*

Journal of Transnational Law, Vol. 9, No. 2.

Hafner, G., 1993, "The Optimum Utilization Principle and the Non-Navigational Uses of Drainage Basins," *Austrian Journal of Public and International Law*, Vol. 45.

Hall, R. E., 2004, "Transboundary Groundwater Management: Opportunities under International Law for Groundwater Management in the United States-Mexico Border Region," *Arizona Journal and Comparative Law*, Vol. 21, No. 3.

Handl, G., 1975 (a), "Balancing of Interests and International Liability for the Pollution of International Watercourses: Customary Principles of Law Revisited," *Canadian Yearbook of International Law*, Vol. 13.

Handl, G., 1975 (b), "Territorial Sovereignty and the Problem of Transnational Pollution," *American Journal of International Law*, Vol. 69, No. 1.

Handl, G., 1978-1979, "The Principle of 'Equitable Use' as Applied to Internationally Shared Natural Resources: Its Role in Resolving Potential International Disputes over Transfrontier Pollution," *Revue belge de droit international*, Vol. 14, No. 1.

Handl, G., 1980, "State Liability for Accidental Transnational Environmental Damage by Private Persons," *American Journal of International Law*, Vol. 74, No. 3.

Handl, G., 1985, "Liability as an Obligation Established by a Primary Rule of International Law: Some Basic Reflections on the International Law Commission's Work," *Netherlands Yearbook of International Law*, Vol. 16.

Handl, G., 1986, "National Uses of Transboundary Air Resources: The International Entitlement Issue Reconsidered," *Natural Resources Journal*, Vol. 26, No. 3.

Handl, G., 1991, "Environmental Security and Global Change: The Challenge to International Law," in W. Lang, H. Neuhold & K. Zemanek (eds.), *Environmental Protection and International Law*, Graham & Trotman.

Handl, G., 1992, "The International Law Commission's Draft Articles on the Law of International Watercourses (General Principles and Planned Measures): Progressive or Retrogressive Development of International Law?" *Colorado Journal of International Environmental Law and Policy*, Vol. 3, No. 1.

Hanqin, X., 2003, *Transboundary Damage in International Law*, Cambridge University Press.

Hardberger, A., 2016, "Forgetting Nature: The Importance of Including Environmental Flows in International Water Agreements," *Oregon Review of International Law*, Vol. 17, No. 2.

Harrison, J., 2017, *Saving the Oceans Through Law: The International Legal Framework for the Protection of the Marine Environment*, Oxford University Press.

Helal, M. S., 2007, "Sharing Blue Gold: The 1997 UN Convention on the Law of the

Non-Navigational Uses of International Watercourses Ten Years On," *Colorado Journal of International Environmental Law and Policy*, Vol. 18, No. 2.

Heffter, A. W., 1888, *Das europäische Völkerrecht der Gegenwart auf den bisherigen Grundlagen*, H.W. Müller.

Hey, E., 1992, "The Precautionary Concept in Environmental Policy and Law: Institutionalizing Caution," *Georgetown International Environmental Law Review*, Vol. 4, No. 2.

Hey, E., 1995, "Sustainable Use of Shared Water Resources: the Need for a Paradigmatic Shift in International Watercourses Law," in G. H. Blake, W. J. Hildesley, M. A. Pratt, R. J. Ridley & C. H. Schofield (eds.), *The Peaceful Management of Transboundary Resources*, Graham & Trotman.

Hey, E., 1998, "The Watercourses Convention: To What Extent Does it Provide a Basis for Regulating Uses of International Watercourses?" *Review of European Community and International Environmental Law*, Vol. 7, No. 3.

Holstein, T. O., 1975, "State Responsibility and the Law of International Watercourses," *Lawyer of the Americas*, Vol. 7, No. 3.

Huber, M., 1907, "Ein Beitrag zur Lehre von der Gebietshoheit an Grenzflüssen," *Zeitschrift für Völkerrecht und Bundesstaatsrecht*, Bd. 2.

Islam, N., 2010, *The Law of Non-Navigational Uses of International Watercourses: Options for Regional Regime-Building in Asia*, Kluwer Law International.

Jaeckel, A. L., 2017, *The International Seabed Authority and the Precautionary Principle: Balancing Deep Seabed Mineral Mining and Marine Environmental Protection*, Brill Nijhoff.

Johnson, R. W., 1960, "Effect of Existing Uses on the Equitable Apportionment of International Rivers I: An American View," *University of British Columbia Law Review*, Vol. 1, No. 3.

Jong, D. D., 2015, *International Law and Governance of Natural Resources in Conflict and Post-Conflict Situations*, Cambridge University Press.

Kaufmann, E., 1936, *Règles générales du droit de la paix*, Recueil Sirey.

Kaya, I., 2003, *Equitable Utilization: The Law of the Non-Navigational Uses of International Watercourses*, Ashgate.

Kelson, J. M., 1972, "State Responsibility and the Abnormally Dangerous Activity," *Harvard International Law Journal*, Vol. 13, No. 2.

King, J. S., P. W. Culp & C. de la Parra, 2014, "Getting to the Right Side of the River: Lessons for Binational Cooperation on the Road to Minute 319," *University of Denver Water Law*, Vol. 18, No. 1.

Kirgis, Jr., F. L., 1983, *Prior Consultation in International Law: A Study of State Practice*,

Charlottesville: University Press of Virginia.

Kiss, A., 1986, "The International Protection of the Environment," in R. St.J. Macdonald & D. M. Johnston (eds.), *The Structure and Process of International Law: Essays in Legal Philosophy Doctrine and Theory*, Martinus Nijhoff Publishers.

Kiss, A. C. H. & D. Shelton, 2004, *International Environmental Law*, 3rd ed., Transnational Publishers.

Klüber, J. L., 1821, *Europäisches Völkerrecht*, J.G. Cotta.

Koivurova, T., 2012, "Due Diligence," in R. Wolfrum (ed.), *The Max Planck Encyclopedia of Public International Law, Vol. III*, Oxford University Press.

Koyano, M., 2011, "The Significance of Procedural Obligations in International Environmental Law: Sovereignty and International Co-operation," *Japanese Yearbook of International Law*, Vol. 54.

Kulesza, J., 2016, *Due Diligence in International Law*, Brill Nijhoff.

Lammers, J. G., 1984, *Pollution of International Watercourses: A Search for Substantive Rules and Principles of Law*, Martinus Nijhoff Publishers.

Lammers, J. G., 1985, "'Balancing the Equities' in International Environmental Law," in R. Dupuy (ed.), *L'Avenir du droit international de l'environnement: colloque, La Haye, 12-14 novembre 1984*, Martinus Nijhoff Publishers.

Lammers, J. G., 1991, "International and European Community Law Aspects of Pollution of International Watercourses," in W. Land, H. Neuhold & K. Zemanek (eds.), *Environmental Protection and International Law*, Graham & Trotman / Martinus Nijhoff.

Lammers, J. G., 1992, "Commentary on Papers Presented by Charles Bourne and Alberto Székely", *Colorado Journal of International Environmental Law and Policy*, Vol. 3, No. 1.

Lefeber, R., 1996, *Transboundary Environmental Interference and the Origin of State Liability*, Kluwer Law International.

Leb, C., 2013, *Cooperation in the Law of Transboundary Water Resources*, Cambridge University Press.

Lederle, A., 1920, *Das Recht der internationalen Gewässer unter besonderer Berücksichtigung Europas: eine völkerrechtliche Studie*, J. Bensheimer.

Lester, A. P., 1963, "River Pollution in International Law," *American Journal of International Law*, Vol. 57, No. 4.

Lipper, J., 1967, "Equitable Utilization," in A. H. Garretson, R. D. Hayton & C. J. Olmstead (eds.), *The Law of International Drainage Basins*, Oceana Publications, Inc.

Louka, E., 2006, *International Environmental Law: Fairness, Effectiveness, and World Order*,

Cambridge University Press.

Loures, F. R., 2015, "History and Status of the Community-of-Interests Doctrine," in T. Tvedt, O. McIntyre & T. K. Woldetsadik (eds.), *A History of Water: Sovereignty and International Water Law*, I.B.Tauris.

Lowe, V., 2007, *International Law*, Oxford University Press.

Martin-Nagle, R., 2011, "Fossil Aquifers: A Common Heritage of Mankind," *Journal of Environmental Law*, Winter.

McCaffrey, S. C., 1973, "Trans-Boundary Pollution Injuries: Jurisdictional Considerations in Private Litigation between Canada and the United States," *California Western International Law Journal*, Vol. 3, No. 2.

McCaffrey, S. C., 1989, "The Law of International Watercourses: Some Recent Developments and Unanswered Questions," *Denver Journal of International Law and Policy*, Vol. 17, No. 3.

McCaffrey, S. C., 1990, "The International Law Commission and Its Efforts to Codify the International Law of Waterways," *Schweizerisches Jahrbuch für internationals Recht*, Vol. 47.

McCaffrey, S. C., 1992, "A Human Right to Water: Domestic and International Implications," *Georgetown International Environmental Law Review*, Vol. 5, No. 1.

McCaffrey, S. C., 1993, "The Evolution of the Law of International Watercourses," *Austrian Journal of Public and International Law*, Vol. 45.

McCaffrey, S. C., 1995, "The International Law Commission Adopts Draft Articles on International Watercourses," *American Journal of International Law*, Vol. 89, No. 2.

McCaffrey, S. C., 1996, "An Assessment of the Work of the International Law Commission," *Natural Resources Journal*, Vol. 36, No. 2.

McCaffrey, S. C., 1997 (a), "Water Scarcity: Institutional and Legal Responses," in E. H. P. Brans, E. J. Haan, A. Nollkaemper & J. Rinzema (eds.), *The Scarcity of Water: Emerging Legal and Policy Responses*, Kluwer Law International.

McCaffrey, S. C., 1997 (b), "The Coming Fresh Water Crisis: International Legal and Institutional Responses," *Vermont Law Review*, Vol. 21, No. 3.

McCaffrey, S. C., 1998, "Action relative aux différents espaces / Action Relating to the Various Spaces: Section 1, International Watercourses," in R. Dupuy (ed.), *Manuel sur les organisations internationals / A Handbook on International Organizations*, Martinus Nijhoff Publishers.

McCaffrey, S. C., 1999, "International Groundwater Law: Evolution and Context," in S. M. A. Salman (ed.), *Groundwater: Legal and Policy Perspectives* (World Bank Technical Paper No. 456), The World Bank.

McCaffrey, S. C., 2003, "Water Disputes Defined: Characteristics and Trends for Resolving Them," in The International Bureau of the Permanent Court of Arbitration (ed.), *Resolution of International Water Disputes*, Kluwer Law International.

McCaffrey, S. C., 2005, "The Human Right to Water," in E. B. Weiss, L. Boisson de Chazournes, & N. Bernasconi-Osterwalder (eds.), *Fresh Water and International Economic Law*, Oxford University Press.

McCaffrey, S. C., 2007, *The Law of International Watercourses*, 2nd ed., Oxford University Press.

McCaffrey, S. C., 2013, "The Progressive Development of International Water Law," in F. R. Loures & A. Rieu-Clarke (eds.), *The UN Watercourses Convention in Force: Strengthening International Law for Transboundary Water Management*, Earthscan.

McCaffrey, S. C., 2016, "The Human Right to Water: A False Promise?" *University of the Pacific Law Review*, Vol. 47, No. 2.

McCaffrey, S. C. & R. Rosenstock, 1996, "The International Law Commission's Draft Articles on International Watercourses: an Overview and Commentary," *Review of European Community and International Environmental Law*, Vol. 5, No. 2.

McCaffrey, S. C. & M. Sinjela, 1998, "Current Developments: The 1997 United Nations Convention on International Watercourses," *American Journal of International Law*, Vol. 92, No. 1.

McIntyre, O., 1998, "Environmental Protection of International Rivers," *Journal of Environmental Law*, Vol. 10, No. 1.

McIntyre, O. 2004, "The Emergence of an 'Ecosystem Approach' to the Protection of International Watercourses under International Law," *Review of European Community and International Environmental Law*, Vol. 13, No. 1.

McIntyre, O., 2006, "The Role of Customary Rules and Principles of International Environmental Law in the Protection of Shared International Freshwater Resources," *Natural Resources Journal*, Vol. 46, No. 1.

McIntyre, O., 2007, *Environmental Protection of International Watercourses under International Law*, Ashgate.

McIntyre, O., 2010, "The Proceduralisation and Growing Maturity of International Water Law," *Journal of Environmental Law*, Vol. 22, No. 3.

McIntyre, O., 2011, "International Water Resources Law and the International Law Commission on Draft Articles on Transboundary Aquifers: A Missed Opportunity for Cross-Fertilisation?" *International Community Law Review*, Vol. 13, No. 3.

McIntyre, O., 2014, "The Protection of Freshwater Ecosystems Revisited: Towards a Common Understanding of the 'Ecosystems Approach' to the Protection of Transboundary Water Resources," *Review of European Community and International Environmental Law*, Vol. 23, No. 1.

McIntyre, O., 2015(a), "The Principle of Equitable and Reasonable Utilisation," in A. Tanzi, O. McIntyre, A. Kolliopoulos, A. Rieu-Clark & R. Kinna (eds.), *The UNECE Convention on the Protection and Use of Transboundary Watercourses and International Lakes: Its Contribution to International Water Cooperation*, Brill Nijhoff.

McIntyre, O., 2015(b), "The UNECE Water Convention and the Human Right to Access to Water: The Protocol on Water and Health," in A. Tanzi, O. McIntyre, A. Kolliopoulos, A. Rieu-Clark & R. Kinna (eds.), *The UNECE Convention on the Protection and Use of Transboundary Watercourses and International Lakes: Its Contribution to International Water Cooperation*, Brill Nijhoff.

McIntyre, O., 2016, "The Making of International Natural Resources Law," in C. Brölmann & Y. Radi (eds.), *Research Handbook on the Theory and Practice of International Lawmaking*, Edward Elgar.

McIntyre, O., 2017, "Substantive Rules of International Water Law," in A. Rieu-Clarke, A. Allan & S. Hendry (eds.), *Routledge Handbook of Water Law and Policy*, Routledge.

Mechlem, K., 2003, "International Groundwater Law: Towards Closing the Gaps?" *Yearbook of International Environmental Law*, Vol. 14.

Mechlem, K., 2009, "Moving Ahead in Protecting Freshwater Resources: The International Law Commission's Draft Articles on Transboundary Aquifers," *Leiden Journal of International Law*, Vol. 22, No. 4.

Merrills, J. G., 2005, *International Dispute Settlement*, 4th ed., Cambridge University Press.

Moussa, J., 2015, "Implications of the Indus Water *Kishenganga* Arbitration for the International Law of Watercourses and the Environment," *International and Comparative Law Quarterly*, Vol. 64, No. 3.

Mumme, S. P., 1999, "Managing Acute Water Scarcity on the U.S.-Mexico Border: Institutional Issues Raised by the 1990's Drought," *Natural Resources Journal*, Vol. 39, No. 1.

Mumme, S. P., 2016, "Enhancing the U.S.-Mexico Treaty Regime on Transboundary Rivers: Minutes 317-319 and the Elusive Environmental Minute," *Journal of Water Law*, Vol. 25, No. 1.

Murase, S., 2016, "ILC, Third Report on the Protection of the Atmosphere, by Mr. Shinya Murase, Special Rapporteur", A/CN.4/692.

Nollkaemper, A., 1993, *The Legal Regime for Transboundary Water Pollution: Between Discretion and Constraint*, Graham & Trotman.

Nollkaemper, A., 1996, "The Contribution of the International Law Commission to International Water Law: Does it Reverse the Flight from Substance?" *Netherlands Yearbook of International Law*, Vol. 27.

Ochoa-Ruiz, N., 2005, "Dispute Settlement over Non-Navigational Uses on International Watercourses: Theory and Practice," in L. Boisson de Chazournes & S. M. A. Salman (eds.), *Les ressources en eau et le droit international / Water Resources and International Law*, Martinus Nijhoff.

Okowa, P., 1997, "Procedural Obligations in International Environmental Agreements," *British Year Book of International Law*, Vol. 67, No. 1.

Ong, D. M., 2006, "International Environmental Law's 'Customary' Dilemma: Betwixt General Principles and Treaty Rules," *Irish Yearbook of International Law*, Vol. 1.

Pallemaerts, M., 1988, "International Legal Aspects of Long-Range Transboundary Air Pollution," *Hague Yearbook of International Law*, Vol. 1.

Pichyakorn, B., 2005, "International Watercourses Law: The Experience of the Mekong River Basin," in S. P. Subedi (ed.), *International Watercourses Law for the 21st Century: The Case of the River Ganges Basin*, Ashgate.

Pisillo-Mazzeschi, R., 1991, "Forms of International Responsibility for Environmental Harm," in F. Francioni & T. Scovazzi (eds.), *International Responsibility for Environmental Harm*, Graham & Trotman.

Pisillo-Mazzeschi, R., 1992, "The Due Diligence Rule and the Nature of the International Responsibility of States," *German Yearbook of International Law*, Vol. 35.

Plakokefalos, I., 2012, "Prevention Obligation in International Environmental Law," *Yearbook of International Environmental Law*, Vol. 23, No. 1.

Reis, T. H., 2011, *Compensation for Environmental Damages under International Law: The Role of the International Judge*, Wolters Kluwer Law & Business.

Rieu-Clarke, A., 2005, *International Law and Sustainable Development*, IWA Publishing.

Rieu-Clarke, A., 2008, "Survey of International Law Relating to Flood Management: Existing Practices and Future Prospects," *Natural Resources Journal*, Vol. 48, No. 3.

Rieu-Clarke, A., Moynihan, R. & B. Magsig, 2012, *UN Watercourses Convention: User's Guide*, at http: //reliefweb. int/sites/reliefweb. int/files/resources/UN%20Watercourses%20 Convention%20-%20Users%20Guide.pdf (Last access 4 November 2017).

Romano, C. P. R., 2000, *The Peaceful Settlement of International Environmental Disputes*,

Kluwer Law International.

Rudall, J., 2018, "International Decisions: Certain Activities Carried Out by Nicaragua in the Border Area (Costa Rica v. Nicaragua). Compensation Owed by the Republic of Nicaragua to the Republic of Costa Rica," *American Journal of International Law*, Vol. 112, No. 2.

Sadeleer, N., 2002, *Environmental Principles: From Political Slogans to Legal Rules*, Oxford University Press.

Salman, S. M. A., 2005, "Evolution and Context of International Water Resources Law," in L. Boisson de Chazournes & S. M. A. Salman (eds.), *Les ressources en eau et le droit international / Water Resources and International Law*, Martinus Nijhoff.

Salman, S. M. A., 2007 (a), "The Helsinki Rules, the UN Watercourses Convention and the Berlin Rules: Perspectives on International Water Law," *Water Resources Development*, Vol. 23, No. 4.

Salman, S. M. A., 2007 (b), "The United Nations Watercourses Convention Ten Years Later: Why Has its Entry into Force Proven Difficult?" *Water International*, Vol. 32, No. 1.

Salman, S. M. A., 2010, "Downstream Riparians can also Harm Upstream Riparians: The Concept of Foreclosure of Future Uses," *Water International*, Vol. 35, No. 4.

Sands, P., 2003, *Principles of International Environmental Law*, 2nd ed., Cambridge University Press.

Sands, P. & J. Peel, 2018, *Principles of International Environmental Law*, 4th ed., Cambridge University Press.

Schachter, O., 1991, "The Emergence of International Environmental Law," *Journal of International Affairs*, Vol. 44, No. 2.

Schade, W., 1934, *Wesen und Umfang des Staatsgebietes*, Verlag für Staatswissenschaften und Geschichte.

Schenkl, K., 1902, *Das badische Wasserrecht: enthaltend das Wassergesetz vom 26. Juni 1899 nebst den Vollzugsvorschriften und den sonftigen wasserrechtlichen Bestimmungen*, Druck und Verlag der G. Braun'schen Hofbuchhandlung.

Shelton, D., 2007, "Equity," in D. Bodansky, J. Brunnée & E. Hey (eds.), *The Oxford Handbook of International Environmental Law*, Oxford University Press.

Shigeta, Y., 2000, "Some Reflections on the Relationship between the Principle of *Equitable Utilization* of International Watercourses and the Obligation *Not To Cause Transfrontier Pollution Harm*," *Asian Yearbook of International Law*, Vol. 9.

Smedresman, P. S., 1973, "The International Joint Commission (United States–Canada) and the International Boundary and Water Commission (United States–Mexico): Potential for

Environmental Control along the Boundaries," *New York University Journal of International Law and Politics*, Vol. 6, No. 3.

Smith, H. A., 1931, *The Economic Uses of International Rivers*, P. S.& Son, Ltd.

Springer, A. L., 1977, "Towards a Meaningful Concept of Pollution in International Law," *International and Comparative Law Quarterly*, Vol. 26, No. 3.

Stec, S. & G. E. Eckstein, 1998, "Of Solemn Oaths and Obligations: The Environmental Impact of the ICJ's Decision in the Case Concerning the *Gabčíkovo–Nagymaros Project*," *Yearbook of International Environmental Law*, Vol. 8, No. 1.

Stephan, R, M., 2011, "The Draft Articles on the Law of Transboundary Aquifers: The Process at the UN ILC," *International Community Law Review*, Vol. 13, No. 3.

Stitt, T., 2005, "Evaluating the Preliminary Draft Articles on Transboundary Groundwaters Presented by Special Rapporteur Chusei Yamada at the 56th Session of the International Law Commission in Geneva, May 2004," *Georgetown International Environmental Law Review*, Vol. 17, No. 2.

Subedi, S. P., 2003, "The Legal Regime Concerning the Utilization of the Water Resources of the River Ganges Basin," *German Yearbook of International Law*, Vol. 46.

Tanaka, Y., 2017, "*Costa Rica v. Nicaragua and Nicaragua v. Costa Rica*: Some Reflections on the Obligation to Conduct an Environmental Impact Assessment," *Review of European Community and International Environmental Law*, Vol. 26, No. 1.

Tanzi, A., 1997 (a), "Codifying the Minimum Standards of the Law of International Watercourses: Remarks on Part One and a Half," *Natural Resources Forum*, Vol. 21, No. 2.

Tanzi, A., 1997 (b), "The Completion of the Preparatory Work for the UN Convention on the Law of International Watercourses, *Natural Resources Forum*, Vol. 21, No. 4.

Tanzi, A., 1998, "The UN Convention on International Watercourses as a Framework for the Avoidance and Settlement of Waterlaw Disputes," *Leiden Journal of International Law*, Vol. 11, No. 3.

Tanzi, A., 2001, "Recent Trends in International Water Law Dispute Settlement," in The International Bureau of the Permanent Court of Arbitration (ed.), *International Investments and Protection of the Environment*, Kluwer Law International.

Tanzi, A. & M. Arcari, 2001, *The United Nations Convention on the Law of International Watercourses: A Framework for Sharing*, Kluwer Law International.

Tanzi, A. & A. Kolliopoulos, 2015, "The No-Harm Rule," in A. Tanzi, O. McIntyre, A. Kolliopoulos, A. Rieu-Clark & R. Kinna (eds.), *The UNECE Convention on the Protection and Use of Transboundary Watercourses and International Lakes: Its Contribution to*

International Water Cooperation, Brill Nijhoff.

Tanzi, A., A. Kolliopoulos & N. Nikiforova, 2015, "Normative Features of the UNECE Water Convention," in A. Tanzi, O. McIntyre, A. Kolliopoulos, A. Rieu-Clark & R. Kinna (eds.), *The UNECE Convention on the Protection and Use of Transboundary Watercourses and International Lakes: Its Contribution to International Water Cooperation*, Brill Nijhoff.

Tarlock, A. D., 2010, "Four Challenges for International Water Law," *Tulane Environmental Law Journal*, Vol. 23, No. 2.

Teclaff, L. A., 1967, *The River Basin in History and Law*, Martinus Nijhoff.

Thalmann, H., 1951, *Grundprinzipien des modernen zwischenstaatlichen Nachbarrechts*, Polygraphischer.

Thielbörger, P., 2014, *The Right(s) to Water: The Multi-Level Governance of a Unique Human Right*, Springer.

Traversi, C., 2011, "The Inadequacies of the 1997 Convention on International Water Courses and 2008 Draft Articles on the Law of Transboundary Aquifers", *Houston Journal of International Law*, Vol. 33, No. 2.

Trouwborst, A., 2006, *Precautionary Rights and Duties of States*, Martinus Nijhoff.

Umoff, A. A., 2008, "An Analysis of the 1944 U.S.-Mexico Water Treaty: Its Past, Present, and Future," *Environs Environmental Law and Policy Journal*, Vol. 32, No. 1.

UNEP Atlas, 2002, *Atlas of International Freshwater Agreements*, at http://transboundarywaters. science. oregonstate. edu/sites/transboundarywaters. science. oregonstate. edu/files/Database/ ResearchProjects/AtlasFreshwaterAgreements.pdf (Last access 26 July 2018).

Utton, A. E., 1996, "Which Rule Should Prevail in International Water Disputes: That of Reasonableness or that of No Harm?" *Natural Resources Journal*, Vol. 36, No. 3.

Utton, A. E.& J. Utton, 1999, "The International Law of Minimum Streams Flows," *Colorado Journal of International Environmental Law and Policy*, Vol. 10, No. 1.

Verner, R. E., 2003, "Short Term Solutions, Interim Surplus Guidelines, and the Future of the Colorado River Delta," *Colorado Journal of International Environmental Law*, Vol. 14, No. 2.

Versteeg, M., 2007, "Equitable Utilization or the Right to Water?: Legal Responses to Global Water Security," *Tilburg Law Review*, Vol. 13, No. 4.

Weiss, E. B., 2011, "The Evolution of International Environmental Law," *Japanese Yearbook of International Law*, Vol. 54.

Weiss, E. B., 2013, *International Law for a Water-Scarce World*, Martinus Nijhoff.

Weiss, E. B., D. B. Magraw, S. C. McCaffrey, S. Tai & A. D. Tarlock, 2015, *International Law for the Environment*, West Academic Publishing.

Wenig, J. M., 1995, "Water and Peace: The Past, the Present, and the Future of the Jordan River Watercourse: An International Law Analysis," *New York University Journal of International Law and Politics*, Vol. 27, No. 2.

Wierils, K. & Schulte-Wülwer-Leidig, A., 1997, "Integrated Water Management for the Rhine River Basin from Pollution Prevention to Ecosystem Improvement," *Natural Resources Forum*, Vol. 21, No. 2.

Williams, P. R., 2000, *International Law and the Resolution of Central and East European Transboundary Environmental Disputes*, St. Martin's Press.

Winkler, I. T., 2012, *The Human Right to Water: Significance, Legal Status and Implications for Water Allocation*, Hart Publishing.

World Water Assessment Programme, 2003, *The United Nations World Water Development Report: Water for People Water for Life*, UNESCO & Berghahn Books, at http://unesdoc.unesco.org/images/0012/001297/129726e.pdf (Last access 26 July 2018).

World Water Assessment Programme, 2018, *The United Nations World Water Development Report 2018: Nature-Based Solutions for Water*, UNESCO, at http://unesdoc.unesco.org/images/0026/002614/261424e.pdf (Last access 26 July 2018).

Wouters, P. K., 1992, "Allocation of the Non-Navigational Uses of International Watercourses: Efforts at Codification and the Experience of Canada and the United States," *Canadian Yearbook of International Law*, Vol. 30.

Wouters, P., 1996, "An Assessment of Recent Developments in International Watercourse Law through the Prism of the Substantive Rules Governing Use Allocation," *Natural Resources Journal*, Vol. 36, No. 2.

Wouters, P., 1999, "The Legal Response to International Water Conflicts: The UN Watercourses Convention and Beyond," *German Yearbook of International Law*, Vol. 42.

Zemanek, K., 1991, "State Responsibility and Liability," in W. Lang, H. Neuhold & K. Zemanek (eds.), *Environmental Protection and International Law*, Graham & Trotman.

Ziganshina, D., 2014, *Promoting Transboundary Water Security in the Aral Sea Basin through International Law*, Brill Nijhoff.

■邦文文献（五十音順）

秋月弘子　2016「航行権および関連する権利に関する紛争事件」横田洋三・廣部和也・山村恒雄編『国際司法裁判所　判決と意見・第4巻（2005-10年）』、国際書院。

石橋可奈美　1996「環境影響評価（EIA）と国際環境法の遵守」柳原正治編『国際社会

の組織化と法（内田久司先生古稀記念）』、信山社）。

石橋可奈美　2011「領域使用の管理責任――トレイル熔鉱所事件――」小寺彰・森川幸一・西村弓編『国際法判例百選〔第2版〕』、有斐閣。

石橋可奈美　2014「環境保護実現と水に対する権利――人権法アプローチにおけるその有用性――」東京外国語大学論集、第88号。

石橋可奈美　2018「国際環境法における手続的義務の発展とそのインプリケーション――『国境地帯におけるニカラグアの活動（コスタリカ対ニカラグア）』事件及び『サンフアン川沿いのコスタリカ領における道路建設事件（ニカラグア対コスタリカ）』事件を通じて――」柳原正治編『変転する国際社会と国際法の機能（内田久司先生追悼）』、信山社。

一之瀬高博　2008『国際環境法における通報協議義務』、国際書院。

井上秀典　2005「国際水環境紛争における衡平な利用原則の検討」人間環境論集（法政大学）、第6巻第1号。

岩石順子　2011「共有天然資源――地下水に関する条文草案の概要と評価――」村瀬信也・鶴岡公二編『変革期の国際法委員会（山田中正大使傘寿記念）』、信山社。

岩間徹　1981「国際環境法における事前通告・協議制度」一橋論叢、第85巻第6号。

岩間徹　1985「トレイル製錬所事件――最終判決――」福岡大学法学論叢、第30巻第1号。

臼杵知史　1980「国際法における権利濫用の成立態様（二・完）」北大法学論集、第31巻第2号。

臼杵知史　1989「越境損害に関する国際協力義務――国連国際法委員会におけるQ・バクスターの構想について――」北大法学論集、第40巻第1号。

臼杵知史　2006「国際環境紛争の司法的解決――ガブチコヴォ・ナジマロシュ計画事件判決・再考――」同志社法学、第58巻第2号。

臼杵知史　2008「『危険活動から生じる越境損害の防止』に関する条文案」同志社法学、第60巻第5号。

臼杵知史　2009「『危険活動から生じる越境損害に関する損失配分』の原則案」同志社法学、第60巻第6号。

臼杵知史　2012「第12章　環境の国際的保護」杉原高嶺・水上千之・臼杵知史・吉井淳・加藤信行・高田映『現代国際法講義〔第5版〕』、有斐閣。

臼杵知史　2017「国際環境法の発展――手続的義務の意義と限界――」明治学院大学法律科学研究所年報、第33号。

岡松暁子　2015「国際法における環境影響評価の位置づけ」江藤淳一編『国際法学の諸相――到達点と展望――（村瀬信也先生古稀記念）』、信山社。

奥脇直也　1991「『国際公益』概念の理論的検討——国際交通法の類比の妥当と限界——」広部和也・田中忠編『国際法と国内法——国際公益の展開——（山本草二先生還暦記念）』、勁草書房。

奥脇直也　2011「国連法体系におけるILCの役割の変容と国際立法」村瀬信也・鶴岡公二編『変革期の国際法委員会（山田中正大使傘寿記念）』、信山社。

奥脇直也　2015「協力義務の遵守について——『協力の国際法』の新たな展開——」江藤淳一編『国際法学の諸相——到達点と展望——（村瀬信也先生古稀記念）』、信山社。

小野昇平　2012「国際司法裁判所の職権による鑑定人召喚に関する一考察」植木俊哉編『グローバル化時代の国際法』、信山社。

加藤信行　2005「ILC越境損害防止条約草案とその特徴点」国際法外交雑誌、第104巻第3号。

加藤信行　2011「環境損害に関する国家責任」西井正弘・臼杵知史編『テキスト国際環境法』、有信堂。

兼原敦子　1994（a）「地球環境保護における損害予防の法理」国際法外交雑誌、第93巻第3・4合併号。

兼原敦子　1994（b）「国際環境法の発展における『誓約と審査』手続の意義」立教法学、第38号。

兼原敦子　1998「領域使用の管理責任原則における領域主権の相対化」村瀬信也・奥脇直也編『国家管轄権——国際法と国内法——（山本草二先生古稀記念）』、勁草書房。

兼原敦子　2001「環境保護における国家の権利と責任」国際法学会編『日本と国際法の100年〔6〕開発と環境』、三省堂。

兼原敦子　2006(a)「国際義務の履行を『確保する』義務による国際規律の実現」立教法学、第70号。

兼原敦子　2006(b)「国際環境紛争における法益の『国家』性」島田征夫・杉山晋輔・林司宣編『国際紛争の多様化と法的処理（栗山尚一先生・山田中正先生古稀記念）』、信山社。

河野真理子　2000「ガブチコヴォ・ナジュマロシュ計画事件判決の国際法における意義」世界法年報、第19号。

河野真理子　2001「環境に関する紛争解決と差し止め請求の可能性」国際法学会編『日本と国際法の100年〔6〕開発と環境』、三省堂。

児矢野マリ　2006『国際環境法における事前協議制度——執行手段としての機能の展開——』、有信堂。

児矢野マリ　2007「環境リスク問題への国際的対応」長谷部恭男編『法律からみたリスク』、岩波書店。

児矢野マリ　2011(a)「越境損害防止」村瀬信也・鶴岡公二編『変革期の国際法委員会（山田中正大使傘寿記念）』、信山社。

児矢野マリ　2011(b)「国際条約と環境影響評価」環境法政策学会編『環境影響評価』、商事法務。

児矢野マリ　2011(c)「環境影響評価（EIA）」西井正弘・臼杵知史編『テキスト国際環境法』、有信堂。

児矢野マリ　2013「『越境汚染』に対する法的枠組と日本」法学教室、第393号。

児矢野マリ　2018「第20章　国際環境法」柳原正治・森川幸一・兼原敦子編『プラクティス国際法講義〔第3版〕』、信山社。

酒井啓亘　2000「判例研究・国際司法裁判所　ガブチーコヴォ・ナジマロシュ計画事件（判決・1997年9月25日）」国際法外交雑誌、第99巻第1号。

酒井啓亘　2011「国連国際法委員会による法典化作業の成果——国際法形成過程におけるその影響——」村瀬信也・鶴岡公二編『変革期の国際法委員会（山田中正大使傘寿記念）』、信山社。

酒井啓亘　2013「国際裁判による領域紛争の解決——最近の国際司法裁判所の判例の動向——」国際問題、第624号。

酒井啓亘・寺谷広司・西村弓・濵本正太郎　2011『国際法』、有斐閣。

坂元茂樹　2000「国際司法裁判所における『交渉命令判決』の再評価（二・完）」国際法外交雑誌、第98巻第6号。

坂本尚繁　2016「国際水路法の事前通報・協議義務と防止義務等の関係についての一考察——国際水路法の枠組における事前通報・協議義務の位置・機能から——」国際関係論研究、第32号。

佐古田彰　2015「国際海洋法裁判所『深海底活動責任事件』2011年2月1日勧告の意見（一）（二・完）」商学討究、第66巻第1号、第66巻第2・3号。

三本木健治　1981「国際水法の展開」ジュリスト増刊総合特集（現代の水問題：課題と展望）、第23号。

繁田泰宏　1992「原子力事故による越境汚染と領域主権（一）——チェルノブイリ原発事故を素材として——」法学論叢、第131巻第2号。

繁田泰宏　1993「原子力事故による越境汚染と領域主権（二・完）——チェルノブイリ原発事故を素材として——」法学論叢、第133巻第2号。

繁田泰宏　1994「『国際水路の衡平利用原則』と越境汚染損害防止義務との関係に関する一考察（一）」法学論叢、第135巻第6号。

繁田泰宏　1995「『国際水路の衡平利用原則』と越境汚染損害防止義務との関係に関する一考察（二・完）」法学論叢、第137巻第3号。

繁田泰宏　2012「個別国家の利益の保護に果たす予防概念の役割とその限界——ICJ のガブチコヴォ事件本案判決とパルプ工場事件本案判決とを手がかりに——」松田竹男・田中則夫・薬師寺公夫・坂元茂樹編『現代国際法の思想と構造 II　環境、海洋、刑事、紛争、展望（松井芳郎先生古稀記念）』、東信堂。

繁田泰宏　2013『フクシマとチェルノブイリにおける国家責任——原発事故の国際法的分析——』、東信堂。

篠原梓　2001「国際機構の立法機能」国際法学会編『日本と国際法の 100 年〔8〕国際機構と国際協力』、三省堂。

柴田明穂　2011「危険活動から生じる越境被害の際の損失配分に関する諸原則」村瀬信也・鶴岡公二編『変革期の国際法委員会（山田中正大使傘寿記念）』、信山社。

申惠丰　2016『国際人権法——国際基準のダイナミズムと国内法との協調——〔第 2 版〕』、信山社。

鈴木詩衣菜　2015「国際環境条約の解釈と時間的経過」江藤淳一編『国際法学の諸相——到達点と展望——（村瀬信也先生古稀記念）』、信山社。

鈴木淳一　2018「サンファン川沿いのコスタリカでの道路の建設に関する事件」横田洋三・東壽太郎・森喜憲編『国際司法裁判所　判決と意見・第 5 巻（2011 － 16 年）』、国際書院。

鈴木めぐみ　1997「国際河川における航行の自由——1815 年ウィーン会議議定書の原則を中心に——」早稲田大学大学院法研論集、第 80 号。

高島忠義　2001「国際法における『開発と環境』」国際法学会編『日本と国際法の 100 年〔6〕開発と環境』、三省堂。

高村ゆかり　2005「国際環境法における予防原則の動態と機能」国際法外交雑誌、第 104 巻第 3 号。

高村ゆかり　2010「国際法における予防原則」損害保険ジャパン・損保ジャパン環境財団編『環境リスク管理と予防原則——法学的・経済学的検討——』、有斐閣。

高村ゆかり　2011「持続可能な開発——鉄のライン事件——」小寺彰・森川幸一・西村弓編『国際法判例百選〔第 2 版〕』、有斐閣。

田中成明　2011『現代法理学』、有斐閣。

田中則夫　2001「慣習法の形成・認定過程の変容と国家の役割」国際法外交雑誌、第 100 巻第 4 号。

玉田大　2003「国際裁判における宣言的判決（一）」法学論叢、第 153 巻第 2 号。

月川倉夫　1973「国際河川の水利用をめぐる問題——転流を中心として——」太寿堂鼎編『変動期の国際法（田畑茂二郎先生還暦記念）』、有信堂。

月川倉夫　1979「国際河川流域の汚染防止」国際法外交雑誌、第 77 巻第 6 号。

土屋生　1980「国際水利法に関する一考察」城西人文研究、第 7 号。

遠井朗子　2012「越境損害に関する国際的な責任制度の現状と課題——カルタヘナ議定書『責任と救済に関する名古屋議定書=クアラルンプール補足議定書』の評価を中心として——」新世代法政学研究、第 14 号。

鳥谷部壌　2011「国際司法裁判所ウルグアイ河パルプ工場事件（判決　2010 年 4 月 20 日）」阪大法学、第 61 巻第 2 号。

中島啓　2016『国際裁判の証拠法論』、信山社。

西村弓　1996「国家責任法の機能——損害払拭と合法性コントロール——」国際法外交雑誌、第 95 巻第 3 号。

萬歳寛之　2015『国際違法行為責任の研究——国家責任論の基本問題——』、成文堂。

広瀬善男　2009『外交的保護と国家責任の国際法』、信山社。

深坂まり子　2015「国際司法裁判所の事実認定と司法機能——鑑定意見制度の意義と展望——」江藤淳一編『国際法学の諸相——到達点と展望——（村瀬信也先生古稀記念）』、信山社。

許淑娟　2012『領域権原論』、東京大学出版会。

星野智　2017『ハイドロポリティクス』、中央大学出版部。

堀口健夫　2003「『持続可能な開発』理念に関する一考察——その多義性と統合説の限界——」国際関係論研究、第 20 号。

堀口健夫　2012「『持続可能な発展』概念の法的意義——国際河川における衡平利用規則との関係の検討を手掛かりに——」新美育文・松村弓彦・大塚直編『環境法大系』、商事法務。

堀口健夫　2014「未然防止と予防」高橋信隆・亘理格・北村喜宣編『環境保全の法と理論』、北海道大学出版会。

堀口健夫　2015「国際裁判機関による予防概念の発展——国際海洋法裁判所・海底裁判部の保証国の義務・責任に関する勧告的意見の検討——」江藤淳一編『国際法学の諸相——到達点と展望——（村瀬信也先生古稀記念）』、信山社。

松井芳郎　2010『国際環境法の基本原則』、東信堂。

松本充郎　2017「コロラド川に関する意思決定過程における法の支配と市民参加——1944 年米墨水条約における IBWC・NGO・司法——」行政法研究、第 18 号。

村瀬信也　1994「国際環境法における国家の管理責任——多国籍企業の活動とその管理をめぐって——」国際法外交雑誌、第 93 巻第 3・4 合併号。

薬師寺公夫　1994「越境損害と国家の国際適法行為責任」国際法外交雑誌、第 93 巻第 3・4 合併号。

薬師寺公夫　2016「深海底活動に起因する環境汚染損害に対する契約者と保証国の義務

と賠償責任——国際海洋法裁判所海底紛争裁判部の勧告的意見を手がかりに——」松井芳郎・富岡仁・坂元茂樹・薬師寺公夫・桐山孝信・西村智朗編『21世紀の国際法と海洋法の課題』、東信堂。
山田卓平　2014『国際法における緊急避難』、有斐閣。
山田中正　2008「国際法の法典化——越境地下水条約を中心に——」法学論集（西南学院大学）、第 40 巻第 3・4 合併号。
山田中正　2010「国際レベルの越境地下水の管理のあり方——国連国際法委員会からの提言——」日本水文科学学会誌、第 40 巻第 3 号。
山本草二　1981「国際紛争における協議制度の変質」森川俊孝編『紛争の平和的解決と国際法（皆川洸先生還暦記念）』、北樹出版。
山本草二　1982『国際法における危険責任主義』、東京大学出版会。
山本草二　1993「国際環境協力の法的枠組の特質」ジュリスト、第 1015 号。
山本草二　1994「国家責任成立の国際法上の基盤」国際法外交雑誌、第 93 巻第 3・4 合併号。
山本良　2011「国際水路の非航行的利用における『衡平原則』の現代的展開」村瀬信也・鶴岡公二編『変革期の国際法委員会（山田中正大使傘寿記念）』、信山社。
湯山智之　2005「国際法上の国家責任における『過失』及び『相当の注意』に関する考察（三）」香川法学、第 24 巻第 3・4 合併号。
湯山智之　2006「国際法上の国家責任における『過失』及び『相当の注意』に関する考察（四・完）」香川法学、第 26 巻第 1・2 合併号。

■社会権規約委員会一般的意見

CESCR General Comment No. 15, 2002: UN Committee on Economic, Social and Cultural Rights（CESCR）, *General Comment No. 15: The Right to Water*（Arts. 11 and 12 of the Covenant）, 26 November 2002, E/C.12/2002/11.

■アフリカ人権委員会通報制度

Ogoniland CESCR Case, 2001: 155/96 The Socian and Economic Rights Action Center and the Center for Economic and Social Rights / Nigeria, ACHPR/COMM/A044/1, African Commission on Human & People's Rights, 27th October 2001, at http://www.cesr.org/downloads/AfricanCommissionDecision.pdf（Last access 4 December 2017）.

■米加国際合同委員会（IJC）付託ケース（年代順）

Garrison Diversion IJC Case, 1977: Docket No. 101, Report of the IJC, Transboundary Implications of the Garrison Diversion Unit（1977）, at http://ijc.org/en_/Dockets?docket=102（Last access 12 April 2017）.

Poplar River IJC Case, 1981: Docket No. 108, Report of the IJC, Water Quality in the Poplar River Basin（1981）, at http://ijc.org/en_/Dockets?docket=108（Last access 22 September 2017）.

Flathead River IJC Case, 1988: Docket No. 110, Report of the IJC, Impacts of a Proposed Coal Mine in the Flathead River Basin（1988）, at http://ijc.org/en_/Dockets?docket=111（Last access 12 April 2017）.

■国内判例（年代順）

The Schooner Exchange v. McFaddon & Others, 11 U.S. 116（1812）.

Georgia v. Tennessee Copper Co., 206 U.S. 230（1907）.

Kansas v. Colorado, 206 U.S. 46（1907）.

Donauversinkung Case, 1927: *Württemberg and Prussia v. Baden*, German *Staatsgerichtshof*,（1927）, 116 Entscheidungen des Reichsgerights in Zivilsachen.

Connecticut v. Massachusetts, 282 U.S. 660（1931）.

New Jersey v. New York, 283 U.S. 336（1931）.

Nebraska v. Wyoming, 325 U.S. 589（1945）.

■辞典類（五十音順）

一般財団法人日本ダム協会　2013『ダム便覧2013（ダム事典）』URL: http://damnet.or.jp/cgi-bin/binranB/Jiten.cgi?hp=08#418（最終アクセス2016年10月16日）。

岩沢雄司編　2018『国際条約集2018年度版』、有斐閣。

Gregory L. Morris and Jiahua Fan（角哲也・岡野眞久監修）2010『貯水池土砂管理ハンドブック――流域対策・流砂技術・下流河川環境――』、技術堂。

大辞泉　2012『大辞泉（下巻）〔第2版〕』、小学館。

竹内昭夫・松尾浩也・塩野宏編　1989『新法律学辞典〔第3版〕』、有斐閣。

あとがき

　本書は、筆者が 2017 年度に大阪大学大学院法学研究科に提出した博士論文「国際水路の非航行的利用に関する基本原則――重大危害防止規則と衡平利用規則との関係についての再検討――」に大幅な加筆・修正を加えたものである。

＊　＊　＊

　一般に、研究は地道な作業であると言われる。本書の執筆過程もその例外ではない。研究室と自宅に残された、山積みになった文献と、印刷・修正を繰り返してきた原稿の残骸を見ると、本書に費やした時間と労力が膨大であったことに改めて気づかされる。筆者にとって、研究は、苦しみと喜びの連続であった。途中で研究を投げ出しそうになったことは数知れない。研究が手につかない時期も長かった。研究を中断し別の仕事を探した時期もあった。それでも、筆者が博士前期課程に進学したときには、ただの砂浜だった場所に、10 年の時を経て、自分なりの「砂の城」を築くことができた喜びは、何ものにも代えがたいものである。今となっては、そうした日々の積み重ねのうえに出来上がったと思われる城が、砂上の楼閣ではないことを願うばかりである。

　国際水路法は、国際法のなかでもニッチな存在で（ともすれば国際法ですらなく）、そもそも国際水路は日本に存在しないのだから、その研究が一体何の意味をもつのかという自身の問いかけに、時として、押しつぶされそうになりながらも、自らの興味関心に従い、何とかここまで研究を続けてきた。もっとも本書は、筆者の自己満足に浸りきっているわけではない。国際水路法は、近年、目覚ましい発展を遂げている。国連水路条約の発効や、国際水路の非航行的利用に関連する国際裁判例及び学術論文・書籍の急増がそのことを物語っている。さらに、国際水路法は、水への権利や環境に対する権利といった新しい概念の生成や、越境帯水層など新しい法分野の漸進的発達を下支えする役割をも

担ってきている。こうした国際水路法を取り巻く状況変化に鑑みれば、本書の考察も無意味ではないように感じられる。

本書の執筆に当たり、一字一句に注意を払ったが、それでも筆者の不勉強ゆえに、数多くの過誤が有ると思う。本書の論証が十分に説得的であるかも含め、読者のご批判を乞う次第である。

＊　＊　＊

本書は、筆者ひとりの力で完成されたわけではない。本書の完成には多くの方々の助力が必要不可欠であった。本書のいかなる過誤も筆者のみに帰属することは言うまでもないことだが、筆者の研究を支えてくださった方々がいたこともまた事実である。そうした方々に、以下にお名前を挙げて御礼を申し上げたい。

村上正直先生には、博士論文の主査になっていただくとともに、筆者が大阪大学大学院法学研究科博士前期課程に進学して以来、一貫して指導教授を務めていただいた。研究室の院生の多くが国際人権法プロパーの研究を行うなか、先生は、国際法学ではこれまであまり注目されてこなかった国際水路をテーマとすることに何のためらいもなくゴーサインを与えてくださった。そうした先生の寛大さに甘え、筆者は先生の研究室をほとんど訪れず気の向くままに研究を行ってきたことから、可愛げのない弟子であったと思う。それでも、軌道修正が必要なときなど重要な局面において常に適切なご指導をいただいた。比較的記憶に新しいことは、筆者の院生生活が長期に亘り、その疲弊と焦りから、既発表の論考を繋ぎ合わせて博士論文にしようとした際、先生から、書籍としての出版に堪え得る論文を執筆するよう促され博士論文の提出が持ち越しになったことがあった。当時の筆者にとっては厳しいものであったが、もしあの時、論文が通過していれば、本書が日の目を見ることはなかった。大学院進学から博士号取得まで、実に9年もの間、出来の悪い筆者を忍耐強く指導してく

ださった先生に、心より感謝申し上げたい。

　真山全先生には、博士論文の副査をお引き受けいただくとともに、本書執筆の全過程においてお世話になった。先生には、月一回の頻度で開催される指導会で幾度となく報告の機会を与えていただき、論文の根幹に関わる重要かつ貴重なコメントを頂戴した。また、学内紀要への投稿に際して、先生には、ご多忙のなか、筆者の拙い論考を細部に至るまで丁寧にお読みいただき、有益なご指摘を多数頂戴した。先生は、研究室の異なる筆者に対し、先生の研究室に所属する院生と分け隔てなく接してくださった。そもそも筆者が国際水路の研究を開始したのは、2010年春、論文指導会後の懇親会の席で、パルプ工場事件の判決が出たことを先生が教えてくださったことに遡る。当時、修士課程2年次で、研究の方向性に行き詰っていた筆者に、本研究のきっかけを提供してくださったのは、他でもない先生だった。本書の出版は、先生との出会いなしには実現し得なかった。

　大久保規子先生には、博士論文の副査をお願いし、特に国内環境法及び行政法の観点から、研究会や博士論文口頭試問において、大変貴重なコメントを多数頂戴した。広い視野をもった先生から繰り出されるご助言やご指摘は、筆者にとって常に新鮮であり、本書の執筆に当たり貴重な財産となった。また、筆者は、先生が代表を務められる市民参加に関する大型プロジェクトにも参加する機会に恵まれ、先生の研究姿勢や研究の手法を間近で観察できたことはとても勉強になった。先生には、様々なかたちで研究者としての道を拓いていただいた。

　本書の執筆過程では、この他にも学内の先生方にお世話になった。松本充郎先生は、筆者を、科学研究費補助金基盤研究（C）「越境地下水の統合的ガバナンス——比較法・国際法的考察——」の研究協力者にしていただき、数度にわたる海外研究調査の機会を与えてくださった。先生からは、研究が机上の空論とならぬようフィールド・ワークを通じて論文の実証性を高めることの大切さを教わった。和仁健太郎先生には、東京で開催される国際判例事例研究会において、複数回、報告の機会を与えてくださった。また、先生には、筆者の学内紀要の投稿に際して、ペーパーの重大な欠陥をご指摘いただいた。先生の的

確なご指摘を受け、それを乗り越えようと必死に試行錯誤を重ねることで、結果的に自身の研究が進展したと感じることが多かった。越智萌さんには、真山先生の論文指導会で報告の折、多くの有益なコメントをいただいた。そのコメントは的を射たものが多く、本書の随所に反映されている。

　本書の出版には、学外の先生方にも大変お世話になった。大阪学院大学の繁田泰宏先生が代表を務められ、西南学院大学の佐古田彰先生、法政大学の岡松暁子先生、小樽商科大学の小林友彦先生、日本学術振興会特別研究員PD（神戸大学）の平野実晴さん、そして筆者をメンバーとする水資源科研研究会や『ケースブック国際環境法』の執筆を目的として立ち上げられた検討会では、本書の基となるペーパーについて幾度となく議論する機会を得た。ときに5時間近くもの時間を割いて、筆者のために行われた侃々諤々の議論は、その後、筆者の試行錯誤を経て本書に大幅に反映されている。筆者の研究の進展を想い真剣に議論にお付き合いくださった研究会メンバー全員に、いくら感謝してもしきれない思いである。

　明治学院大学（当時）の臼杵知史先生は、筆者が抜刷をお送りするたびに温かい励ましの言葉をかけてくださり、本書に関連する米加国際合同員会（IJC）やガブチコヴォ・ナジマロシュ計画事件に関する書物をご恵贈にあずかった。西南学院大学（当時）の岩間徹先生は、本書の基となったペーパーに目を通していただき、基本的な問題点について貴重なコメントをくださった。獨協大学の一之瀬高博先生には、学会や研究会、さらには飲み会の席で、筆者の研究の相談に親身に応じてくださった。東京大学の中山幹康先生には、越境影響評価研究会及びハイドロポリティクス研究会において発表の機会を与えていただき、とりわけ水文学の観点からご示唆を賜った。

　京都大学の国際法研究会では、筆者の拙い報告にもかかわらず、諸先生方より、多くの貴重なコメントをいただいた。とくに京都大学の濵本正太郎先生、大阪学院大学の繁田泰宏先生、立命館大学の薬師寺公夫先生、長崎県立大学の福島涼史先生には、本書の根幹に関わる重要なご指摘を賜った。また、京都大学大学院法学研究科博士後期課程の阿部紀恵さんには、本書の基となったペーパーに目を通していただき、全体の構成から細部に亘るまで有益なコメントを

多数いただくなど、大変お世話になった。

　さらには、助教として着任した大阪大学大学院法学研究科では、すばらしい研究環境に恵まれた。

　学恩は学部時代にまで遡る。亜細亜大学（当時）の篠原梓先生は、筆者が国際法の世界に入るきっかけを作ってくださった。筆者は、先生のゼミを通して国際法の面白さを味わった。卒業論文のテーマ選びに苦戦していた筆者に、当時、先生は、国際法において横断的に発展を遂げつつあった「相当の注意」義務を研究の対象とすることを薦めてくださった。「相当の注意」義務について調べた卒業論文における筆者の問題関心は、その後、薄れることなく本書にも受け継がれている。

　亜細亜大学では、木原浩之先生にも大変お世話になった。先生のご専門は国際法ではないが、先生の授業やゼミを通して、法律という学問の奥深さについて学ぶことができた。先生は、授業やゼミでの指導に加えて、ボランティアで、毎週、外国語文献の講読を行ってくださった。先生と一緒に読んだ文献は10年経った今でも忘れられない。またその後、大学近くの古びた定食屋で先生とうどんをすすったことも懐かしい良き思い出として筆者の心に残っている。

　本書の出版は、以上にお名前を挙げた方々、また、お名前を挙げることはできなかったがこれまで様々なかたちでお世話になった学界の先生方や先輩、同僚、後輩、そして友人、さらには長年筆者を支え続けてくれた両親と祖父母がいてこそのものだった。以上、すべての方々に心より深く御礼申し上げる。

　大阪大学出版会編集長の川上展代氏には、本書の企画段階から校正に至るまで一貫して正確かつ丁寧な作業を行っていただいた。博士論文が完成して間もない頃、書籍化を直接ご相談したところ、一切のためらいもなく筆者のその無謀な企画をご快諾くださった。また、博士後期課程に在籍中、博士論文執筆の時間を共にし、すでに大阪大学出版会よりご著書を出版されている高岡法科大学の吉田靖之先生に編集部へ後押しいただいたことも大きかった。お二方にも御礼を申し添えたい。

＊　＊　＊

あとがき

　本書は、公益財団法人末延財団より2018年度出版刊行助成を受けて刊行された。本書は、環境法政策学会2018年度自主研究会として採択された国際水資源法研究会（課題名：「水危機への国際法的対応とその評価」、研究代表者：鳥谷部壌）、及び科学研究費補助金基盤研究（C）「『水資源』の衡平利用と損害防止法理の再構築：河川・海洋をめぐる法原則の新展開」（課題番号：17K03398）、研究代表者・繁田泰宏教授（大阪学院大学）の成果の一部を含んでいる。

　　2018年11月　大阪・豊中

　　　　　　　　　　　　　　　　　　　　　　　　鳥谷部　壌

索引

あ 行

アジェンダ 21　218
アフリカ人権委員会　265-267
新たな規範や基準　195, 220, 235
アラバマ号事件　65, 178
域外的性質　133, 139-141
一般的意見第 15　133-136, 139, 141
意図的に創出されたメキシコへの配分（ICMA）　203
一次規則（primary rules）　45, 46, 156
違法性　29, 45, 46, 78, 153, 156, 157, 252, 253, 257, 258, 260, 269-271, 275, 276
違法性阻却事由　252, 253
違反宣言判決　156, 161, 250, 251
因果関係　28, 161, 162, 167, 237, 238, 241-243, 254
因果関係の証明責任の負担軽減　242
インダス川委員会（PIC）　124, 172, 198
インダス川条約　121-126, 172, 195
ウィーン会議　3
ウィーン条約法条約　43, 195
ウィンクラー（I. T. Winkler）　135, 136, 262
ウルグアイ川管理委員会（CARU）　172, 186, 224, 225, 236
ウルグアイ川規程　162, 172, 186, 224, 225, 235, 236, 238
エヴェンセン（J. Evensen）　49, 53, 71-75, 93, 95, 97, 98, 258, 260
エスポ条約　213, 214, 217-219, 221, 224, 227, 235, 236
越境環境損害防止義務　144

越境損害防止条文草案　40, 105, 149, 164-170, 180, 182, 185, 231, 241
越境帯水層条文草案　12, 40, 157, 277-281
越境地下水　12, 54, 277, 279-281, 345, 349
欧州経済委員会（UNECE）　15, 57, 213, 279
オーデル川国際委員会事件　4, 10, 102, 171
オーフス条約　218
汚染損害　24, 25, 32-39, 41, 43, 46, 64, 65, 67, 68, 71, 75-77, 79-81, 83, 85, 86, 93, 94, 97, 98, 143, 154, 162, 165, 174, 249, 251, 254, 273, 274, 279, 280, 342, 344

か 行

蓋然性　152, 168-170, 216, 253
核兵器使用の合法性事件　263
ガブチコヴォ・ナジマロシュ計画事件　10, 13-15, 42, 102, 103, 106, 108, 147, 171, 176, 194, 219, 233-235, 239, 253, 263, 264
ガリソン転流計画事件　151, 174
管轄・管理の責任原則　144
環境影響評価（EIA）の継続的実施の義務　210, 212, 233, 234, 236
環境影響評価（EIA）の結果を通報し必要に応じて協議する義務　210, 212, 226, 230, 236
環境影響評価目標及び原則（UNEP）　2, 13, 148, 218, 221, 222, 266

環境財・サービス　254
環境と開発に関する世界委員会
　　（WCED）　119, 148, 149, 168, 169,
　　176, 178, 180, 241
環境に対する権利　264-269, 276
環境のための最善の慣行（BEP）　184
ガンジス川水配分条約　172, 192
慣習国際法　15-18, 35, 40, 43, 86, 102,
　　110, 128, 135, 155, 160, 166, 181, 195,
　　211, 218-221, 224, 226-228, 231, 234,
　　236, 264
鑑定嘱託制度　239, 240
危険確定義務　209, 211-214, 216-219,
　　231
危険責任主義　156
危険評価義務　209, 212, 213, 217-221,
　　223, 228, 230-233
気候変動　2, 135, 204, 263
キシェンガンガ水力発電計画（KHEP）
　　121-124, 126, 127, 195, 197, 198
キシェンガンガ事件　14, 121, 124, 129,
　　131, 148, 187, 195, 243, 264, 270
Q・バクスター　149, 152
協議義務　58, 84, 210, 224, 227, 228, 230,
　　231, 236
強制付託条項　60
共同管理論　11
共有天然資源　22, 24, 41, 53, 148, 218,
　　281
協力義務　53, 58, 235
緊急事態　280
緊急避難　253
金銭賠償　250, 254
「国の環境」という法益　262, 269, 270,
　　276
クリミア戦争　3
経済開発協力機構（OECD）　326, 327
結果回避可能性（結果回避義務）　180,
　　183-187
結果の義務　82, 177
結果の通報・協議義務　230, 231
決定的期間　127, 129-131
決定的期日　127-131
厳格責任　82, 83
現在の利用　87, 116-121, 125-130, 195,
　　198
原状回復　254
航行的利用　3, 5, 6, 10, 13, 103, 194
公衆参加　210, 218, 225
交渉　54, 57-60, 90, 149, 154, 225, 226,
　　229, 230, 250
交渉義務命令　156, 161, 250
交渉促進機能　60
高度に危険な活動　169, 185
衡平（equity）　1, 10, 11, 16-33, 35-44,
　　46, 47, 53, 58-61, 63-81, 83-90, 92,
　　94-96, 98, 101-120, 124, 131-133,
　　141, 147, 174, 186, 188, 192, 194, 205,
　　236, 248-252, 255-262, 269-271,
　　273-278, 280, 281
国際海洋法裁判所（ITLOS）　182
国際河川　1-6, 9, 12, 15, 42, 51, 52, 54,
　　64, 66, 67, 102, 116, 171, 200, 270
国際環境法　40-42, 57, 143, 195, 219, 221
国際関係を有する可航水路の制度に関す
　　る条約及び規程　5
国際協力　149, 152
国際合同委員会（IJC）　33, 119, 150,
　　151, 172-174
国際国境及び水委員会（IBWC）　172,
　　198, 199, 201, 202, 204-209
国際司法裁判所規程　239
国際人権法　132, 133, 136, 262
国際人道法　138
国際水路における水流の規制に関する条
　　文草案　64, 188

355

国際法学会（IDI） 13, 63, 64
国際法協会（ILA） 12, 13, 33, 62, 64, 65, 67, 68, 95, 96, 102, 114, 119, 127, 128, 132, 133, 159, 171, 187-189
国際流域委員会 11, 61, 171, 172, 174, 186, 188, 198, 204, 236
国際連盟 5
国連海洋法条約（UNCLOS） 33, 219, 232, 233, 263
国連欧州経済委員会（UNECE） 15, 57, 213, 279
国連環境計画（UNEP） 2, 13, 148, 218, 221, 222, 266
国連教育科学文化機関（UNESCO） 316, 339
国連経済社会理事会（ECOSOC） 1
国連国際法委員会（ILC） 12, 15, 16, 40, 44, 49, 51-54, 72, 74, 76, 77, 81, 87, 95, 149, 157, 159, 160, 261, 277, 279
国連食糧農業機関（FAO） 313, 315, 316
国連人権理事会（HRC） 134, 140
国連水路条約10条2項 113, 141
国連総会第6委員会 32, 51, 54, 57, 82, 87, 95, 97, 175
国家責任条文 45, 253
国家責任法 44-46, 143-146, 156, 160, 248, 252, 256, 274
国境水条約 33, 150, 151, 172-174
国境地域におけるニカラグアの活動事件（賠償額の査定） 14, 254
国境地域におけるニカラグアの活動事件（本案） 216, 217
子どもの権利条約 135
コルフ海峡事件 65, 181, 240
コロラド川 172, 198-209, 216, 217
コロラド川流域塩度制御法 208

さ 行

最低限の中核的義務 137
最低水量確保義務 187, 189-196, 198, 200-204, 207, 208
最適かつ持続可能な利用 111
再発防止の保証 250, 254
差止め 157, 158
ザルツブルク決議 63, 64
暫定措置 251
サンドツ化学工場爆発事故 186
サンファン川沿いのコスタリカでの道路建設事件 215-217
繁田泰宏 18, 20, 24, 25, 28, 31, 32, 35, 37, 66, 110, 155, 176, 178, 181, 220
事後救済の法 143-145, 160, 252, 274
「事後の」重大損害防止規則 94, 145-148, 151, 157-160, 163, 167, 179, 248, 255, 256, 276
事実上の損害（factual harm） 73, 164, 165, 259
事実調査委員会 11, 60-62
事前協議義務 226-228
事前通報義務 59, 224-226
「事前の」重大損害防止規則 95, 145-159, 161, 163, 167, 170, 179, 209, 237, 242, 248-251, 257, 270-272, 275
持続可能な発展 75, 105, 193, 195, 197, 266, 267
sic utere tuo 143, 160
実体的規則／義務 26, 40, 45, 84, 210, 247
社会権規約委員会 133, 139-141
社会的経済的権利活動センター 265
シュウェーベル（S. M. Schwebel） 28, 34, 52, 53, 69-71, 79, 95, 97, 121, 190

修正分析（corrected analysis） 254, 255
主権平等の原則 8
取水損害 32-35, 37-39, 41, 43, 44, 46,
　　47, 67, 68, 93, 94, 97, 98, 143, 165,
　　174, 187, 247-249, 251, 254, 271,
　　273-275, 279-281
自由権規約 135
充足義務 138, 140
ジュネーブ条約 5
障害者権利条約 135
常設国際司法裁判所（PCIJ） 4, 102, 194
常設仲裁裁判所（PCA） 121, 122,
　　124-127, 131, 195-198
情報交換 53, 58, 171, 232
将来の利用 116, 120, 121, 198
初期の環境評価（IEE） 215
女子差別撤廃条約 135
深海底活動責任事件 182, 219, 220, 242
侵害（injury） 73, 164, 173, 259
人類の共同財産 219
スクーナー船エクスチェンジ号事件 7
スクリーニング 212, 213
スコーピング 218, 220
ストックホルム国連人間環境宣言 144,
　　146, 262
制限主権論 9-11, 17, 18, 101-103, 187
精神的損害（moral damage） 164
生態系アプローチ 254
生態系保護保全義務 40
生物多様性条約 218, 219, 263
世界銀行業務政策 218
世代間衡平 112
絶対的領土主権論 6-9
絶対的領土保全論 6, 8, 9, 102
先行取水者優先の原則 79, 118
先住民 136, 137, 265
総合的評価アプローチ 255
相当因果関係 237, 242, 271, 279

相当の注意 18-20, 28-31, 36, 37, 44, 46,
　　67, 75, 79, 81-87, 89, 94, 95, 143-145,
　　148, 155-162, 175-184, 187, 209-213,
　　231, 237, 242, 247, 248, 251, 252,
　　255-260, 269-271, 273-277, 345, 351
ソウル補完規則 68, 95
損失配分原則草案 159, 164
尊重の義務 267

た　行

第一読条文草案（国連水路条約） 35,
　　53, 69, 76-80, 82, 83, 86, 89, 95, 97, 98
対抗措置 107, 110, 111
帯水層 40, 166, 277-281
代替費用アプローチ 255
第二読条文草案（国連水路条約） 29,
　　37, 54, 70, 79, 81, 82, 84-87, 97, 104,
　　105, 163, 165, 261
ダニューブ川水位低下事件 105
タンガニーカ湖の持続的発展に関する条
　　約 150
タンチとアルカリ
　　（A. Tanzi & M. Arcari） 25, 26, 116
地下水 1, 2, 12, 54, 193, 214, 277,
　　279-281
地球水パートナーシップ（GWP） 275
調停的機能 60
停止条件付決定的期日 127
手続的規則 84, 210
手続的義務 53, 231
鉄のライン川事件 148, 263
転流 9, 10, 33, 34, 107-109, 122, 123,
　　126, 165, 188, 190, 194, 198, 238, 253,
　　270
統合的水資源管理（IWRM） 275
東南アジア諸国連合（ASEAN） 263
トレイル溶鉱所事件 65, 66, 143, 144,

147, 151, 157

な 行

南極鉱物資源活動の規制に関する条約
　（CRAMRA）　175, 314
南極条約環境保護議定書　212, 214, 219
南部アフリカ開発共同体（SADC）　40,
　58
二次規則（secondary rules）　45, 46, 156
ニーラム・ジェラム水力発電計画
　（NJHEP）　122, 127, 195, 197, 198
西アフリカ諸国経済共同体（ECOWAS）
　266, 268
ニジェール・デルタ　265, 268
人間の基本的ニーズ　137
人間の死活的ニーズ　113, 114, 131-133,
　139, 141, 142, 262, 280, 281
ノルケンパー（A. Nollkaemper）　23, 28,
　32, 36, 37, 77, 84, 85, 153, 154, 166,
　168, 176, 179, 180, 184, 227, 230, 260,
　261

は 行

ハーモン・ドクトリン　7
発展的解釈　196
バルセロナ条約　5
パルプ工場事件　14, 16, 105, 161, 162,
　171, 172, 184, 186, 210, 211, 218-221,
　224, 226, 228, 233, 235-237, 240, 243,
　263, 264
バンジュール憲章　135, 265-268
ハンドル（G. Handl）　18, 22, 32, 36, 37,
　64, 65, 119, 143, 145, 147, 155, 164,
　168, 176, 179, 180, 259, 260
被圧帯水層　277, 281
ビクトリア湖流域議定書　212, 218, 219

非航行的利用　1, 5, 6, 9-14, 41, 42, 52,
　103
被侵害法益　258, 260, 261, 264, 269-271,
　276
非政府組織（NGO）　205, 265, 266
人の健康及び安全　80, 81, 166, 249, 261,
　262, 269, 270, 274, 276
非有体損害　164
フエンテス（X. Fuentes）　24, 36, 115,
　116, 118, 119, 260
不可抗力　252
複数の国に影響を及ぼす水力発電事業に
　関する条約　5
物理的損害（material damage）　123,
　146, 155, 164
フラットヘッド鉱山開発計画事件　150,
　174
ヘルシンキ規則　12, 33, 64-68,
　95-97, 102, 119, 127-129, 131, 171,
　189
ベルリン会議　3, 189
ベルリン規則　62, 96, 114, 132,
　133, 159, 189
包括的環境評価（CEE）　215
法的安定性　129, 131, 222
法の一般原則　9, 58, 228
法の支配　118, 223
法律上の損害（legal damage）　164, 259
保護の義務　266, 268
補償　18-20, 36, 64, 69, 82, 84, 85, 90, 94,
　119, 148, 149, 157, 160, 266, 276
北海大陸棚事件　229
ポプラー川火力発電所建設計画事件
　33, 119, 151, 173

ま 行

マース川転流事件　171, 194

358　索　引

マッカフリー（S. C. McCaffrey）　2, 5-14, 16-18, 20-22, 28, 30-34, 39, 40, 44, 53, 54, 57, 61, 62, 72-76, 84, 95, 97, 98, 102, 108, 118, 120, 135, 139-141, 143, 144, 150, 165, 171, 175, 176, 178, 184, 209, 210, 225, 229, 249, 259, 260, 265
マハカリ川総合開発条約　172, 193
満足（サティスファクション）　250, 254
水危機　39
水ストレス　39
水の世紀　2
水不足　2, 39, 135, 142
水への権利　114, 131-142, 262, 269, 270, 276, 280
無過失責任　156
メコン川委員会（MRC）　172, 190
メコン川協定　58, 172, 190, 191
モデル条約　56, 57
モニタリング　190, 210, 212, 221, 233-236, 267, 268
モントリオール規則　67, 68, 95, 97

や　行

山田中正　54, 90, 91, 279
有体損害　164
予見可能性（予見義務）　152, 168, 180-183, 187, 210
予防原則　182
予防的アプローチ　151, 182, 183, 213, 222, 223, 241-243, 279

ら　行

ライン川保護国際委員会（ICPR）　186
ライン川保護条約　193
ラヌー湖事件　8, 65, 104, 169, 171, 226, 228, 229, 238
利益共同　4, 10, 67, 102, 103
利益共同論　10, 11, 17, 103
利益衡量　40, 81, 84, 103-105, 109, 110, 261
リオ宣言　182, 263
リスク　130, 131, 152, 167, 203, 210, 266
立証責任　82, 223
領域使用の管理責任原則　144
領域紛争　130, 131
利用可能な最善の手法／技術（BAT）　184
ローゼンストック（R. Rosenstock）　29, 53, 61, 77, 79-81, 83, 84, 95, 97, 98

わ　行

枠組条約　57, 263

鳥谷部　壌（とりやべ　じょう）

1984 年　大阪府生まれ
2009 年　亜細亜大学法学部卒業
2011 年　大阪大学大学院法学研究科　修士課程修了
2018 年　大阪大学大学院法学研究科　博士（法学）の学位取得
現　在　大阪大学大学院法学研究科　助教

＜主要論文＞
「国連水路条約における衡平利用原則と重大危害防止原則との関係についての再検討――緩和肯定説と緩和否定説の対立解消に向けての一考察――」環境法政策学会編『生物多様性と持続可能性（環境法政策学会誌第 20 号）』（商事法務、2017 年 3 月）160-178 頁
「国際河川法における最小流量確保義務の形成と展開」国際公共政策研究（大阪大学）、第 20 巻第 1 号（2015 年 9 月）1-31 頁
「インダス川水系キシェンガンガ計画事件判決の国際法上の意義（一）（二・完）――水力発電計画の合法性及びダム下流における河川環境の法的保護――」阪大法学、第 64 巻第 6 号（2015 年 3 月）1701-1725 頁、第 65 巻第 1 号（2015 年 5 月）223-250 頁
「国際水路非航行利用条約発効と今後の課題」環境管理、第 51 巻第 1 号（2015 年 1 月）44-49 頁
「国際河川委員会における国境水紛争処理制度の意義と課題（一）（二）（三・完）――アメリカ＝カナダ IJC の実践を手掛かりに――」阪大法学、第 63 巻第 5 号（2014 年 1 月）1525-1548 頁、第 63 巻第 6 号（2014 年 3 月）1825-1849 頁、第 64 巻第 1 号（2014 年 5 月）131-156 頁

国際水路の非航行的利用に関する基本原則
―重大損害防止規則と衡平利用規則の関係再考―

2019 年 3 月 31 日　初版第 1 刷発行　　　　　　［検印廃止］

著　者　鳥谷部　壌

発行所　大阪大学出版会
　　　　代表者　三成賢次

〒 565-0871　大阪府吹田市山田丘 2-7
　　　　　　大阪大学ウエストフロント
TEL 06-6877-1614
FAX 06-6877-1617
URL：http://www.osaka-up.or.jp

印刷・製本　尼崎印刷株式会社

ⓒ Jo Toriyabe 2019

Printed in Japan

ISBN 978-4-87259-677-9 C3032

JCOPY 〈出版者著作権管理機構 委託出版物〉
本書の無断複製は著作権法上での例外を除き禁じられています。複製される場合は、その都度事前に、出版者著作権管理機構（電話 03-5244-5088、FAX 03-5244-5089、e-mail：info@jcopy.or.jp）の許諾を得てください。